高等学校试用教材

焊接检验

吉林工业大学　赵熹华　主编

机 械 工 业 出 版 社

本书阐述了射线探伤、超声波探伤、磁力探伤、涡流探伤、渗透探伤、声发射探伤、破坏性检验等的基本原理、工艺和仪器设备及其在焊接中的应用，并介绍了焊接检验过程、缺陷分析和焊接质量评定及控制等问题。全书理论联系实际，注重思路和能力的培养。书中许多图表直接引自最新的国家标准，可供实际生产中选用。

本书为高等工业学校焊接专业教材，亦可供从事无损检测技术工作的工程技术人员参考。

图书在版编目（CIP）数据

焊接检验 / 赵熹华主编. —北京：机械工业出版社，1993.10（2026.1 重印）
高等学校试用教材
ISBN 978-7-111-03695-1

Ⅰ. 焊…　Ⅱ. 赵…　Ⅲ. 焊接缺陷-质量-检验
Ⅳ. TG441.7

中国版本图书馆 CIP 数据核字（2000）第 66701 号

机械工业出版社（北京市百万庄大街 22 号　邮政编码 100037）
责任编辑：董连仁　　版式设计：王　颖　　责任校对：孙志筠
封面设计：郭景云　　责任印制：郜　敏
河北虎彩印刷有限公司印刷
2026 年 1 月第 1 版 • 第 34 次印刷
184mm×260mm • 13 印张 • 314 千字
标准书号：ISBN 978-7-111-03695-1
定价：39.80 元

电话服务　　网络服务
客服电话：010-88361066　机 工 官 网：www. cmpbook. com
010-88379833　机 工 官 博：weibo. com/cmp1952
010-68326294　金 书 网：www. golden-book. com
封底无防伪标均为盗版　机工教育服务网：www. cmpedu. com

前　言

本教材系根据1984年1月全国高等工业学校焊接专业教材分编审委员会扩大会议审定的“焊接检验”教学大纲，并结合1991年4月全国无损检测教育研讨会对“焊接检验”课程改革的讨论意见而编写的。供高等学校焊接专业作为教材之用。

通过本课程的学习，使学生掌握焊接检验的基本知识和基本技能，做到正确选择检验方法、设备和仪器，拟定检验工艺和进行缺陷识别及焊接产品质量评定等。为此，本书重点编写了缺陷分析、射线探伤、超声波探伤和焊接质量评定及控制等章节，对其它常用检验方法或正在发展的新方法也予以适当介绍。

在编写过程中，力求理论联系实际，归纳和突出焊接检验的基本问题，注重思路和能力的培养，加强了对焊接检验领域中新成果和发展趋势的介绍。书中许多图表均引自最新国家标准，可供实际生产选用。

本教材编审人员及分工：

主编　赵熹华教授（吉林工业大学），负责全书统稿并编写了第一、三、四章。

协编　王伟讲师（华中理工大学），编写第二、五、六章；王雅生副教授（西安交通大学），编写第七、八、九章。

主审　张金昌教授（天津大学）。

对在编写及审定过程中，对本书提出过宝贵意见的清华大学张家骏教授、西安公路工程学院王式正高级工程师、哈尔滨焊接研究所李生田和孙仁禹高级工程师、哈尔滨锅炉厂陈良善和李家鳌高级工程师及援引的参考文献作者，一并致以深切的谢意。

吉林工业大学曹先渝高级工程师代为制备了全书大部分图表，谨此致谢。

由于编者水平所限，疏漏和错误在所难免，恳切希望使用本教材的教师和读者批评指正。

编　者

目 录

第一章　绪　　论

焊接检验是以近代物理学、化学、力学、电子学和材料科学为基础的焊接学科之一，是全面质量管理科学与无损评定技术紧密结合的一个崭新领域。其先进的检测方法及仪器设备、严密的组织管理制度和较高素质的焊接检验人员，是实现现代化焊接工业产品质量控制、安全运行的重要保证。

§1-1　焊接检验的意义

众所周知，焊接结构（件）在现代科学技术和生产中得到了广泛应用。随着锅炉、压力容器、化工机械、海洋构造物、航空航天器和原子能工程等向高参数及大型化方向发展，工作条件日益苛刻、复杂。显然，这些焊接结构（件）必须是高质量的，否则，运行中出现事故必将造成惨重的损失。诚然，迅速发展的现代焊接技术，已能在很大程度上保证其产品质量，但由于焊接接头为一性能不均匀体，应力分布又复杂，制造过程中亦作不到绝对的不产生焊接缺陷，更不能排除产品在役运行中出现新缺陷。因而为获得可靠的焊接结构（件）还必须走第二条途径，即采用和发展合理而先进的焊接检验技术。

焊接检验的主要作用如下：

(1) 确保焊接结构（件）制造质量，保证其安全运行　用焊接检验控制缺陷和防止废品产生，避免不合格品出厂。并在使用过程中不断进行监测，使焊接产品能在规定的使用条件下和预期的使用寿命内，焊接接头都不会发生破损，避免危险事故的发生，这是实施焊接检验的根本目的。

(2) 改进焊接技术，提高产品质量　焊接检验可以评定制造工艺正确与否。同时，在制定焊接工艺时也可预先制备试样，利用焊接检验技术选择最佳工艺程序，使焊缝达到规定的质量等级要求。

(3) 降低产品成本，正确进行安全评定，由于焊接检验贯穿于焊接生产的全过程，这就可能避免出现产品最后报废的现象，大大减少了原材料和工时的浪费，以及因拖延工期而带来的经济损失，无疑会带来显著的社会效益和经济效益。

(4) 由于有焊接检验的可靠保证，可促使焊接技术的更广泛应用。

应该指出，焊接检验与任何质量检验一样具有二重性。即在产品制造和在役运行中，合理、适度地采取检验手段，交付更为可靠的焊接结构（件），费用会稍有增加，而效益却极为显著。相反，如仅把检验作为政府部门的管卡手段和企业、公司及用户的诉讼依据，则检验用的越多，就会越推迟制造和修理周期，势必使成本急剧增长。虽然检验和修复所需直接费用可能并不大，但是由于结构搁置过长，造成的经济损失将会是很大的。

§1-2 焊接检验分类

焊接检验可具体地认为是采用调查、检查、度量、试验和监测等方法，把产品的焊接质量同其使用要求不断地相比较的过程。

一、焊接检验分类

焊接检验可分为破坏性检验、非破坏性检验和声发射检测三类，每类中又有若干具体检验方法，见图 1-1。

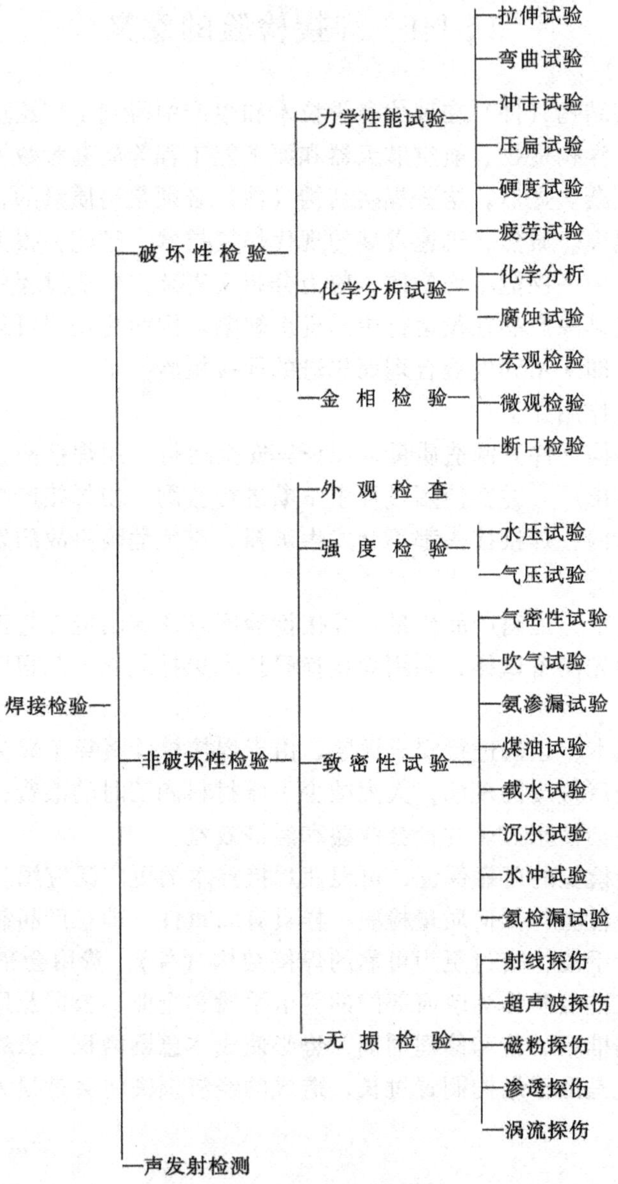

图 1-1　主要焊接检验方法

破坏性检验与非破坏性检验各有其特点，现概括于表 1-1 中。

表 1-1　非破坏性检验与破坏性检验比较

非破坏性检验（无损检验）	破坏性检验
优点	优点
1. 可直接对所生产的产品进行试验，而与零件的成本或可得到的数量无关，除去坏零件之外也没多大损失 2. 既能对产品进行普验，也可对典型的抽样进行试验 3. 对同一产品既可同时又可依次采用不同的试验方法 4. 对同一产品可以重复进行同一种试验 5. 可对使用着的零件进行试验 6. 可直接测量运转使用期内的累计影响 7. 可查明失效的机理 8. 试样很少或无需制备 9. 为了应用于现场，设备往往是携带式的 10. 劳动成本往往很低，尤其是对同类零件进行重复性试验时，更是如此	1. 往往能直接而又可靠地测量出使用情况的反应 2. 测定结果是定量的，这对设计与标准化工作来说通常是很有价值的 3. 通常不必凭着熟练的技术即可对试验结果作出说明 4. 试验结果与使用情况之间的关系往往是直接一致的，从而使观测人员之间对于试验结果的争论范围很小
局限性	局限性
1. 通常都必须借助熟练的实验技术才能对结果作出说明 2. 不同的观测人员可能对试验结果所表明的情况看法不一致 3. 检验的结果只是定性的或相对的 4. 有些非破坏试验所需的原始投资很大	1. 只能用于某一抽样，而且需要证明该抽样代表着一整批产品的情况 2. 试验过的零件不能再交付使用 3. 往往不能对同一件产品进行重复性试验，而且不同型式的试验也许要用不同的试样 4. 由于报废的损失很大，故广泛进行试验通常是不大合理的 5. 对材料成本或生产成本很高或对利用率有限的零件，可能不让试验 6. 不能直接测量运转使用期内的累积效应，只能根据用过不同时间的零件试验结果来加以推断 7. 对使用中的零件很难应用，往往都要中断其有效寿命 8. 试验用的试样，往往需要大量的机加工或其它的制备工作 9. 投资及人力消耗往往很高

由表 1-1 表明，破坏性检验固然能提供焊接结构(件)的材料性能、组织结构和化学成分的定性、定量数据。但由于提取的数据是构件局部或试样的实验结果，它是建立在统计数学基础上的，所以随机性较强。所获数据充其量也只是反映构件的系统综合水平，必然有较大的局限性。而重要的焊接结构(件)的产品验收和在役中的产品，则必须采用不破坏其原有形状、不改变或不影响其使用性能的检测方法来保证产品的安全性和可靠性，因此无损检验技术在当今获得了更大的注意和蓬勃发展。

同时，焊接结构(件)的破坏，多数情况下是由微观或宏观缺陷发展成裂纹所致。采用一般的检验方法可以减少这种破坏几率，但不能对构件中的裂纹扩展进行监视。声发射检测具有其它检验方法所不具备的动态无损检验的特点，它是利用材料在应力或外力作用下产生变形或断裂时所出现的声发射信号，确定其中缺陷的产生、运动和发展情况。声发射技术不仅可以对承受载荷的焊接结构(件)进行安全监测和寿命评定，并可以用来检测焊接过程中焊缝的质量，已经被广泛应用于研究焊接工艺、保证焊缝质量和对一些重要焊接结构（件）进行连续监视和评价。

二、焊接检验的依据

焊接生产中必须按图样、技术标准和检验文件规定进行检验。

1. 施工图样

图样是生产中使用的最基本资料，加工制作应按图样的规定进行。图样规定了原材料、焊缝位置、坡口形式和尺寸及焊缝的检验要求等。

2. 技术标准

包括有关的技术条件，它规定焊接产品的质量要求和质量评定方法，是从事检验工作的指导性文件。

3. 检验文件

包括工艺规程、检验规程、检验工艺等，它们具体规定了检验方法和检验程序，指导现场检验人员进行工作。此外，还包括检查过程中收集的检验单据：检验报告、不良品处理单、更改通知单，如图样更改、工艺更改、材料代用、追加或改变检验要求等所使用的书面通知。

4. 订货合同

用户对产品焊接质量的要求在合同中有明确标定的，也可作为图样和技术文件的补充规定。

§1-3 焊接检验过程

把焊接检验工作扩展到整个焊接生产和产品使用过程中去，才能更充分、更有效地发挥各种检验方法的积极作用，才能达到预防和及时防止由缺陷所造成的废品和事故。

焊接检验过程，基本上由焊前检验、焊接过程检验、焊后检验、安装调试质量检验和产品服役质量检验等五个环节组成。

一、焊前检验

焊前检验主要是对焊前准备的检查，是贯彻预防为主的方针，最大限度避免或减少焊接缺陷的产生，保证焊接质量的积极有效措施。

焊前检验的主要内容可归纳于表 1-2。

二、焊接过程检验

焊接过程不仅指形成焊缝的过程，尚应包括后热和焊后热处理过程。应当指出，焊工直接操纵焊接设备并能充分接近焊接区和随时调整焊接参数，以适应焊缝成形质量的要求。因此，焊工的自检能积极主动地控制焊接质量。

焊接过程检验的主要内容可归纳于表 1-3。

三、焊后检验

焊接结构（件）虽然在焊前和焊接过程中都进行了有关检验，但由于制造过程中外界因素的变化或规范、能源的波动等仍有可能产生焊接缺陷。因此，必须进行焊后检验，其主要内容归纳于表 1-4 等。

四、安装调试质量的检验

安装调试质量检验包括二方面：其一，对现场组装的焊接质量进行检验；其二，对产品制造时的焊接质量进行现场复查。现场复查主要应注意以下三方面：

1. 检验程序和检验项目

（1）检查资料的齐全性。

（2）核对质量证明文件。

（3）检查实物与质量证明的一致性。

（4）按有关安装规程和技术文件规定进行检验。

（5）对产品重要部位、易产生质量问题的部位、运输中易破损和变形的部位应给予特别注意，重点检查。

2. 检验方法和验收标准

表 1-2 焊前检验

序号	名称	主要内容	说明
1	基本金属质量检验	(1) 检查投料单据 (2) 检查实物标记 (3) 检查实物表面质量 (4) 检查投料划线、标记移植	注意检查划线的正确性和标记移植的齐全性，并及时作好检查记录，然后才可转入焊前备料、下料等工序
2	焊接材料质量检验	(1) 焊丝质量检验 (2) 焊条质量检验 (3) 焊剂质量检验 (4) 气体（Ar、He、N_2、CO_2、压缩空气等）质量检验	注意核对焊接材料是否符合图样、文件规定；核对实物标记；焊接材料代换时，应符合等同性能、改善性能、改善焊接性三原则，并应履行审批手续
3	焊接结构设计鉴定	应具有良好的可检测性	指有适当的探伤空间位置；有便于进行探伤的探测面；有适宜探伤的探测部位的底面（如射线探伤可贴片）
4	焊件备料的检查	坡口的检查	坡口形状、尺寸及表面粗糙度加工质量；清理质量；$\sigma_s >$ 392MPa 或 Cr－Mo 低合金钢焊件坡口表面探伤及时去除裂纹
5	焊件装配质量检查	(1) 装配结构的检查 (2) 装配工艺的检查 (3) 定位焊缝质量的检查	应注意，当定位焊缝作为主焊缝一部分时，其质量及检验方式同主焊缝
6	焊接试板的检查	(1) 焊前试板的检查 (2) 工序试板的检查 (3) 产品试板的检查	焊前试板主要用于单批生产中选择设备工作状态，以控制投产后的焊接质量；工序试板用于复杂工序间，控制不合格焊缝不转入下道工序；产品试板可评定成品焊缝的质量
7	能源的检查	(1) 电源的检查 (2) 气体燃料（C_2H_2、O_2、H_2、液化石油气等）的检查	电源检查应注意电源波动程度；气体燃料的检查应注意其纯度和压力
8	辅机具的检查	(1) 变位机的检查 (2) 转胎的检查 (3) 装配夹具检查 (4) 焊接夹具检查	应注意检查动作的灵活性、定位精度和夹紧力等
9	工具的检查	面罩、手把、电缆等检查	应注意选择颜色深浅合适的护目玻璃
10	焊接环境检查	环境温度、湿度、风速、雨雪等	应注意环境条件不利时的防护措施的有效性
11	焊接预热检查	(1) 检查预热方式 (2) 检查预热温度	应注意预热温度的测点应距焊缝边缘 100～300mm
12	焊工资格检查	检查焊工合格证	应注意有效期并核对考试项目与所焊产品的一致性

表 1-3　焊接过程检验

项目 / 序号	名称	主要内容	说明
1	焊接规范的检验	(1) 手工电弧焊规范的检验 (2) 埋弧自动焊和半自动焊规范的检验 (3) CO_2 气体保护焊规范的检验 (4) 电阻焊规范的检验 (5) TIG、MIG、MAG 焊规范的检验 (6) 气焊规范的检验	应注意不同的焊接方法有不同的检验内容和要求，但原则上均应严格执行工艺。当有变化时，应办理焊接工艺更改手续
2	复核焊接材料	(1) 焊接材料的特征（颜色、尺寸） (2) 焊缝外观特征	发现焊接材料有疑问时应及时查找原始标记，确保材料牌号、规格与规定相符
3	焊接顺序的检查	(1) 施焊顺序的检查 (2) 施焊方向的检查	注意施焊方向正确无误
4	检查焊道表面质量	表面不应有裂纹、夹渣等焊接缺陷	每一次熔敷所形成的一条单道焊缝称焊道，焊道表面缺陷应及时消除，以避免多层焊时缺陷的叠加
5	检查后热	(1) 检查后热温度 (2) 检查后热保温时间	焊后立即对焊件全部或局部进行加热或保温使其缓冷的工艺措施称为后热，主要可防止产生延迟裂纹和起消氢处理作用
6	检查焊后热处理	(1) 焊后正火热处理的检查 (2) 焊后消除应力热处理的检查	正火处理可改善焊缝金属组织、细化晶粒、提高韧性；这些均应严格按热处理工艺要求检查

表 1-4　焊后检验

项目 / 序号	名称	主要内容	说明
1	外观检查	(1) 焊缝表面缺陷检查 (2) 焊接接头表面清理质量检查 (3) 焊缝尺寸偏差检查	重点应检查焊缝接头部位、收弧部位、形状和尺寸突变部位、焊缝与母材连接部位、母材引弧部位等；焊缝尺寸测量时应使用焊接检验尺（图 1-2）、专用量规、样板等工具
2	无损检验	参见表 1-5	
3	力学性能检验	参见 § 8-1	
4	金相检验	参见 § 8-2	
5	焊缝晶间腐蚀检验	参见 § 8-3、一	
6	焊缝铁素体含量检验	参见 § 8-3、二	
7	致密性检验	参见表 1-6	
8	焊缝强度检验	1. 水压试验 2. 气压试验	试验的产品必须是其它检验项目均已完全合格；应严格执行试验规程并应有可靠地安全措施。主要试验规范参见表 1-7、表 1-8

在安装调试过程中，对焊接产品的制造质量应进行复查，以便发现漏检或错检，及时处理、消除隐患，保证焊接结构（件）安全可靠地运行。但是，复查检验所采用的检验方法、检验项目、验收标准应该符合有关标准的规定，应与产品制造过程中所采用的检验方法、检验项目、验收标准相同，否则会产生质量差别，给质量评定或判废工作带来困难，甚至引起制造单位与验收使用单位的意见分歧。

3. 焊接质量问题的现场处理

(1) 发现漏检，应作补充检查并补齐质量证明文件。

表 1-5 焊缝（焊件）无损检验方法比较

序号	名称	适用对象	不适用对象	优缺点
1	射线探伤	（1）焊缝内部体积型缺陷气孔、夹渣、未焊透 （2）焊缝内部面积型缺陷裂纹和未熔合但必须与透照方向一致才有较高检出率	由于射线透照方向不易与裂纹、未熔合方向一致，故较难发现	（1）透照厚度 $\delta<400$mm （2）防辐射安全措施严格 （3）影象直观，底片可存档 （4）设备一次性投资大 （5）要有素质高的操作和评片人员
2	超声波探伤	（1）特别适合焊缝内面积型缺陷裂纹、未熔合 （2）对体积型缺陷也有较高检出率	难于探出小、细裂纹	（1）厚度基本不受限制 （2）安全、方便、成本低 （3）缺陷定性困难 （4）奥氏体粗晶焊缝探伤困难 （5）要有素质高的检验人员
3	磁粉探伤	（1）坡口表面（夹层缺陷） （2）焊缝及附近表面裂纹 （3）厚焊缝中间检查（裂纹） （4）焊接附件拆除后检查表面裂纹	非铁磁性材料，如奥氏体钢、铜、铝等	（1）相对经济、简便 （2）能确定缺陷位置、大小和形状，但难于确定深度 （3）探伤结果直观，易于解释
4	渗透探伤	表面开口缺陷（裂纹、针孔）	疏松多孔性材料	同磁粉探伤
5	涡流探伤	表面及近表面缺陷（裂纹、气孔、未熔合）	非导电材料	（1）经济、简便、易实现自动化 （2）缺陷难于定性

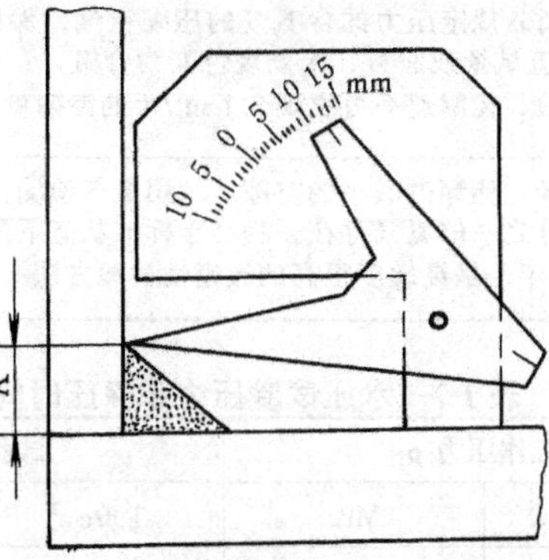

图 1-2 用焊接检验尺测量焊脚尺寸 K

（$K=12$mm）

（2）因检验方法、检验项目或验收标准等不同而引起的质量问题，应尽量采用同样的检验方法和评定标准，确定焊接产品合格与否。

（3）可修可不修的焊接缺陷一般不退修。

（4）焊接缺陷明显超标，应进行退修。其中大型结构应尽量在现场修复，较小结构而修复工艺复杂者则应及时返厂修复。

五、产品服役质量的检验

1. 产品运行期间的质量监控

表 1-6　致密性试验方法及适用范围

序号 \ 项目	名称	试验方法	适用范围
1	气密性试验	将焊接容器密封，按图样规定的压力通入压缩空气，在焊缝外面涂以肥皂水并进行检查，不产生肥皂泡为合格	密封容器
2	吹气试验	用压缩空气对着焊缝的一面猛吹，焊缝的另一面涂以肥皂水，不产生气泡为合格 试验时，要求压缩空气的压力大于405.3kPa，喷嘴到焊缝表面的距离不得超过30mm	敞口容器
3	载水试验	将容器充满水，观察焊缝外表面，无渗水为合格	敞口容器
4	水冲试验	对着焊缝的一面用高压水流喷射，在焊缝的另一面观察，无渗水为合格 水流的喷射方向与试验焊缝表面夹角不小于70°。水管喷嘴直径为15mm以上，水压应使垂直面上的反射水环直径大于400mm；检查竖直焊缝应从下往上移动喷嘴	大型敞口容器，如船甲板等密封焊缝的检查
5	沉水试验	先将容器浸到水中，再向容器内充入压缩空气，使检验焊缝处在水面下50mm左右的深处，观察无气泡浮出为合格	小型容器密封性检查
6	煤油试验	煤油的粘度小，表面张力小，渗透性强，具有透过极小的贯穿性缺陷的能力。试验时，将焊缝的表面清理干净，涂以白粉水溶液，待干燥后，在焊缝的另一面涂上煤油浸润，经半小时后白粉无油浸为合格	敞口容器。如贮存石油、汽油的固定式储器和同类型的其它产品
7	氨渗透试验	氨渗漏属于比色检漏，以氨为示踪剂、试纸或涂料为显色剂进行渗漏检查和贯穿性缺陷的定位。试验时，在检验焊缝上贴上比焊缝宽的石蕊试纸或涂料显色剂，然后向容器内通入规定压力的含氨气的压缩空气，保压5~30min，检查试纸或涂料，未发现色变为合格 氨渗漏试验，检漏速率可发现3.1cm³/年的渗漏量	密封容器，如尿素设备的焊缝检验
8	氦检漏试验	氦气质量轻，能穿过微小的空隙。利用氦气检漏仪可以发现千万分之一的氦气存在，相当于标准状态下漏氦气率为1cm³/年，是灵敏度很高的致密性试验方法	用于致密性要求很高的压力容器

表 1-7　水压试验压力和保压时间

产品名称		工作压力 p		试验压力 p'		保压时间
		kgf/cm²	MPa	kgf/cm²	MPa	
锅炉	锅筒	<6	<0.59	1.5p，但不小于2	1.5p，但不小于0.2	5min
		6~12	0.59~1.18	$p+3$	$p+0.29$	
		>12	>1.18	1.25p		
	集箱管道	p		1.5p		
	受热面管子或受压管件	p		(1) 2p (2) 额定蒸汽压力大于或等于13.73MPa（140kgf/cm²）时，试验压力允许1.5p		10~20s
压力容器		p		1.25p 或按图样规定		根据容器大小，保压10~30min

表 1-8　气压试验压力

压力容器			试验压力 p'		备　注
等级	工作压力 p		耐压试验	气密试验	
	kgf/cm^2	MPa			
低　压	$1 \leqslant p < 16$	$0.098 \leqslant p < 1.568$	$1.20p$	$1.00p$	本表规定对非铸造容器有效
中　压	$16 \leqslant p < 100$	$1.568 \leqslant p < 9.8$	$1.15p$		
高　压	$100 \leqslant p < 1000$	$9.8 \leqslant p < 98$			
超高压	$p \geqslant 1000$	$p \geqslant 98$			

焊接结构（件）在役运行时，可用声发射技术进行质量监督。声发射监控原理、监测部位选择等详见§7-1。

2. 产品检修质量的复查

焊接产品在腐蚀介质、交变载荷、热应力等苛刻条件下工作，使用一定时间后往往产生各种形式的裂纹。为保证设备安全运行，应有计划地定期复查焊接质量。重要产品如锅炉、压力容器等安全监察规程中均有具体规定检修计划，以便发现缺陷，消除隐患，保证安全运行。主要内容如下：

(1) 质量复查工作的程序

1) 查阅质量证明文件或原始质量记录；

2) 拟定检验方案。

(2) 质量复查检验的部位

1) 按有关安全监察规程或技术文件规定进行检验；

2) 以下部位应特别注意：修复过的部位；缺陷集中、严重的部位；应力集中部位；同类产品运行时常出现问题的部位。

3. 服役产品质量问题现场处理

因设备在工作位置上固定，很难搬动而需现场返修。因此，对重要焊接产品的退修要进行工艺评定、验证焊接工艺、制定返修工艺措施、编制质量控制指导书和记录卡，以保证在返修过程中掌握质量标准、记录及时、控制准确。

4. 焊接结构破坏事故的现场调查与分析

(1) 现场调查

1) 维持破坏现场，收集所有运行记录；

2) 查明操作工作是否正确；

3) 查明断裂位置；

4) 检查断口部位的焊接接头表面质量和断口质量；

5) 测量破坏结构的实际厚度，核对它的厚度是否符合图样要求，并为设计校核提供依据。

(2) 取样分析

1) 金相检验；

2) 复查化学成分；

3) 复查力学性能。

(3) 设计校核。

(4) 复查制造工艺。

对破坏事故的调查和分析，可以确定结构的断裂原因，提出防止事故的措施，为设计、制造和运行等提供改进依据。

§1-4 焊接检验课程特点和要求

一、课程特点

焊接检验与其它焊接专业课相比，具有更大的多学科性和实践性。

多学科性是因为它既是以近代物理学、化学、力学、电子学和材料科学为基础的焊接学科之一，又是全面质量管理科学与无损评定技术紧密结合的一个崭新领域。它的检验手段和相关原理涉及到力、热、磁、声、光、电各领域，经常需要多方调查、检验、监测，综合多种方法获得的各种信息后才能对材料的物理性能和变异，对焊接结构（件）的安全可靠给出中肯和准确地评价。

实践性是因为对焊接缺陷的理解和评定与检验人员的实践经验密切相关。同时，其依据的检验规程、标准、法规等又都是在实践过程中形成和升华的技术结果。特别应予以指出的是，检验人员（尤其无损检验人员）的资格鉴定和认可，与其从事的工作经历和培训情况密切相关，只有经过较长时期的严格实践锻炼才能胜任。

二、课程目的

通过本课程学习能使焊接专业的学生掌握焊接检验的基本知识和基本技能。

三、课程要求

(1) 掌握焊接检验方法基本原理、适用范围。

(2) 正确选用检验设备、仪器，熟悉基本操作技能。

(3) 掌握有关检验标准、缺陷识别知识，正确拟制检验工艺。

(4) 基本掌握评定焊缝质量等级，进行质量分析，改进焊接技术，进而提高产品质量。

第二章　焊接缺陷

焊接结构（件）中一般都存在着缺陷。缺陷的存在将影响焊接接头的质量，而接头质量又直接影响到焊接结构（件）的安全使用。对焊接缺陷进行分析，一方面是为了找出缺陷产生的原因，从而在材料、工艺、结构、设备等方面采取有效措施，以防止缺陷的产生；另一方面是为了在焊接结构（件）的制造或使用过程中，能够正确地选择焊接检验的技术手段，及时地发现缺陷，从而定性或定量地评定焊接结构（件）的质量，使焊接检验达到预期的目的。

§2-1　焊接缺陷的概念及分类

一、焊接缺陷的概念

在焊接结构（件）中要获得无缺陷的焊接接头，在技术上是相当困难的，也是不经济的。为了满足焊接结构（件）的使用要求，应该把缺陷限制在一定的范围之内，使其对焊接结构（件）的运行不致产生危害。由于不同的焊接结构（件）使用的场合不同，对其质量要求也不一样，因而对缺陷的容限范围也不相同。我们把焊接过程中在焊接接头中产生的不符合标准要求的缺陷称为焊接缺陷。

焊接结构（件）中由于缺陷的存在，影响着焊接接头的质量。评定焊接接头质量优劣的依据，是缺陷的种类、大小、数量、形态、分布及危害程度。若接头中存在着焊接缺陷，一般可通过补焊来修复，或者采取铲除焊道后重新进行焊接，有时直接作为判废的依据。

二、焊接缺陷的分类

焊接缺陷的种类很多，有熔焊产生的缺陷，也有压焊、钎焊产生的缺陷。本节主要介绍熔焊缺陷的分类，其它方法的焊接缺陷这里不作介绍。

根据 GB6417—86《金属熔化焊焊缝缺陷分类及说明》，可将熔焊缺陷分为以下六类。

第一类　裂纹

第二类　孔穴

第三类　固体夹杂

第四类　未熔合和未焊透

第五类　形状缺陷

第六类　其它缺陷。

上述六类缺陷的名称见表 2-1。

熔焊缺陷除了以上六类之外，还有金相组织不符合要求（如晶粒粗大、金相组织的成分不合格等）及焊接接头的理化性能不符合要求的性能缺陷（包括化学成分、力学性能及不锈钢焊缝的耐腐蚀性能等）。这类缺陷大多是由于违反焊接工艺或错用焊接材料所引起的，不在本章讨论之列。

表 2-1 熔焊焊接接头中常见缺陷的名称

分 类	名 称	备 注	分 类	名 称	备 注
裂 纹	横向裂纹 纵向裂纹 弧坑裂纹 放射状裂纹 枝状裂纹 间断裂纹	见图 2-1	形状缺陷	咬 边	见图 2-15
	微观裂纹			焊 瘤	见图 2-16
孔 穴	球形气孔 均布气孔			下 塌	见图 2-17
	局部密集气孔	见图 2-11		下 垂	
	链状气孔 条形气孔			烧 穿	见图 2-17
	虫形气孔	见图 2-11		未焊满 角焊缝凸度过大	
	表面气孔			角 变 形 错 边	见图 2-18
固体夹杂	夹 渣 焊剂或熔剂夹渣 氧化物夹渣	见图 2-12		焊脚不对称 焊缝超高 焊缝宽度不齐	见图 2-20 见图 2-19
	皱 褶 金属夹杂			焊缝表面粗糙、不平滑	
未 熔 合 和未焊透	未 熔 合	见图 2-13	其它缺陷	电弧擦伤	见图 2-21
	未 焊 透	见图 2-14		飞 溅	见图 2-22
				钨 飞 溅 定位焊缺陷 表面撕裂 层间错位 打磨过量 凿 痕 磨 痕	

§2-2 焊接缺陷的特征及分布

一、焊接裂纹

焊接裂纹是指金属在焊接应力及其它致脆因素共同作用下，焊接接头中局部地区金属原子结合力遭到破坏而形成的新界面所产生的缝隙。具有尖锐的缺口和长宽比大的特征，是焊接结构（件）中最危险的缺陷。

1. 按裂纹的外观形貌和产生的部位来分各种裂纹的特征和分布见表 2-2，其外观形貌如图 2-1 所示。

2. 按裂纹产生的温度范围来划分

按温度范围则可分为热裂纹、冷裂纹及再热裂纹。

（1）热裂纹 在固相线附近的高温区形成的裂纹称热裂纹。热裂纹主要发生在晶界处。由于裂纹形成的温度较高，在与空气接触的开口部位表面有强烈的氧化特征，呈蓝色或天蓝色，这是区别于冷裂纹的重要特征。根据裂纹形成的机理不同，热裂纹可分为结晶裂纹、液化裂纹和高温失塑裂纹。它们的特征及其分布见表 2-3。

（2）冷裂纹 焊接接头冷却到 *Ms* 温度以下时形成的裂纹称为冷裂纹。其特点是表面光

表 2-2　按外观形貌划分的裂纹特征和分布

名　称	特　　征	分　　布
横向裂纹	裂纹长度方向与焊缝轴线相垂直	位于焊缝、热影响区或母材中
纵向裂纹	裂纹长度方向与焊缝轴线相平行	
弧坑裂纹	形貌有横向、纵向或星形状	位于焊缝收弧弧坑处
放射状裂纹	从某一点向四周放射的裂纹	位于焊缝、热影响区或母材中
枝状裂纹	形貌呈树枝状	
间断裂纹	裂纹呈断续状态	
微观裂纹	在显微镜下才能观察到	

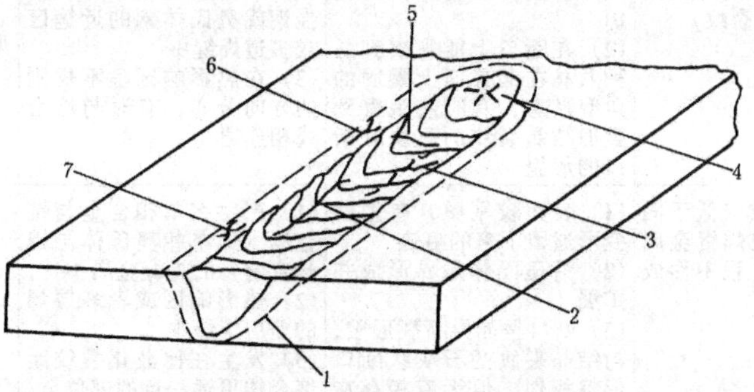

图 2-1　各种裂纹的外观形貌

1—热影响区　2—纵向裂纹　3—间断裂纹　4—弧坑裂纹　5—横向裂纹　6—枝状裂纹　7—放射状裂纹

亮，无氧化特征。冷裂纹主要发生在焊接热影响区，对某些合金成分多的高强度钢来说，也可能发生在焊缝金属中。常见的冷裂纹可分为氢致裂纹、淬火裂纹和层状撕裂。其特征和分布见表 2-4。

（3）再热裂纹　工件焊接后，若再次被加热（如消除应力热处理、多层焊或使用过程中被加热）到一定的温度而产生的裂纹称为再热裂纹。再热裂纹多发生在含 Cr、Mo、V 的低合金结构钢，含 Nb 的奥氏体不锈钢以及析出硬化显著的 Ni 基耐热合金材料中。常出现在粗晶区中，并沿粗大奥氏体晶粒边界扩展，且多半发生在咬边等应力集中处。可形成沿熔合线的纵向裂纹，亦可形成粗晶区中垂直于熔合线的网状裂纹。其断口有被氧化的颜色。

二、气孔

焊接时，熔池中的气泡在凝固时未能逸出而残留下来所形成的空穴称为气孔。气孔有时以单个出现，有时以成堆的形式聚集在局部区域，其形状有球形、条虫形等（图 2-11）。气孔的特征与分布见表 2-5。

三、固体夹杂

1. 夹渣

焊后残留在焊缝中的熔渣称为夹渣。其形状较复杂，一般呈线状、长条状、颗粒状及其它形式。主要发生在坡口边缘和每层焊道之间非圆滑过渡的部位，在焊道形状发生突变或存

表 2-3　热裂纹的特征和分布

分　类	名　　称	特　　征	分　　布	裂　纹　形　态
热裂纹	结晶裂纹（焊缝金属在结晶后期形成的裂纹，也称凝固裂纹）	(1) 沿晶间开裂 (2) 断口由树枝状断口区、石块状断口区和平坦状断口区构成，在高倍显微镜下能观察到晶界液膜的迹象	(1) 沿焊缝的中心线呈纵向分布 (2) 沿焊缝金属的结晶方向呈斜向或人字形 (3) 在弧坑处呈横向、纵向、星形分布 (4) 发生在熔深大的对接接头以及各种角接头（包括搭接接头、丁字接头和外角接焊缝等） (5) 产生在含 S、P 杂质较多的碳钢、单相奥氏体钢、镍基合金和某些铝合金的焊缝中	见图 2-2、图 2-3
	液化裂纹（热影响区的母材金属中的低熔点杂质被熔融形成薄膜状晶界，在凝固时出现的裂纹）	(1) 起源于熔合线靠母材侧的粗大奥氏体晶界，沿晶界扩展，具有曲折的轮廓 (2) 在断口上能观察到各种共晶在晶界面上凝固的典型形态，有时能观察到类似结晶裂纹的石块状断口的形貌	(1) 出现在多层焊的前层焊缝中 (2) 产生在含铬、镍的高强钢或奥氏体钢的近缝区或多道焊缝中 (3) 在热影响区呈不规则的方向分布，有时与熔合线相连通	见图 2-4
	高温失塑裂纹（低于固相线温度下，在焊缝金属凝固后的冷却过程中形成的一种热裂纹）	(1) 表面较平整，有塑性变形遗留下来的痕迹 (2) 沿奥氏体晶界形成并扩展 (3) 断口呈晶界断裂形貌，与结晶裂纹的石块状断口形貌相似，但无液相存在的痕迹	(1) 产生在单相合金与钝金属（如单相奥氏体与镍基合金）的焊缝金属中 (2) 热影响区或者多层焊的前层焊缝中 (3) 发生在比液化裂纹距熔合线更远一点的部位上	

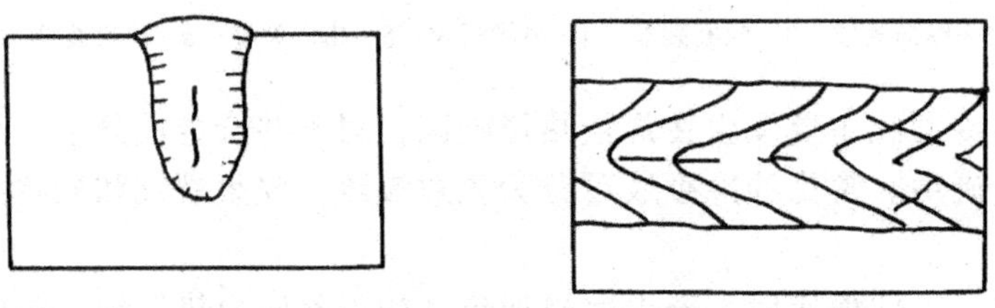

a)　　b)

图 2-2　结晶裂纹的形态分布

a) 沿焊缝中心线分布　b) 斜向分布

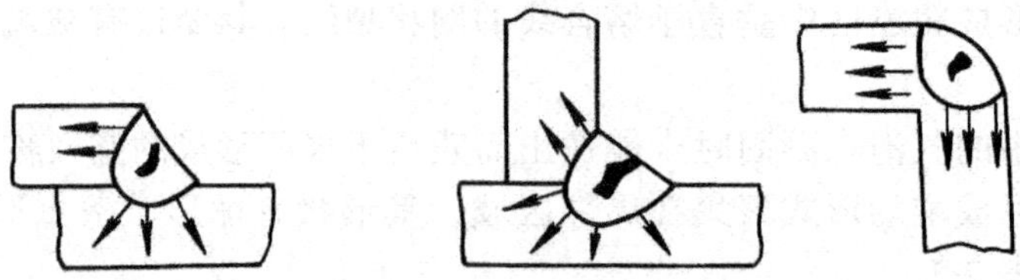

a)　　b)　　c)

图 2-3　不同接头型式中的结晶裂纹

a) 搭接接头　b) 丁字接头　c) 外角接接头

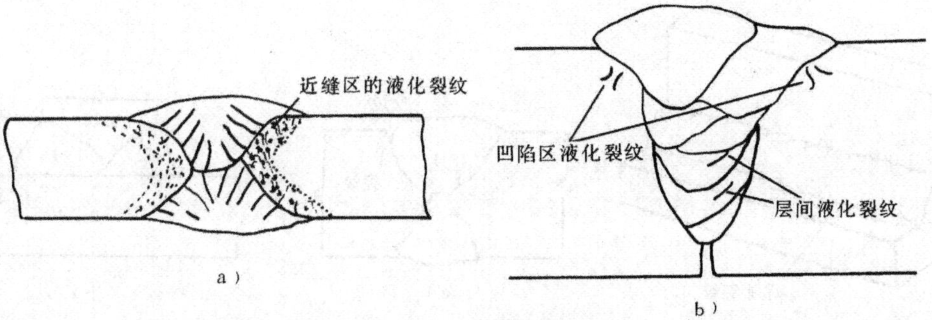

图 2-4　液化裂纹的形态分布

a) 近缝区液化裂纹　b) 多层焊层间的液化裂纹

表 2-4　冷裂纹的特征、分布及形态

分类	名称	特　征	分　布	形　态
冷裂纹	氢致裂纹（具有延迟特征，即焊后经过数小时、数日或更长时间才出现的冷裂纹称为氢致裂纹，或称延迟裂纹）	1. 延迟特征：普通低合金钢的氢致裂纹在焊后 24h 内产生（一般情况下，焊趾裂纹发生在焊后数分钟内，焊道下裂纹发生在数小时后），对高合金钢则在焊后 10 天内产生 2. 裂纹产生时，有时可觉查到断裂的响声 3. 断裂途径可以是沿晶界的，或者是穿晶的。一般情况下，断口中均同时存在着沿晶界断裂和晶内断裂，而且晶内断裂的断口占相当大的比例。即使是高强度钢的冷裂纹断口中也存在着晶内断裂 4. 在填角焊时，裂纹产生的部位与拘束状态有关（图 2-9）	1. 焊趾裂纹 (1) 起源于焊缝与母材的交界处有明显的应力集中的地方。一般由焊趾表面开始，向母材深处延伸，可能沿粗晶区扩展，也可能向垂直于拘束方向的细晶区或母材扩展，裂纹的取向经常与焊缝纵向平行	见图 2-5
			(2) 焊接结构中的 X 型坡口对接接头及 K 型坡口的 T 型接头，在咬边或其它形状缺陷的影响下，易产生焊趾裂纹	见图 2-6
			2. 焊道下裂纹 (1) 一般情况下，裂纹的取向与熔合线平行，距熔合线大约 1～2 个晶粒（在焊缝表面不易发现） (2) 经常发生在淬硬倾向大的材料中，位于焊接热影响区的粗晶内 (3) 当钢中沿轧制方向有较多和较长的 MnS 系夹杂物时，裂纹也可沿轧制方向分布的硫化物呈阶梯状地扩展	见图 2-7
			3. 焊根裂纹 (1) 起源于焊缝的根部最大应力处，随后在拘束应力作用下向焊缝内或热影响区扩展 (2) 裂纹出现的部位取决于焊缝金属及热影响区的强度、伸长率和根部形状	见图 2-8
			4. 对厚板的压力容器，如果焊前不预热，焊后不立即保温进行消氢处理，在 V 型坡口的手工打底焊时，易在内环焊缝中产生纵向裂纹，在 U 型坡口的埋弧自动焊时，易在环焊缝产生横向裂纹	
	淬火裂纹（在焊接含碳量高、淬硬倾向大的钢材时出现的冷裂纹）	1. 与氢无关，无延时特征 2. 裂纹的启裂与扩展均沿奥氏体晶界进行 3. 断口非常光滑，极少有塑性变形的痕迹	位于热影响区或焊缝中	
	层状撕裂（母材本身固有的缺陷，因焊接使其暴露出来）	1. 平行于板材表面扩展，并呈阶梯状 2. 断口有明显的木纹状特征，断口的平台分布有大块的夹杂物	发生在角焊缝的厚板结构中	见图 2-10

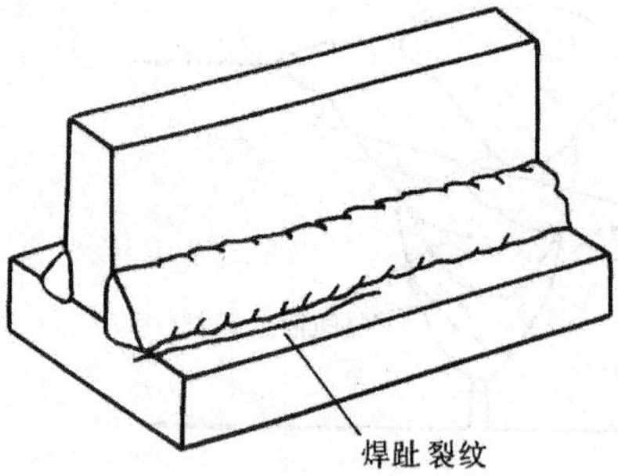

图 2-5　焊接接头中的焊趾裂纹

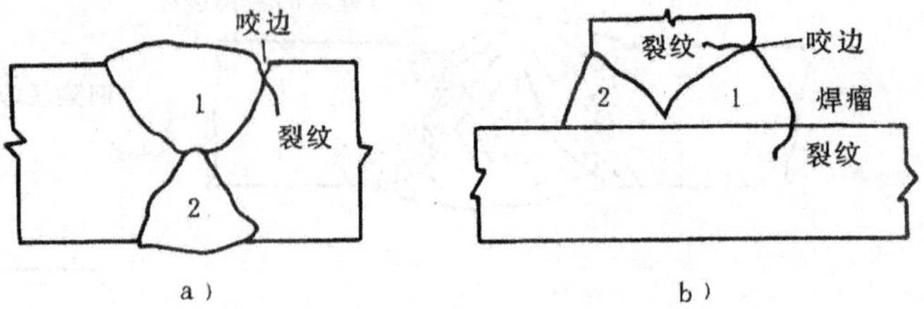

图 2-6　焊接结构中的焊趾裂纹

a）X形坡口对接　b）K型坡口T型接头

1—先焊的焊缝　2—后焊的焊缝

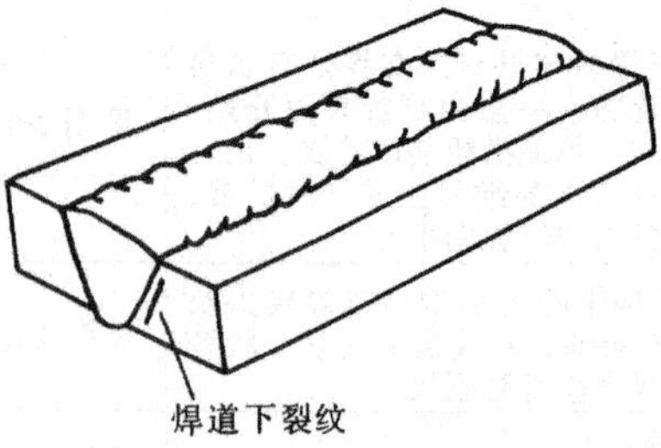

图 2-7　焊道下裂纹

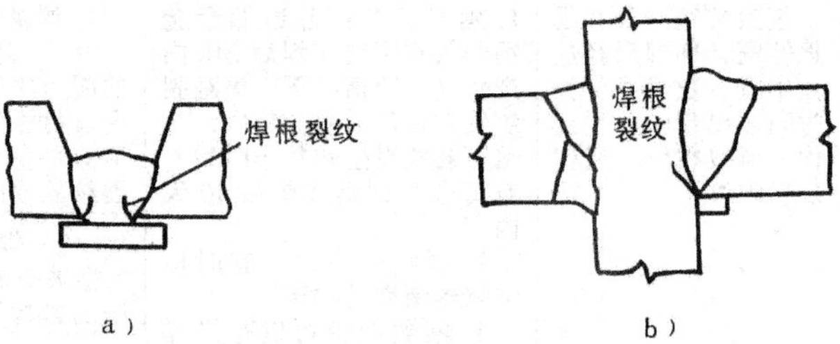

图 2-8　焊接接头中的焊根裂纹

a）焊缝内的焊根裂纹　b）热影响区的焊根裂纹

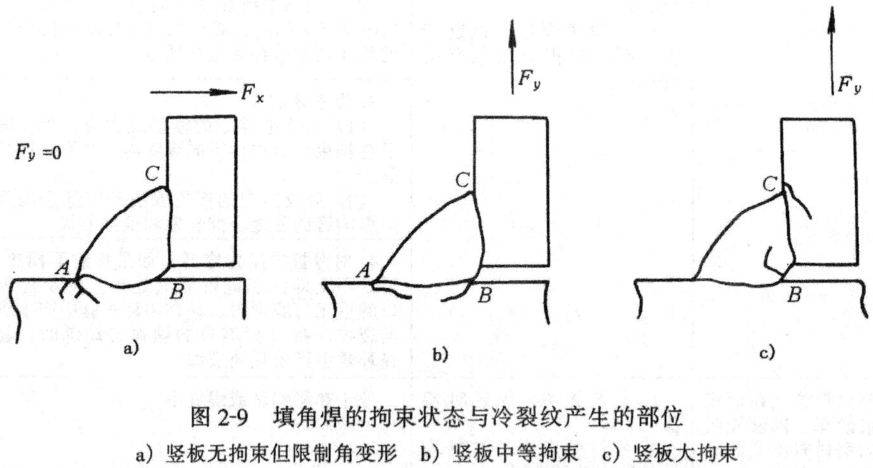

图 2-9　填角焊的拘束状态与冷裂纹产生的部位

a）竖板无拘束但限制角变形　b）竖板中等拘束　c）竖板大拘束

在深沟的部位也容易产生夹渣（图 2-12）。在横焊、立焊或仰焊时产生的夹渣比平焊多。当混入细微的非金属夹杂物时，在焊缝金属凝固过程中可能产生微裂纹或孔洞。

2. 夹钨

在进行钨极氩弧焊时，若钨极不慎与熔池接触，使钨的颗粒进入焊缝金属中而造成夹钨。焊接镍铁合金时，则其与钨形成合金，使 X 射线探伤很难发现。

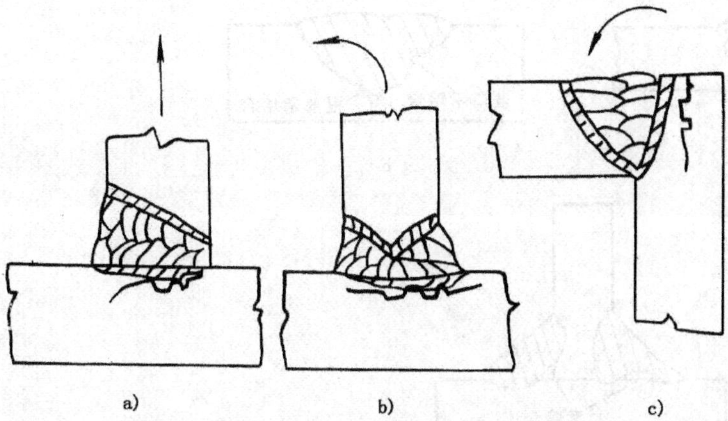

图 2-10　层状撕裂的类型

a) 由焊根裂纹引起　b) 由夹杂物开裂后沿热影响区扩展

c) 产生在母材厚度中心附近

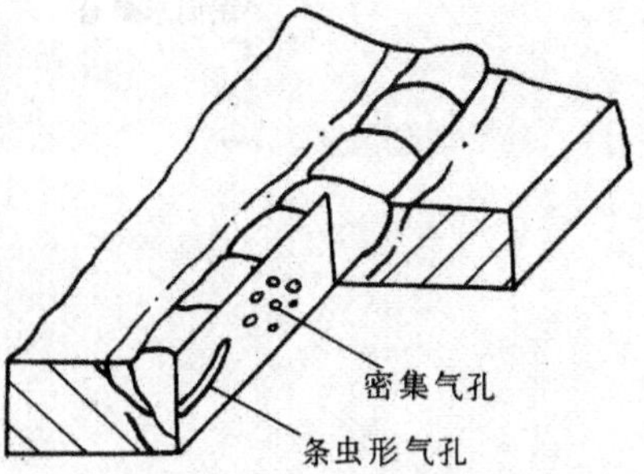

图 2-11　焊缝中的气孔

表 2-5　气孔的特征与分布

名称	特　征	分　布
气孔	(1) 氢气孔的断面形状多为螺丝形，从焊缝表面上看呈圆喇叭形，其四周有光滑的内壁 (2) 氮气孔与蜂窝相似，常成堆出现 (3) CO 气孔的表面光滑，像条虫状 (4) 在含氢量较高的焊缝金属中出现的鱼眼缺陷。实际上是圆形或椭圆形氢气孔，在其周围分布有脆性解理扩展的裂纹，形成围绕气孔的白色环脆断区，形貌如鱼眼	(1) 氢气孔出现在焊缝表面上 (2) 氮气孔多出现在焊缝的表面 (3) CO 气孔多产生于焊缝内部，沿其结晶方向分布 (4) 横焊时，气孔常出现在坡口上部边缘，仰焊时常分布在焊缝底部或焊层中，有时候也出现在焊道的接头部位及弧坑处

四、未熔合和未焊透

1. 未熔合

在焊缝金属和母材之间或焊道金属与焊道金属之间未完全熔化结合的部分称为未熔合。常出现在坡口的侧壁、多层焊的层间及焊缝的根部（图 2-13）。这种缺陷有时间隙很大，与熔渣难以区别。有时虽然结合紧密但未焊合，往往从未熔合区末端产生微裂纹。

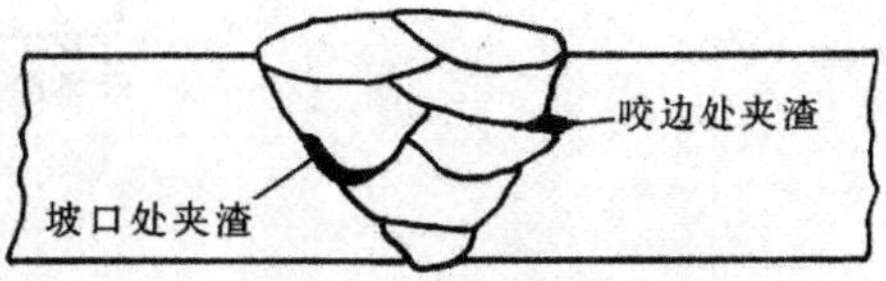

图 2-12　夹渣

2. 未焊透

焊接时，母材金属之间应该熔合而未焊上的部分称为未焊透。出现在单面焊的坡口根部及双面焊的坡口钝边（图 2-14）。未焊透会造成较大的应力集中，往往从其末端产生裂纹。

五、形状缺陷

1. 咬边

由于焊接参数选择不当，或操作工艺不正确，沿焊趾的母材部位产生的沟槽或凹陷称为咬边。在立焊及仰焊位置容易发生咬边，在角焊缝上部边缘也容易产生咬边（图 2-15）。

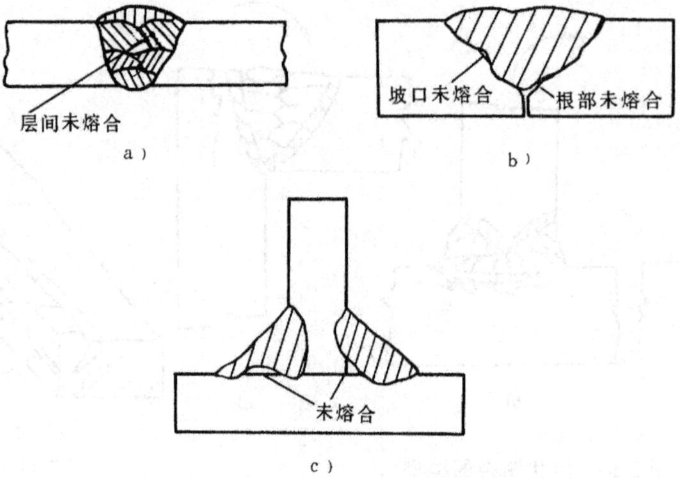

图 2-13　未熔合

a）层间未熔合　b）坡口未熔合　c）角焊缝未熔合

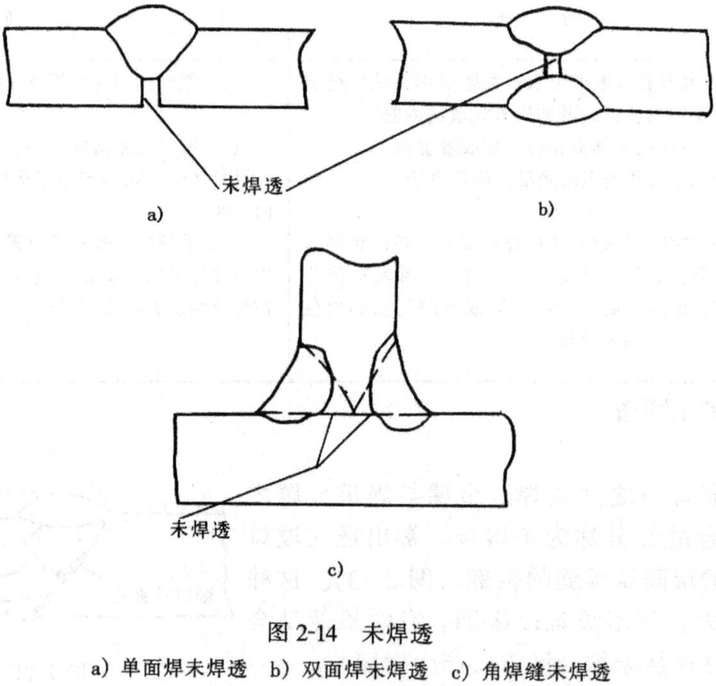

图 2-14　未焊透

a）单面焊未焊透　b）双面焊未焊透　c）角焊缝未焊透

2. 焊瘤

焊接过程中，熔化金属流淌到焊缝之外未熔化的母材上所形成的金属瘤称为焊瘤。焊瘤存在于焊缝表面，在其下面往往伴随着未熔合、未焊透等缺陷。由于焊缝填充金属的堆积，使焊缝的几何形状发生变化而造成应力集中（图 2-16）。

3. 烧穿和下塌

焊接过程中，熔化金属自坡口背面流出，形成穿孔的缺陷叫烧穿。烧穿容易发生在第一

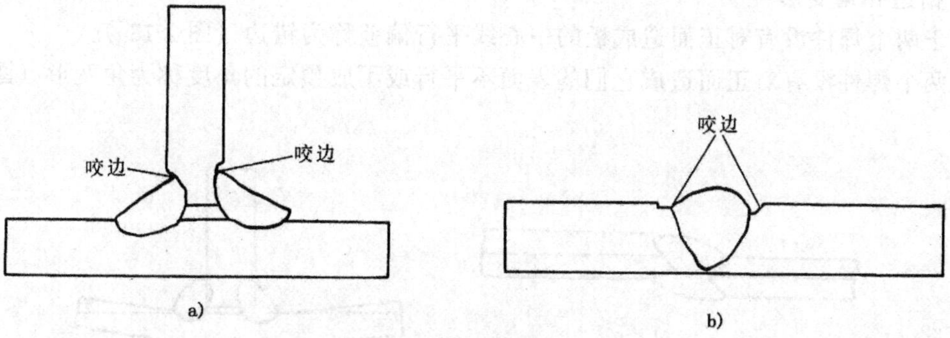

图 2-15　咬边
a）角焊缝咬边　b）对接焊缝咬边

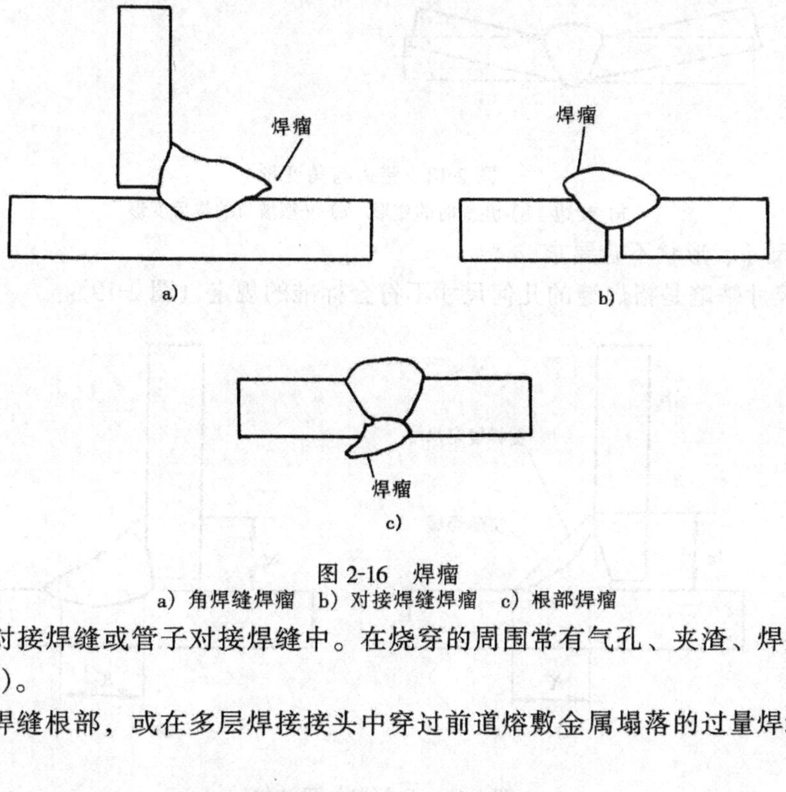

图 2-16　焊瘤
a）角焊缝焊瘤　b）对接焊缝焊瘤　c）根部焊瘤

道焊道及薄板对接焊缝或管子对接焊缝中。在烧穿的周围常有气孔、夹渣、焊瘤及未焊透等缺陷（图 2-17a）。

穿过单层焊缝根部，或在多层焊接接头中穿过前道熔敷金属塌落的过量焊缝金属称为下塌（图 2-17b）。

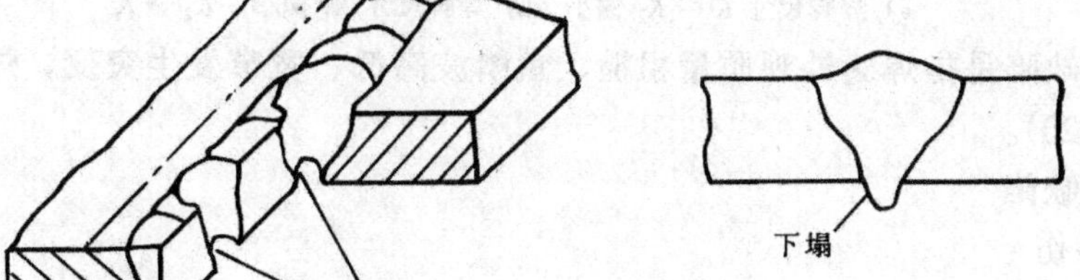

图 2-17　烧穿和下塌
a）烧穿　b）下塌

4. 错边和角变形

由于两个焊件没有对正而造成板的中心线平行偏差称为错边（图 2-18a）。

当两个焊件没有对正而造成它们的表面不平行或不成预定的角度称为角变形（图 2-18b、c）。

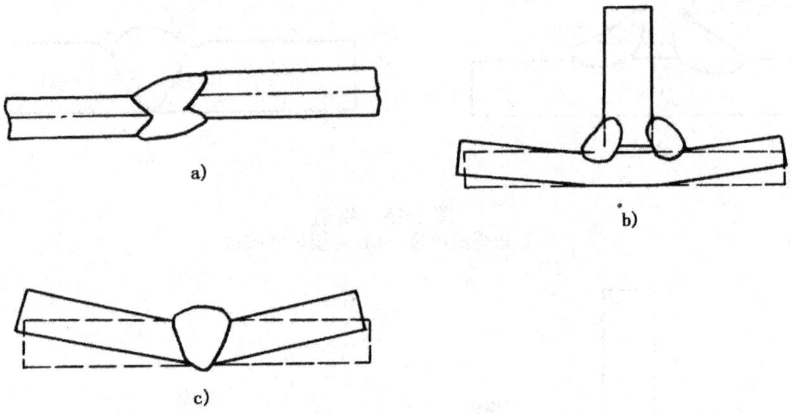

图 2-18 错边与角变形

a）错边 b）角焊时的变形 c）V 型坡口的焊后变形

5. 焊缝尺寸、形状不合要求

焊缝的尺寸缺陷是指焊缝的几何尺寸不符合标准的规定（图 2-19）。

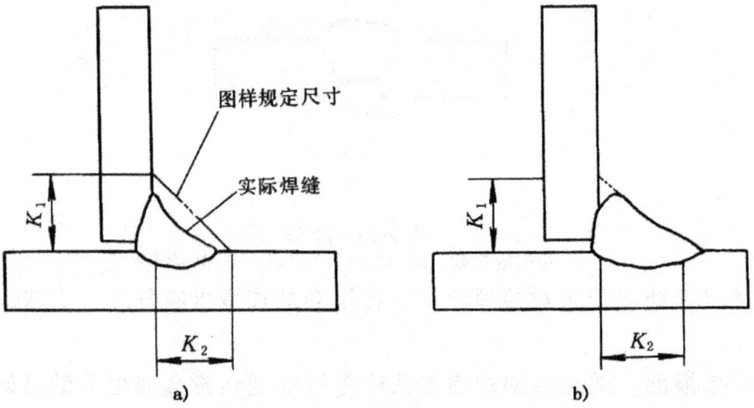

图 2-19 角焊缝的尺寸缺陷

a）焊脚尺寸 K_1、K_2 偏小 b）焊脚尺寸 K_1 偏小、K_2 偏大

焊缝形状缺陷是指焊缝外观质量粗糙、鱼鳞波高低、宽窄发生突变，焊缝与母材非圆滑过渡等（图 2-20）。

六、其它缺陷

1. 电弧擦伤

在焊缝坡口外部引弧时产生于母材金属表面上的局部损伤（图 2-21）。如果在坡口外随意引弧，有可能形成弧坑而产生裂纹，又很容易被忽视、漏检，导致事故的发生。

2. 飞溅

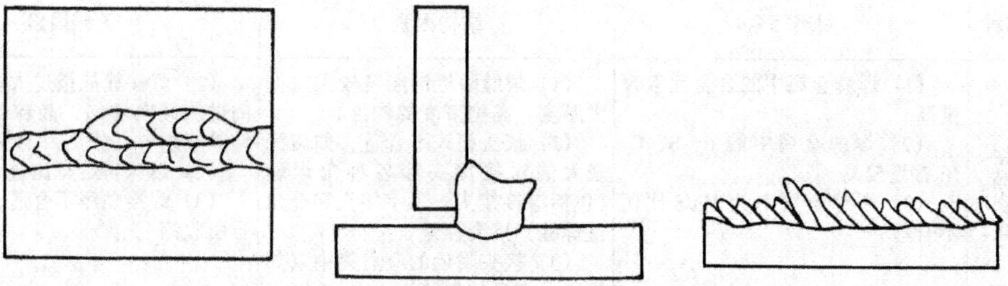

图 2-20　焊缝形状缺陷

a）焊缝宽度不一致　b）角焊缝凸度过大　c）焊缝高度突变

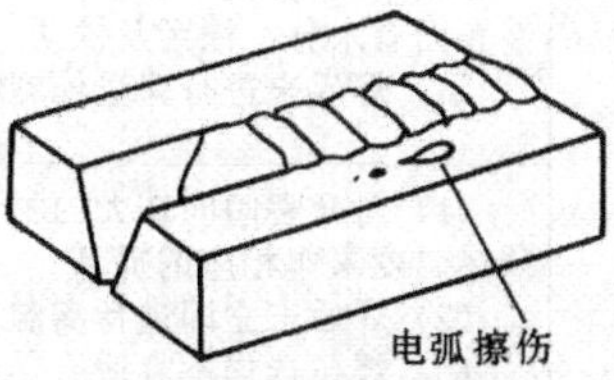

图 2-21　电弧擦伤

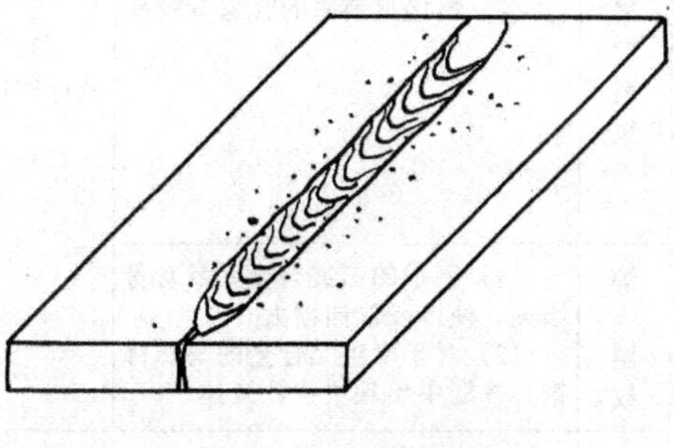

图 2-22　严重的飞溅

熔焊过程中，熔化的金属颗粒和熔渣向周围飞散的现象称为飞溅。不同药皮成分的焊条具有不同的飞溅损失，图 2-22 为飞溅较严重的情形。

§2-3　产生焊接缺陷的主要因素

产生焊接缺陷的因素是多方面的，对不同的缺陷，影响因素也不同。本节主要从材料（被焊材料及填充材料）、结构、工艺方面对产生焊接缺陷的主要因素进行分析（见表 2-6）。

实际上焊接缺陷的产生过程是十分复杂的，既有冶金的原因，又有应力和变形的作用。通常焊接缺陷容易出现在焊缝及其附近地区，而那些地区正是结构中拉伸残余应力最大的地方。一般认为，焊接缺陷之所以会降低焊接结构的强度，其主要原因是缺陷减小了结构承载截面的有效面积，并且在缺陷周围产生了严重的应力集中。

表 2-6　产生焊接缺陷的主要因素

类别	名称	材料因素	结构因素	工艺因素
热裂纹	结晶裂纹	（1）焊缝金属中的合金元素含量高 （2）焊缝金属中的P、S、C、Ni含量较高 （3）焊缝金属中的Mn/S比例不合适	（1）焊缝附近的刚度较大（如大厚度、高拘束度的构件） （2）接头型式不合适，如熔深较大的对接接头和各种角焊缝（包括搭接接头、丁字接头和外角接焊缝）抗裂性差 （3）接头附近的应力集中（如密集、交叉的焊缝）	（1）焊接线能量过大，使近缝区的过热倾向增加，晶粒长大，引起结晶裂纹 （2）熔深与熔宽比过大 （3）焊接顺序不合适，焊缝不能自由收缩
	液化裂纹	母材中的P、S、B、Si含量较多	（1）焊缝附近的刚度较大，如大厚度、高拘束度的构件 （2）接头附近的应力集中，如密集、交叉的焊缝	（1）线能量过大，使过热区晶粒粗大，晶界熔化严重 （2）熔池形状不合适，凹度太大
	高温失塑裂纹			线能量过大，使温度过高，容易产生裂纹
冷裂纹	氢致裂纹	（1）钢中的C或合金元素含量增高，使淬硬倾向增大 （2）焊接材料中的含氢量较高	（1）焊缝附近的刚度较大（如材料的厚度大，拘束度高） （2）焊缝布置在应力集中区 （3）坡口型式不合适（如V型坡口的拘束应力较大）	（1）接头熔合区附近的冷却时间（800~500℃）小于出现铁素体800~500℃临界冷却时间，线能量过小 （2）未使用低氢焊条 （3）焊接材料未烘干，焊口及工件表面有水分、油污及铁锈 （4）焊后未进行保温处理
	淬火裂纹	（1）钢中的C或合金元素含量增高，使淬硬倾向增大 （2）对于多组元合金的马氏体钢，焊缝中出现块状铁素体		（1）对冷裂倾向较大的材料，其预热温度未作相应的提高 （2）焊后未立即进行高温回火 （3）焊条选择不合适
	层状撕裂	（1）焊缝中出现片状夹杂物（如硫化物、硅酸盐和氧化铝等） （2）母材基体组织硬脆或产生时效脆化 （3）钢中的含硫量过多	（1）接头设计不合理，拘束应力过大（如T型填角焊，角接头和贯通接头） （2）拉应力沿板厚方向作用	（1）线能量过大，使拘束应力增加 （2）预热温度较低 （3）由于焊根裂纹的存在导致层状撕裂的产生
再热裂纹		（1）焊接材料的强度过高 （2）母材中Cr、Mo、V、B、S、P、Cu、Nb、Ti的含量较高 （3）热影响区粗晶区域的组织未得到改善（未减少或消除马氏体组织）	（1）结构设计不合理造成应力集中（如对接焊缝和填角焊缝重迭） （2）坡口型式不合适导致较大的拘束应力	（1）回火温度不够，持续时间过长 （2）焊趾处形成咬边而导致应力集中 （3）焊接次序不对使焊接应力增大 （4）焊缝的余高导致近缝区的应力集中
气孔		（1）熔渣的氧化性增大时，由CO引起气孔的倾向增加；当熔渣的还原性增大时，则氢气孔的倾向增加 （2）焊件或焊接材料不清洁（有铁锈、油类和水分等杂质） （3）与焊条、焊剂的成分及保护气体的气氛有关 （4）焊条偏心，药皮脱落	仰焊、横焊易产生气孔	（1）当电弧功率不变，焊接速度增大时，增加了产生气孔的倾向 （2）电弧电压太高（即电弧过长） （3）焊条、焊剂在使用前未进行烘干 （4）使用交流电源易产生气孔 （5）气保焊时，气体流量不合适

（续）

类别	名称	材料因素	结构因素	工艺因素
夹渣		（1）焊条和焊剂的脱氧、脱硫效果不好 （2）渣的流动性差 （3）在原材料的夹杂中含硫量较高及硫的偏析程度较大	立焊、仰焊易产生夹渣	（1）电流大小不合适，熔池搅动不足 （2）焊条药皮成块脱落 （3）多层焊时层间清渣不够 （4）电渣焊时焊接条件突然改变，母材熔深突然减小 （5）操作不当
未熔合				（1）焊接电流小或焊接速度快 （2）坡口或焊道有氧化皮、熔渣及氧化物等高熔点物质 （3）操作不当
未焊透		焊条偏心	坡口角度太小，钝边太厚，间隙太小	（1）焊接电流小或焊速太快 （2）焊条角度不对或运条方法不当 （3）电弧太长或电弧偏吹
形状缺陷	咬边		立焊、仰焊时易产生咬边	（1）焊接电流过大或焊接速度太慢 （2）在立焊、横焊和角焊时，电弧太长 （3）焊条角度和摆动不正确或运条不当
	焊瘤		坡口太小	（1）焊接规范不当，电压过低，焊速不合适 （2）焊条角度不对或电极未对准焊缝 （3）运条不正确
	烧穿和下塌		（1）坡口间隙过大 （2）薄板或管子的焊接易产生烧穿和下塌	（1）电流过大，焊速太慢 （2）垫板托力不足
	错边			（1）装配不正确 （2）焊接夹具质量不高
	角变形		（1）角变形程度与坡口形状有关（如对接焊缝V型坡口的角变形大于X型坡口） （2）角变形与板厚有关，板厚为中等时角变形最大，厚板、薄板的角变形较小	（1）焊接顺序对角变形有影响 （2）在一定范围内，线能量增加，则角变形也增加 （3）反变形量未控制好 （4）焊接夹具质量不高
	焊缝尺寸、形状不合要求	（1）熔渣的熔点和粘度太高或太低都会导致焊缝尺寸、形状不合要求 （2）熔渣的表面张力较大，不能很好地覆盖焊缝表面，使焊纹粗、焊缝高、表面不光滑	坡口不合适或装配间隙不均匀	（1）焊接规范不合适 （2）焊条角度或运条手法不当
其它缺陷	电弧擦伤			（1）焊工随意在坡口外引弧 （2）接地不良或电气接线不好

（续）

类别	名称	材料因素	结构因素	工艺因素
其它缺陷	飞溅	（1）熔渣的粘度过大 （2）焊条偏心		（1）焊接电流增大时，飞溅增大 （2）电弧过长则飞溅增大 （3）碱性焊条的极性不合适 （4）焊条药皮水分过多，则飞溅增加 （5）交流电源比直流电源飞溅大 （6）焊机动特性、外特性不佳时，则飞溅大

§2-4 焊接缺陷的危害及对质量的影响

一、焊接缺陷的危害

自从焊接结构被广泛应用以来，在国内外都发生过一些破坏事故，造成了重大损失。如1979年底，我国某地的液化石油气站罐区发生一起球罐爆炸事故，其中一个罐沿焊缝脆裂，着火燃烧，引起其它罐爆炸燃烧，大火持续了23h，烧毁全部建筑和设备，造成600多万元财产损失。事后，对爆炸事故进行了调查和分析，结果如下：

该球罐由15MnV材料制成，容积为400m^3，球罐的拼缝是采用“结507”焊条，焊缝的布置及接头的形式如图2-23所示。

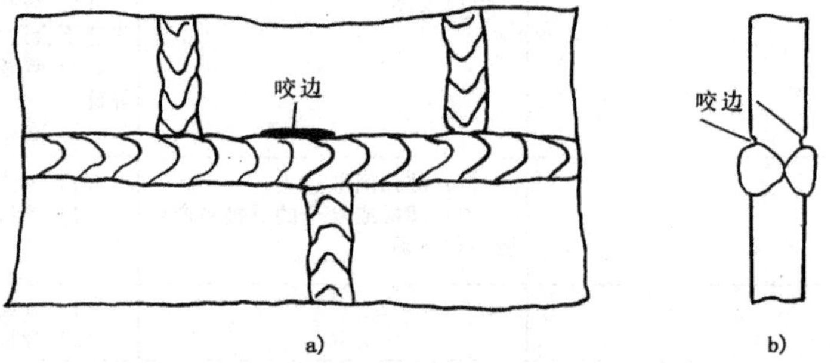

图2-23 产生事故的球罐焊缝及接头型式
a）焊缝布置 b）接头型式

球罐的开裂过程分以下四步进行：

（1）焊道边缘存在着2~2.5mm的咬边。

（2）使用时咬边处诱发6mm长的焊趾裂纹。

（3）焊趾裂纹在介质中萌生出应力腐蚀裂纹（长约7mm）。

（4）在应力作用下，当裂纹的有效截面达4mm^2时，发生了低应力脆性开裂。

由此可见，焊接结构发生破坏的主要原因之一是焊接接头存在着缺陷。若有的缺陷被漏检，可能导致结构在负载时发生破坏事故。

二、焊接缺陷对质量的影响

焊接缺陷对质量的影响，主要是对结构负载强度和耐腐蚀性能的影响。由于缺陷的存在减小了结构承载的有效截面积，更主要的是在缺陷周围产生了应力集中。因此，焊接缺陷对结构的静载强度、疲劳强度、脆性断裂以及抗应力腐蚀开裂都有重大的影响。由于各类缺陷的形态不同，所产生的应力集中程度也不同，因而对结构的危害程度也各不一样。

1. 焊接缺陷引起的应力集中

根据数学计算，受到Z向拉应力作用的空穴类缺陷（图2-24），其Z向应力集中系数如表2-7所示。

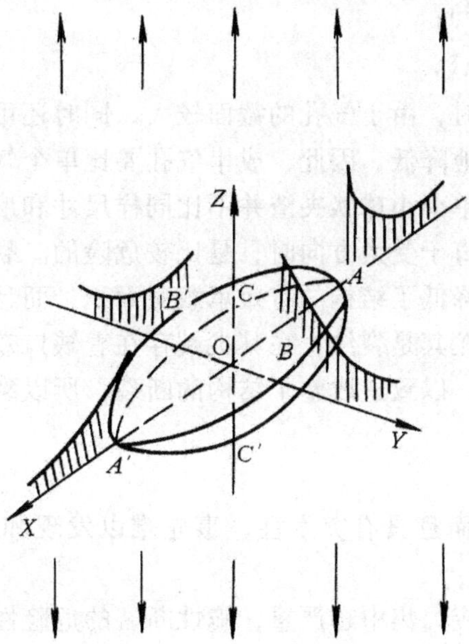

图2-24 单向拉应力作用下的空穴类缺陷

表2-7 不同形状空穴类缺陷的应力集中系数

空穴的形状系数	相当于缺陷的形状	Z向应力集中系数 $K_{t(z)}=\frac{\sigma_Z}{\sigma_{无穷远}}$（$\sigma_Z$为椭球状空穴上某点拉应力）
$p_2=\frac{c}{b}=1$	纺棱状	2.05~3
$p_1=\frac{b}{a}=p_2=\frac{c}{b}=1$	球状	2.05
$p_1=\frac{b}{a}=1$，c很小	扁平状	大于12

焊缝中的气孔一般呈单个球状或条虫形，因此气孔周围应力集中并不严重。而焊接接头中的裂纹常常呈扁平状，如果加载方向垂直于裂纹的平面，则裂纹两端会引起严重的应力集中。焊缝中的夹杂物具有不同的形状和包含不同的材料，但其周围的应力集中与空穴相似。若焊缝中存在着密集气孔或夹渣时，在负载作用下，如果出现气孔间或夹渣间的联通（即产生豁口），则将导致应力区的扩大和应力值的上升。

此外，对于焊缝的形状不良、角焊缝的凸度过大及错边、角变形等焊接接头的外部缺陷，也都会引起应力集中或者产生附加的应力。

2. 焊接缺陷对静载强度的影响

试验表明：圆形缺陷所引起的强度降低与缺陷造成的承载截面的减小成正比。断裂时的平均应力可近似用下式表示：

$$\overline{\sigma}_f = \frac{A_j}{A_0}\sigma_b$$

式中 $\overline{\sigma}_f$——断裂时的平均应力（MPa）；

A_j——实际的承载截面（mm^2）；

A_0——材料的初始截面（mm^2）；

σ_b——材料的强度极限（MPa）。

若焊缝中出现成串或密集气孔时，由于气孔的截面较大，同时还可能伴随着焊缝力学性能的下降（如氧化等）使强度明显地降低。因此，成串气孔要比单个气孔危险得多。夹渣对强度的影响与其形状和尺寸有关。单个小球状夹渣并不比同样尺寸和形状的气孔危害大，当夹渣呈连续的细条状且排列方向垂直于受力方向时，是比较危险的。裂纹、未熔合和未焊透比气孔和夹渣的危害大，它们不仅降低了结构的有效承载截面积，而且更重要的是产生了应力集中，有诱发脆性断裂的可能。尤其是裂纹，在其尖端存在着缺口效应，容易出现三向应力状态，会导致裂纹的失稳和扩展，以致造成整个结构的断裂，所以裂纹是焊接结构中最危险的缺陷。

3. 焊接缺陷对脆性断裂的影响

脆断是一种低应力下的破坏，而且具有突发性，事先难以发现和加以预防，故危害最大。

一般认为，结构中缺陷造成的应力集中越严重，脆性断裂的危险性越大。如上所述，裂纹对脆性断裂的影响最大，其影响程度不仅与裂纹的尺寸、形状有关，而且与其所在的位置有关。如果裂纹位于高值拉应力区就容易引起低应力破坏；若位于结构的应力集中区，则更危险。

此外，错边和角变形能引起附加的弯曲应力，对结构的脆性破坏也有影响，并且角变形越大，破坏应力越低。

4. 焊接缺陷对疲劳强度的影响

缺陷对疲劳强度的影响要比静载强度大得多。例如，气孔引起的承载截面减小 10%时，疲劳强度的下降可达 50%。

焊缝内的平面型缺陷（如裂纹、未熔合、未焊透）由于应力集中系数较大，因而对疲劳强度的影响较大。含裂纹的结构与占同样面积的气孔的结构相比，前者的疲劳强度比后者降低 15%。对未焊透来讲，随着其面积的增加疲劳强度明显下降。而且，这类平面型缺陷对疲劳强度的影响与负载的方向有关。

焊缝内部的球状夹渣、气孔，当其面积较小、数量较少时，对疲劳强度的影响不大，但当夹渣形成尖锐的边缘时，则对疲劳强度的影响十分明显。

咬边对疲劳强度的影响比气孔、夹渣大得多。带咬边的接头在 10^6 次循环的疲劳强度大约为致密接头的 40%，其影响程度也与负载方向有关。此外，焊缝的成型不良，焊趾区、焊根的未焊透，错边和角变形等外部缺陷都会引起应力集中，很易产生疲劳裂纹而造成疲劳破坏。

通常疲劳裂纹是从表面引发的，因此当缺陷露出表面或接近表面时，其疲劳强度的下降要比缺陷埋藏在内部的明显得多。

5. 焊接缺陷对应力腐蚀开裂的影响

通常应力腐蚀开裂总是从表面开始。如果焊缝表面有缺陷，则裂纹很快在那里形核。因此，焊缝的表面粗糙度、结构上的死角、拐角、缺口、缝隙等都对应力腐蚀有很大影响。这些外部缺陷使浸入的介质局部浓缩，加快了电化学过程的进行和阳极的溶解，为应力腐蚀裂纹的成长提供了方便。

前面已经指出：应力集中对疲劳强度有重大影响。同样地，应力集中对腐蚀疲劳也有很大影响。焊接接头的腐蚀疲劳破坏，大都是从焊趾处开始，然后扩展，穿透整个截面导致结构的破坏。因此，改善焊趾处的应力集中程度能大大提高接头的抗腐蚀疲劳的能力。

三、常用结构（件）类型及其焊缝质量等级

焊接结构（件）被广泛应用于核工业、航空、航天、石油、化工、汽车、船舶、桥梁等各个领域，其种类繁多。由于焊接结构（件）使用的环境、条件不同，对其质量的要求也不一样。根据焊缝射线探伤时所要求达到的质量等级，可将焊接结构（件）进行分类。表 2-8 为常用焊接结构（件）的类型及其焊缝质量等级。

表 2-8 常用焊接结构（件）类型及其焊缝质量等级

焊接结构（件）类型	实例				焊缝质量等级
	名称	工作参数	接头型式	检验方法	
核容器、航空航天器件、化工设备中的重要构件等	核工业用贮运六氟化铀、三氟化氯、氟化氢等容器	工作压力：40Pa～1.6MPa 工作温度：－196～200℃	对接	1. 外观检查 2. 射线探伤 3. 液压试验 4. 气压试验或气密性试验 5. 真空密封性试验	Ⅰ级
锅炉、压力容器、球罐、化工机械、采油平台、潜水器、起重机械等	钢制球形储罐	工作压力≤4MPa	对接、角接	1. 外观检查 2. 射线或超声波探伤 3. 磁粉或渗透探伤 4. 液压试验 5. 气压试验或气密性试验	Ⅱ级
船体、公路钢桥、游艺机、液化气钢瓶等	海洋船壳体		对接、角接	1. 外观检查 2. 射线或超声波探伤 3. 致密性试验	Ⅲ级
一般不重要结构	钢制门、窗		对接、角接、搭接	外观检查	Ⅳ级

对于某些焊接结构（件）来说，位于不同部位的焊缝，其质量等级要求也不完全相同，应由相应的技术条件或标准来确定。

第三章　射线探伤

射线探伤是利用射线可穿透物质和在物质中有衰减的特性来发现缺陷的一种探伤方法。按所使用的射线源种类不同，可分为 X 射线探伤、γ 射线探伤和高能射线探伤等；按其显示缺陷的方法不同，又可分为射线电离法探伤、射线荧光屏观察法探伤、射线照相法探伤、射线实时图象法探伤和射线计算机断层扫描技术等。

射线探伤又称射线检验。

§3-1　射线探伤基本原理

射线探伤中应用的射线主要是 X 射线和 γ 射线，二者均是波长很短的电磁波，习惯上统称为光子。

X 射线的波长为 0.001～0.1nm，γ 射线的波长为 0.0003～0.1nm。

一、射线的性质

X 射线是由高速行进的电子在真空管中撞击金属靶产生，该射线源目前主要是 X 射线机和加速器，其射线能量与强度均可调；γ 射线则由放射性物质（^{60}Co、^{192}Ir 等）内部原子核的衰变而来，其能量不能改变，衰变几率也不能控制，该射线源为 γ 射线机。

X 射线和 γ 射线均具有以下性质：

（1）不可见，以光速直线传播。

（2）不带电，不受电场和磁场的影响。

（3）具有可穿透物质和在物质中有衰减的特性。

（4）可使物质电离，能使胶片感光，亦能使某些物质产生荧光。

（5）能对生物细胞起作用（生物效应）。

这里没有列入与探伤关系不大的射线性质，例如反射、干涉现象等。

二、射线与物质的相互作用

当射线穿透物质时，由于射线与物质的相互作用，将产生一系列极为复杂的物理过程，其中包括光电效应、汤姆逊散射、康普顿效应和电子对（电子偶）效应等，其结果使射线因吸收㊀和散射㊁而失去一部分能量，强度相应减弱，这种现象称之为射线的衰减，并可用衰减定律表达

$$I_\delta = I_0 e^{-\mu\delta} \qquad (3\text{-}1)㊂$$

式中　I_δ——射线透过厚度 δ 的物质后的射线强度；

I_0——射线的初始强度；

㊀ 吸收是一种能量的转换，即射线通过物质被吸收后变成其它形式能量（如热能）。主要由光效应和电子对效应所造成。

㊁ 散射会使射线的传播方向改变，但其本质不变。主要由汤姆逊散射和康普顿效应所造成。

㊂ 式（3-1）仅适用于单色平行 X 射线，实际探伤中所用的是锥形束连续谱 X 射线，因此该式需予以修正（略）。

e——自然对数的底；

δ——透过物质的厚度；

μ——线衰减系数，为上述各物理效应分别引起的衰减系数之和。

式（3-1）表明，射线强度的衰减是呈负指数规律的，并且随着透过物质厚度的增加，射线强度的衰减增大。随着线衰减系数的增大，射线强度的衰减也增大。线衰减系数 μ 值与射线本身的能量（波长 λ）及物质本身的性质（原子序数 Z、密度 ρ）有关。即对同样的物质，其射线的波长越长，μ 值也越大；对相同波长或能量的射线，物质的原子序数越大，密度越大，则 μ 值也越大。

三、探伤的基本原理

射线探伤的实质是根据被检工件与其内部缺陷介质对射线能量衰减程度不同，而引起射线透过工件后的强度差异（图 3-1），使缺陷能在射线底片或 X 光电视屏幕上显示出来。

图 3-1 中射线在工件及缺陷中的线衰减系数分别为 μ 和 μ'。根据衰减定律，透过完好部位 x 厚的射线强度

$$I_X = I_0 e^{-\mu X} \tag{3-2}$$

透过缺陷部位的射线强度

$$I' = I_0 e^{-\mu X} e^{-(\mu', -\mu)\Delta X} \tag{3-3}$$

比较式（3-2）和式（3-3）可知：

（1）当 $\mu' < \mu$ 时，$I' > I_X$。即缺陷部位透过射线强度大于周围完好部位。例如，钢焊缝中的气孔、夹渣等缺陷就属于这种情况，射线底片上缺陷呈黑色影象，X 光电视屏幕上呈灰白色影象。

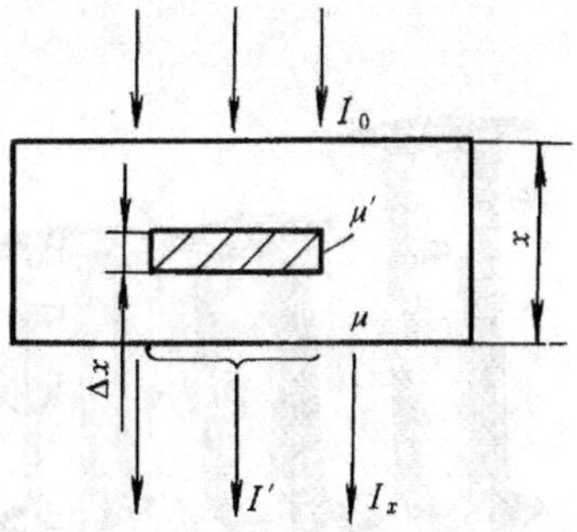

图 3-1　射线探伤原理图

（2）当 $\mu' > \mu$ 时，$I' < I_X$。即缺陷部位透过射线强度小于周围完好部位。例如，钢焊缝中的夹钨就属于这种情况，射线底片上缺陷呈白色块状影象，X 光电视屏幕上呈黑色块状影象。

（3）当 $\mu' \approx \mu$ 或 Δx 很小且趋近于零时，$I' \approx I_X$。这时，缺陷部位与周围完好部位透过的射线强度无差异，则射线底片上或 X 光电视屏幕上缺陷将得不到显示。

§3-2　射线探伤设备

X 射线机、γ 射线机和电子直线加速器是射线探伤的主要设备，了解其原理、构造、主要性能及用途，是正确选择和有效进行探伤工作的保证。

一、X 射线机

1. X 射线机的分类和用途

X 射线机即 X 射线探伤机，按其结构形式分为携带式、移动式和固定式三种。携带式 X 射线机多采用组合式 X 射线发生器，因其体积小、重量轻，而适用于施工现场和野外作业的探伤工作；移动式 X 射线机能在车间或实验室内移动，适用于中、厚板焊件的探伤；固定式 X 射线机则固定在确定的工作环境中，靠移动焊件来完成探伤工作。同时，X 射线机亦可按射线束的辐射方向分为定向辐射和周向辐射二种。其中周向 X 射线机特别适用于

管道、锅炉和压力容器的环形焊缝探伤，由于一次曝光可以检查整个焊缝，显著提高了工作效率。此外，还有一些特殊用途的 *X* 射线机，例如，软 *X* 射线机（管电压 60kV 以下），用于检验金属薄件、非金属材料等低原子序数物质的内部缺陷；微焦点 *X* 射线机（通常焦点尺寸 $\phi 0.01 \sim 0.1$mm，最小可达 $\phi 0.005$mm），适用于近焦距摄片，用于检测半导体器件、集成电路等内部结构及焊接质量。

X 射线机通常由 *X* 射线管、高压发生器、控制装置、冷却器、机械装置和高压电缆等部件组成。携带式 *X* 射线机是将 *X* 射线管和高压发生器直接相连构成组合式 *X* 射线发生器，省去了高压电缆，并和冷却器等一起组装成射线柜。同时，为携带方便，一般也没有为支撑机器而设计的机械装置。

携带式、移动式 *X* 射线机典型产品见图 3-2。

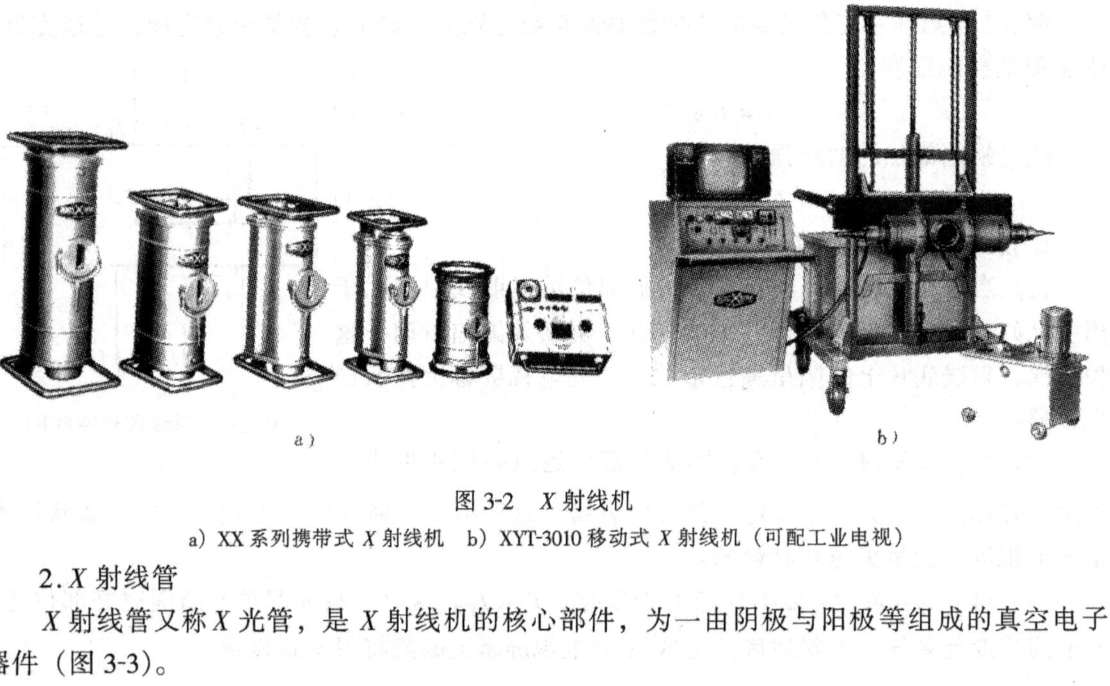

a） b）

图 3-2 *X* 射线机

a）XX 系列携带式 *X* 射线机 b）XYT-3010 移动式 *X* 射线机（可配工业电视）

2. *X* 射线管

X 射线管又称 *X* 光管，是 *X* 射线机的核心部件，为一由阴极与阳极等组成的真空电子器件（图 3-3）。

图 3-3 *X* 射线管结构示意图

1—阴极 2—聚焦罩 3—灯丝 4—阳极（壳） 5—靶 6—管套

（1）结构特点　X 射线管由阴极构件、阳极构件和管套（其内真空度达（$10^{-7} \sim 10^{-6}$）$\times 133.3$Pa）构成。阴极构件由阴极（钨）、灯丝（钨丝绕成平面螺旋形可产生圆焦点，绕成螺旋管形可产生方形或矩形的线焦点；当有二组灯丝时，可产生二个大小不同的焦点，称之为双焦点）和聚焦罩（纯铁或纯镍制成凹面形）等组成；阳极构件由阳极（铜，导电和散热）和靶块（钨等）组成。

（2）工作原理　当灯丝接低压交流电源（约 2～10V）通电（各种射线机管电流为 2～30mA 范围不等）加热至白炽时，其阴极周围形成电子云，聚焦罩的凹面形状使其聚焦。当在阳极与阴极间施以高压（各种射线机管电压为 50～500kV 不等）时，电子为阴极排斥而为阳极所吸引，加速穿过真空空间，高速运动的电子成束状集中轰击靶子的一个小面积（几平方毫米左右，称实际焦点），电子被阻挡、减速和吸收，其部分动能（约 1%）转换为 X 射线。由于 X 射线管能量转换效率很低，靶块接受电子轰击的动能绝大部分转换为热能。因此，阳极的冷却至关重要，目前采用的冷却方式主要有辐射散热及冲油（水）冷却等。

X 射线管有玻壳管和金属陶瓷管二种，后者由于机、电、热性能优良，体积小、重量轻和寿命长等突出优点，正在逐渐取代前者而获得日益广泛的应用。主要缺点是价贵，约为玻壳 X 光管的 3～5 倍。

（3）焦点　X 射线管的焦点大小是其重要技术指标之一，会直接影响探伤灵敏度。焦点尺寸主要取决于灯丝形状和大小，管电压和管电流也有一定影响。靶块被电子轰击的部分叫实际焦点，又称几何焦点。而实际焦点在垂直于射线束轴线的投影，或其在 X 射线传播方向经光学投影后的尺寸（面积）称有效（光学）焦点，它是在各类 X 射线机技术参数中所列出的。同时，由于靶块与射线束轴线一般成 20°倾斜角，所以有效焦点大约是实际焦点的 1/3（图 3-4）。

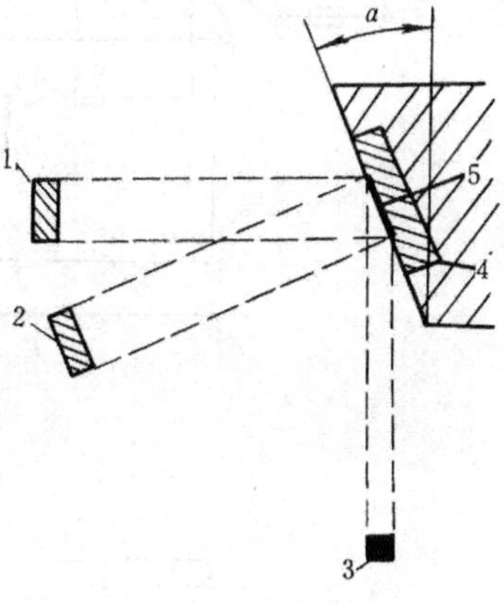

图 3-4　焦点示意图
1—电子束尺寸　2—实际焦点　3—有效焦点　4—靶块　5—轰击区

3. X 射线机线路分析

产生 X 射线的高压整流线路可分为自整流线路（常用于携带式 X 射线机）、全波（桥式）整流线路（常用于移动式 X 射线机）、恒电势线路（多用于大型 X 射线机）等，其控制电路却大同小异。今以国产 XX 系列 X 射线机作一综合电路分析，电路原理见图 3-5，所用元件见表 3-1。

（1）准备阶段

1）通冷却水。

2）将计时器 P 动针选择时间调至指定曝光时间，例如 5min。

3）将 mA 旋钮调至最小位置（即 R_2 调至最大）。

4）将管压旋钮调至最小位置（即 T_1 碳刷处于最低电压或零位置，Q_2 闭合）。

（2）透照工作

1）闭合开关 Q_1 并使其在 1、2、3 某一位置，则有

T_1 有电—
- →H（绿）亮
- →V 表应指示 220V
- →M 有电旋转
- →T_3 有电→X 光管灯丝亮

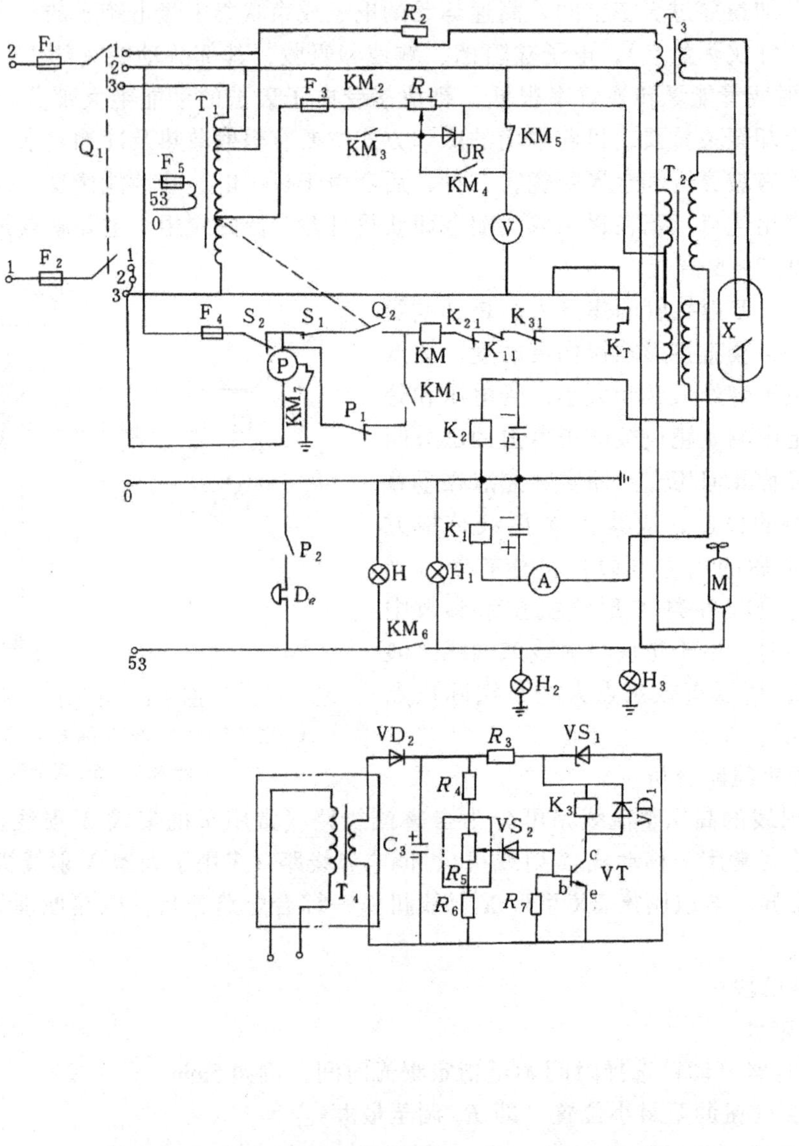

图 3-5　XX 系列携带式 *X* 射线机电原理图

2）闭合按钮 S_1，则有

表 3-1　符号名称一览表

符　　号	名　　称	符　　号	名　　称
F_1、F_2	电源熔断器	R_4	电　阻
F_3	主线路熔断器	R_6	电　阻
F_4、F_5	控制回路熔断器	R_7	电　阻
Q_1	电源转换开关	R_5	电 位 器
Q_2	零位保护开关	K_T	温度继电器
S_1	高压开按钮	P	计时器
S_2	高压关按钮	UR	硅整流器
T_1	调压器	R_1	降压缓冲电阻
T_2	高压变压器	R_2	mA 调节电阻
T_3	灯丝变压器	M	搅拌电机
KM	高压分合接触器	D_e	蜂鸣器
K_1、K_2、K_3	直流继电器	V	电压表
H_1	高压指示灯（红）	VT	三极管
H_2	信号灯（红）	VD_1	二极管
H_3	高压红灯（红）	VD_2	二极管
X	射线管	H	电源指示灯（绿）
C_1、C_2	电容器	VS_1	稳压管
C_3	电容器	VS_2	稳压管
T_4	控制变压器	A	电流表
R_3	电　阻		

KM有电（2 —F_4 —S_2 —S_1 —Q_2 —KM—K_{21} —K_{11} —K_{31} —K_T —1）

→KM_1 闭→KM自保

→KM_6 闭 → H_1（红）亮；→ H_2（红）亮；→ H_3（红）亮

→KM_2 闭、KM_3 闭→X光管接上高压 → 调 T_1→V表KV↑；→ 调 R_2→A表mA↑

→KM_5 断、KM_4 闭→V表指示KV

→KM_7 断→计时器P有电旋转开始计时

3）若曝光时间未到因超 mA 导致高压跳闸 KM 断开，则 KM_7 闭合而 P 停走（但离合器自保），因此可重开高压继续曝光，直至 P 走至预定曝光时间（动针返回零位前 15s），则有

P_2 闭→D_e 有电、鸣 — 调 T_1→V表KV↓；调 R_2→A表mA↓ — 至最小位置

P_1 —延时15s→ 断→KM失电 →高压断电；→P停（动针回到零位）

或按下 S_2→KM失电→高压断电

4）断开 Q_1

（3）几点说明

1）过压保护。过压保护电路 T_4 初级与高压并联，电位器 R_5 动点电位随高压变化而波动，当高压超过规定值时，R_5 动点电位升高使 VT 导通、K_3 动作，引起高压控制回路 K_{31}

断，切断高压。

2）过流保护。过流继电器 K_1、K_2 分别串联在高压变压器次级零电路内，阴极或阳极高压回路发生故障，或当阳极电流超过允许值，都可使 K_1、K_2 动作，使 K_{11}、K_{21} 断，使 KM 失电，因而切断高压。

3）零位保护。其一，零位保护开关 Q_2 安装在调压器碳刷处于零点位置，以确保 *X* 射线管加高压必须从调压器的零位开始，起到保护 *X* 射线管的作用；其二，计时器零位开关在其内部，当时间继电器计时完毕，则 P_1 断，引起高压控制回路中 KM 失电，切断高压。

4）油温控制。当油温过高（$>60\pm5$℃），*X* 射线管将冷却不良，此时油温继电器 K_4 动作，使 KM 失电切断高压。

5）逆电压降低器。由串联在高压变压器初级而又相互并联的降压缓冲电阻 R_1 和硅整流器 UR 组成。其主要作用是当逆电压加在 *X* 射线管两端时，降低阳极的负电位（降低量由调节 R_1 阻值决定）以防止 *X* 射线管产生反向电流。同时 R_1 还可降低高压接通与断开时的过电压和过电流，UR 还可抵消高压变压器 T_1 中的直流磁通。以上作用均使 *X* 射线管安全工作。

6）网压波动的补偿。电源转换开关 Q_1 有关断及 1、2、3（1、2、3 分别接调压器 $T_1$235V、220V、205V 抽头）共四个位置，在网压偏离 220V 时，可调节 Q_1 在 1、2、3 中任意位置，以得到≈220V 的电源电压，保证整机工作的稳定性。

X 射线机是高压精密设备，易发生各种故障。因此，除应掌握其工作原理外，尚需严格按安全操作规程进行操作。

4. *X* 射线机主要性能

几种典型 *X* 射线机的主要性能见表 3-2。

表 3-2　*X* 射线机主要性能

类型	型　号	管压峰值（kV）	管流平均值（mA）	焦点尺寸（mm）	最大穿透钢铁厚度（mm）	*X* 射线管头重量（kg）	管　注
携带式 *X* 射线机	XX-2005 定　向	200	5	2.5×2.5	29	60	玻壳 *X* 射线管；铅箔增感屏
	XXQ-2005 定　向	200	5	1.5×1.5	29	20	玻壳 *X* 射线管；变频充气（SF_6）；铅箔增感屏
	200EG-$S_2$① 定　向	200	5	2.0×2.0	29	20	波纹陶瓷管；铅箔增感屏
	XXH-2005 周　向	200	5	1.0×3.5	23	20	玻壳 *X* 射线管；变频充气（SF_6）；铅箔增感屏
	200EG-B_1-C① 周　向	200	5	1.0×3.5	26	21	波纹陶瓷管；铅箔增感屏
移动式 X 射线机	XYT-3010 定　向	300	1～10 1～5	4×4 1.5×1.5	78		金属陶瓷管；可配工业电视；铅箔增感屏
	XY-3010 定　向	300	10 3	4×4 1.2×1.2	70		
固定式 *X* 射线机	MG450② 定　向	420	10	4.5×4.5	100		金属陶瓷管；铅箔增感屏

①产地日本；②产地荷兰。

二、γ 射线机

γ 射线机又称 γ 射线探伤仪。具有如下特点：穿透力强，最厚可透照 300mm 钢材；透照过程中不用水和电，因而可在野外、带电（高压电器设备）、高空、高温及水下等多种场合工作；设备轻巧、简单、操作方便；可在 X 射线机和加速器无法达到的狭小部位工作。主要缺点是：半衰期短的 γ 源更换频繁；要求严格的射线防护；对缺陷发现的灵敏度略低于 X 射线机。

γ 射线机按其结构形式分为携带式、移动式和爬行式三种。携带式 γ 射线机多采用^{192}Ir 作射线源，适用于较薄件的探伤；移动式 γ 射线机多采用^{60}Co 作射线源，用于厚件探伤；爬行式 γ 射线机用于野外焊接管线的探伤。

携带式 γ 射线机由本体（γ 源及其链式源辫子和工作容器）与附件（光阑、源导管、遥控器、防护仪器、固定装置和定心装置等）组成。其中 γ 源可为^{192}Ir、^{137}Cs、^{134}Yb、^{170}Tm 等放射源；光阑可为 360°周向光阑、90°前向光阑、90°侧向光阑、组合光阑及全向光阑等。根据透照对象不同，可选用不同光阑，用以减少不希望的散射辐射和限定辐照区域。它既可以直接固定在本体上，也可以连接在源导管末端；源导管一端通过快速接头与本体前连接器连接，另一端通过连接件与光阑相接；遥控器有手动和电控二种，通过快速接头和本体后连接器连接，其驱动缆可在软管中运动并带动源辫子和其上的 γ 源伸出或返回；防护仪器分为个人报警器、现场和实验室报警器、X-γ 剂量仪等，供用户选用，以利安全操作；固定装置有三角架和各种管鞍子组成，用以支撑、固定射线机本体。而定心装置一般是指管道定心器，用以在管道环焊缝探伤时保证 γ 源位于轴线上。

γ 射线机本体结构见图 3-6。工作过程如下：借助快门环 7 和随动器转动贫铀偏心轮 12，使轮中曝光通道 3 和源通道 11 对齐，则工作容器即处于“工作位置”。尽管此时 γ 放射源 10 还没有伸出来，但通过曝光通道已正向发出约 7.5°锥形射线束。为安全计，只有把遥控器快速接头和本体正确连接后，才能使源辫子的锁定机构松开，驱动缆才可运动使放射源移动伸出。

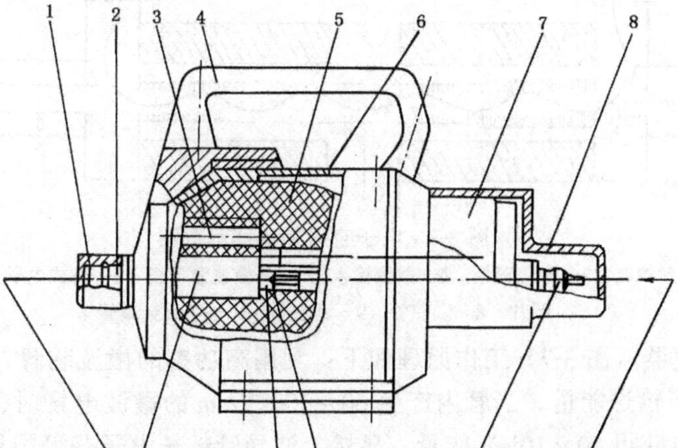

图 3-6 ^{192}Ir 射线机（TI-F）本体（工作容器）结构

1—前保护帽 2—前连接器 3—曝光通道 4—手柄 5—屏蔽（体） 6—外壳 7—快门环 8—后保护帽

9—后连接器 10—γ 放射源 11—源通道 12—偏心轮

γ 源封装的活性区尺寸，在一些资料上即定义为 γ 源的焦点尺寸，也是 γ 射线机的重要参数，它直接影响成象质量中的几何不清晰度。通常活性区尺寸亦可用 γ 源柱的直径和高度来表示，例如 $\phi 2mm \times l2mm$。

几种典型 γ 射线机主要性能见表 3-3。

表 3-3 γ 射线机主要性能

类型	型号	γ 源	焦点尺寸 $\phi \times l$ (mm)	容量 (Ci)	重量(本体) (kg)	透照范围 钢铁 (mm)	备注
携带式 γ 射线机	TI-F	^{192}Ir	3×3	100	15	10～80	贫化铀屏蔽体
	S301②	^{192}Ir		140	20		贫化铀屏蔽体、迷宫式
	PI-104H①	^{192}Ir	2×2	10	21		钨合金屏蔽体、迷宫式
移动式 γ 射线机	TK-100 (中国 丹东)	^{60}Co	4×4	100	140	30～250	贫化铀屏蔽体
	PC-501①	^{60}Co	4.2×5.5	50	585		铅屏蔽体、迷宫式
爬行式 γ 射线机	M10②	^{192}Ir		60	30		贫化铀屏蔽体，适用 150～450mm 管径，坡度可达 45%，蓄电池 24V/7Ah 一次检测 2km

①产地日本；②产地德国。

三、加速器

加速器是带电粒子加速器的简称，基本原理是利用电磁场使带电粒子（如电子、质子、氘核、氦核及其它重离子）获得能量的装置。用于产生高能 X 射线（能量 > 1MeV 的 X 射线）的加速器主要有电子感应式、电子直线式和电子回旋式三种，目前应用最广的是电子直线加速器。

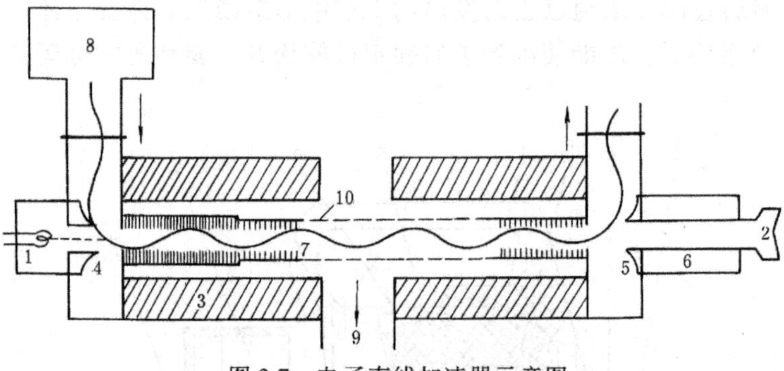

图 3-7 电子直线加速器示意图

1—电子源 2—X 射线靶 3—聚焦磁极 4—微波输入极 5—微波输出极 6—极式电子聚焦准直仪 7—空心圆片 8—磁控管 9—真空泵 10—空心金属管

电子直线加速器（图 3-7）工作原理如下：利用高功率的微波装置，在波导管（编号 7、10 组成）内向电子输送能量，当管内产生 60～100kV/cm 的微波电场时，灯丝发出的电子每前进 1cm 的距离将获得 $60 \times 10^3 eV$ 能量。显然，波导管越长电子获得的能量就越高，这些高能电子轰击靶面 2，则产生高能 X 射线，其转换效率可高达 40% ～50% 。这里的关键器件是波导管，它是由空心金属管 10 中装有许多带中心孔的圆片 7 组成，称为载有圆片的波导管。波长为 1～100cm 的高频微波可通过波导管传送，微波的传播速度取决于圆片之间的距离和圆片上中心孔的大小。由于这些波伴有电场，故可用来加速电子。

由于加速器具有射线束能量、强度与方向均可精确控制，能量可高达 35MeV，探伤厚度达 500mm（钢铁）；射线焦点尺寸小（电子感应加速器一般在 0.1～0.2×2mm，电子直线加速器的略大），探伤灵敏度高达0.5%～1%。目前，加速器的应用已日益广泛，几种典型加速器性能见表3-4。

表3-4 加速器主要性能

类型	型号	最大能量(MeV)	剂量率(在1m处，R/min)	1m处照射野(mm)	焦点尺寸(mm)	最大穿透厚度 钢铁(mm)	灵敏度(%)
电子感应加速器	沈变25MeV	25	60	ϕ200	0.1×2	300	0.6
	BR-25-500①	5～25	500	250×300	0.1×2	300	0.4
	KBC-8-25②	25	400	ϕ240	1.5×0.3	560	0.1～0.3
电子直线加速器	ML-3RⅡ①	1.5	50	ϕ300	ϕ1以下	150	1以下
	ML-10R①	8	1500	ϕ300	ϕ1以下	400	1以下
	ML-15RⅡ①	12	7000	ϕ300	ϕ1以下	500	1以下
电子回旋加速器	МД-10②	10	2000	ϕ150	ϕ2～3		
	РМД-10Т②	8/12	1000/2000	ϕ150			
	RM-8③	8	1500		ϕ2		1

①产地日本；②产地原苏联；③产地瑞典和芬兰。

四、射线探伤设备的初步选择

初步选择时主要应考虑以下因素：射线能穿透的材料厚度、显象质量、曝光时间、装置对位及移动的难易程度等。其中主要是工件厚度（图3-8和表3-5）。

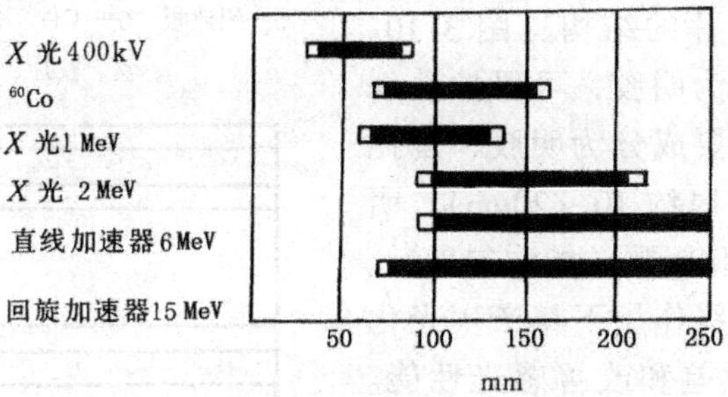

图3-8 各种射线探伤设备使用范围

■灵敏度1% □灵敏度1%以下

表3-5 不同厚度钢材采用的射线探伤设备

工件厚度(mm)	射线探伤设备	备注
6	100kV X射线机	
12	150kV X射线机	
25	250kV X射线机	亦可采用^{192}Ir、^{137}Csγ射线机
50	300kV X射线机	
75	400kV X射线机	
100	^{60}Coγ射线机	
>100	加速器	

§3-3 射线照相法探伤

射线照相法探伤实质，是根据被检工件与内部缺陷介质对射线能量衰减程度的不同，而引起透过后射线强度分布差异（射线强度分布差异形成射线图象，又称辐射图象。），在感光材料（胶片）上获得缺陷投影所产生的潜影，经过暗室处理后获得缺陷影象，再对照有关标准来评定工件内部质量。对于焊件射线探伤而言，主要标准为GB3323—87《钢熔化焊对接接头射线照相和质量分级》(下略标准名称)。

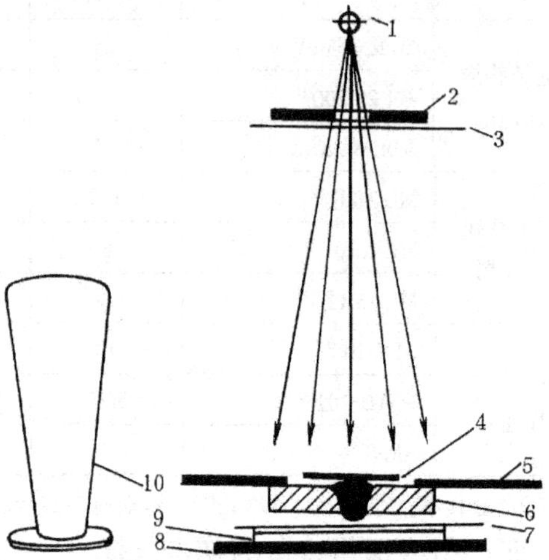

图 3-9 探伤系统基本组成示意图

1—射线源 2—铅光阑 3—滤板 4—象质计、标记带 5—铅遮板 6—工件 7—滤板 8—底部铅板 9—暗盒、胶片、增感屏 10—铅罩

一、探伤系统基本组成

射线照相法探伤系统基本组成见图3-9。

1. 射线源

射线源可以是 X 射线机、γ 射线机或加速器。

2. 射线胶片

射线胶片不同于普通照相胶卷之处是在片基的两面均涂有乳剂，以增加对射线敏感的卤化银含量。射线胶片的结构见图3-10。其中保护层的主要成分为明胶，可保护乳剂层不受损伤；乳剂层主要成分为明胶、溴化银和微量碘化银（单层厚约10～20μm），明胶具有增感作用和使卤化银颗粒能均匀悬浮、固定其中。溴化银在射线作用下将产生光化反应。碘化银可提高反差和改善感光性能。结合层主要成分为树脂，它能使乳剂层牢固粘附在片基上。片基的主要成分为涤伦或三醋酸纤维，起支承全部涂层的作用。通常依卤化银颗粒粗细和感光速度的快慢将射线胶片予以分类（表3-6）。

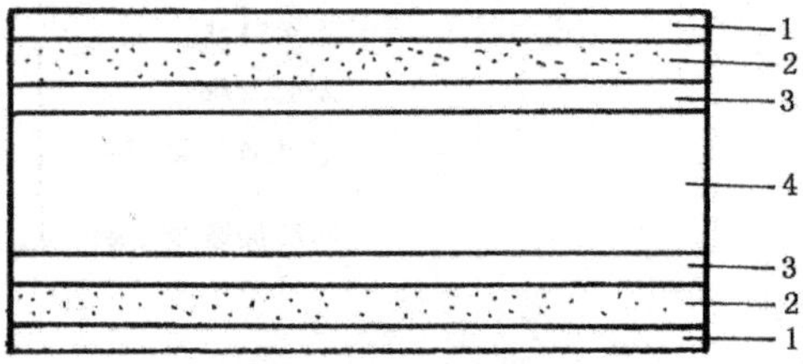

图 3-10 射线胶片结构

1—保护层 2—乳剂层 3—结合层 4—片基

表 3-6 工业 X 射线胶片分类和特征

类型	特征				性能类似的牌号							备注
	粒度	反差	感光速度	成象质量	天津	富士	柯达	阿克发-吉伐	杜邦	依尔福	前苏联	
J_1	超微粒	很高	慢	最佳		50	R，M	D_2	45	B	PT-5	不用增感或与铅增感屏配用
	微粒	高	较慢	佳	V	80	T	D_4	55	C	PT-4	
J_2	细粒	中	中	良	Ⅲ	100	AA，AX	D_7	75	F	PT-3	
J_3	粗粒	低	快	较差	Ⅱ	400	BB	D_{10}	91	G	PT-2	与荧光增感屏配用

锅炉及压力容器焊缝探伤选择 J_2 胶片即可。

3. 增感屏

金属增感屏是由金属箔粘合在纸基或胶片片基上制成。探伤时与射线胶片紧密接触，布置在先于胶片接受射线照射者称前屏，后于胶片接受射线照射者称后屏。增感屏被射线透射后可产生二次电子和二次射线，增加对胶片的感光作用（称增感效应）。同时，它对波长较长的散射线又有吸收作用（称滤波作用），减小散射线引起的灰雾度。因而，金属增感屏的存在，提高了胶片的感光速度和底片的成象质量，原理见图 3-11。

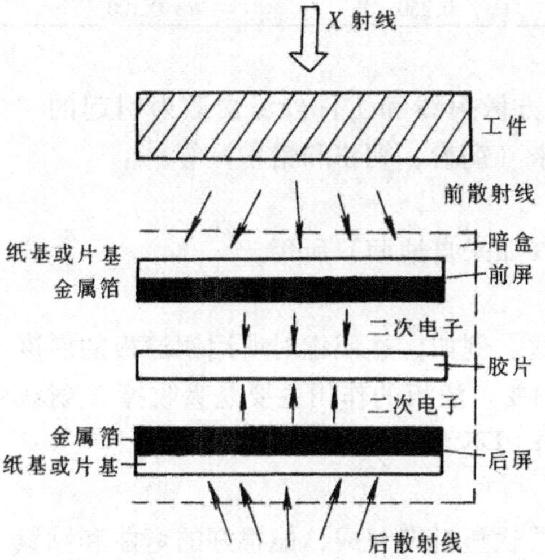

图 3-11　金属增感屏的构造和作用

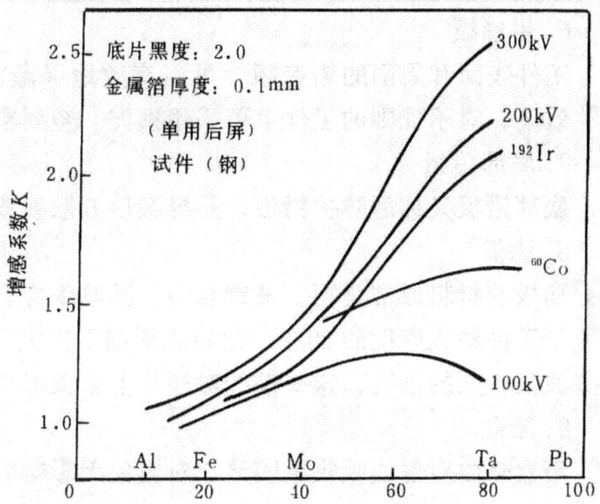

图 3-12　金属增感屏材质与增感系数的关系

各种金属制成的增感屏其增感系数$\left(K=\frac{\text{不用增感屏时的曝光时间}}{\text{用增感屏时的曝光时间}}\right)$是不同的，并与射线源的种类和管电压的大小有关，见图 3-12。

增感屏中尚有荧光增感屏和金属荧光增感屏等，尽管其具有很大的增感系数（例如，荧光增感屏与增感胶片相配可高达 $K=200\sim300$），但由于产生荧光扩散、屏斑效应等会引起成象质量显著降低，易造成细小裂纹等危险缺陷的漏检，故在透照焊缝时一般不选用。

4. 象质计

象质计是用来定量评价射线底片影象质量的工具，与被检工件材质应相同。象质计有线型、孔型和槽型三种，GB3323—87 中规定采用线型象质计，其型号和规格应符合 GB5618—85《线型象质计》的规定（表 3-7），并且放置方式应符合图 3-13 要求。

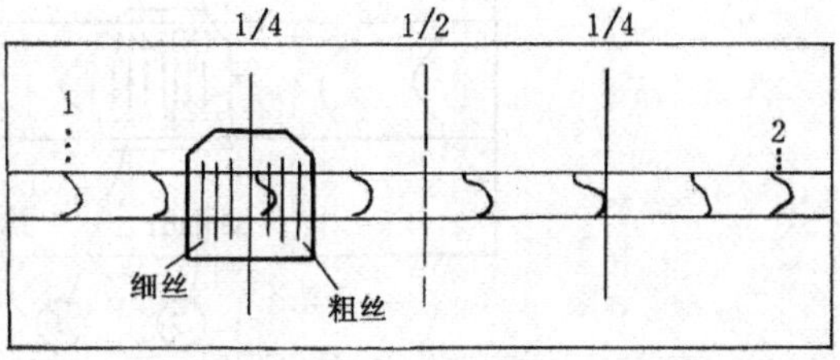

图 3-13　象质计的正确安放（1～2 为被检区）

5. 铅罩、铅光阑

附加在 X 射线机窗口的铅罩或铅光阑，可以限制射线照射区域大小和得到合适的照射量，从而减少来自其它物体如地面、墙壁和工件非受检区的散射作用，以避免和减少散射线所导致底片灰雾度的增加。

表 3-7 象质计组别

组别	1/7	6/12	10/16
线直径 (mm)	3.200	1.000	0.400
	2.500	0.800	0.320
	2.000	0.630	0.250
	1.600	0.500	0.200
	1.250	0.400	0.160
	1.000	0.320	0.125
	0.800	0.250	0.100

6. 铅遮板

工件表面和周围的铅遮板，可以有效地屏蔽前方散射线和工件外缘由散射引起的“边蚀”效应，对不规则的工件也可采用钡泥、金属粉末（铜粉、钢粉和铅粉）等。

7. 底部铅板

底部铅板又称后防护铅板，是屏蔽后方散射线（如来自地面）所用。

8. 滤板

滤板的材料通常是铜、黄铜和铅，其厚度应合适。例如，透照钢时所用铜滤板的厚度不得大于工件最大厚度的20%，而铅滤板则不得大于3%。滤板的作用主要是吸收掉 X 射线中那些波长较大的谱线，这些谱线对底片上影象形成作用不大，却往往引起散射线。

9. 暗盒

暗盒是由对射线吸收不明显，对影象无影响的柔软塑料带制成，能很好的弯曲和贴紧工件。

10. 标记带

标记带可使每张射线底片与工件被检部位能始终对照。其上的铅质标记有：定位标记（中心标记，搭接标记）、识别标记（工件编号，焊缝编号，部位编号，返修标记）、B 标记⊖等。铅质标记与被检区域同时透照在底片上，它们的安放位置见图 3-14。

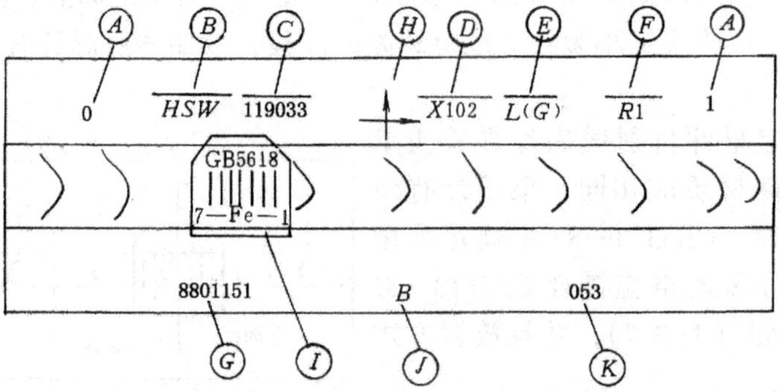

图 3-14 各种标记相互位置（标记带）

Ⓐ—定位及分编号（搭接标记） Ⓑ—制造厂代号 Ⓒ—产品令号（合同号） Ⓓ—工件编号 Ⓔ—焊缝类别（纵、环缝） Ⓕ—返修次数 Ⓖ—检验日期 Ⓗ—中心定位标记 Ⓘ—象质针 Ⓙ—B 标记 Ⓚ—操作者代号

⊖ B 标记应贴附在暗盒背面，用以检查背散射防护效果。若在较黑背景上出现“B”的较淡影象，应予重照。

二、探伤条件的选择

1. 选择原则

（1）象质等级　对给定工件进行射线照相法探伤时，应根据有关规程和标准要求选择适当的探伤条件。例如，透照钢熔焊对接接头时应以 GB3323—87 为依据。其中对射线探伤技术本身的质量要求，是以所规定的照相质量等级来体现：

A 级——成象质量一般，适用于承受负载较小的产品及部件。

AB 级——成象质量较高，适用于锅炉和压力容器产品及部件。

B 级——成象质量最高，适用于航天和核设备等极为重要的产品及部件。

不同的象质等级，对射线底片的黑度、灵敏度均有不同的规定。为达到其要求，需从探伤器材、方法、条件和程序等各方面预先进行正确选择和全面合理布置。

（2）黑度　底片黑度（或光学密度）是指曝光并经暗室处理后的底片黑化程度，其大小与该部分含银量的多少有关，含银量多的部位比少的部位难于透光，即它的黑度较大。

黑度定义的数学表示如下（参见图 3-15）：

$$D = \lg \frac{L_0}{L} \qquad (3\text{-}4)$$

式中　D——底片黑度；

L_0——照射光强；

L——透过光强。

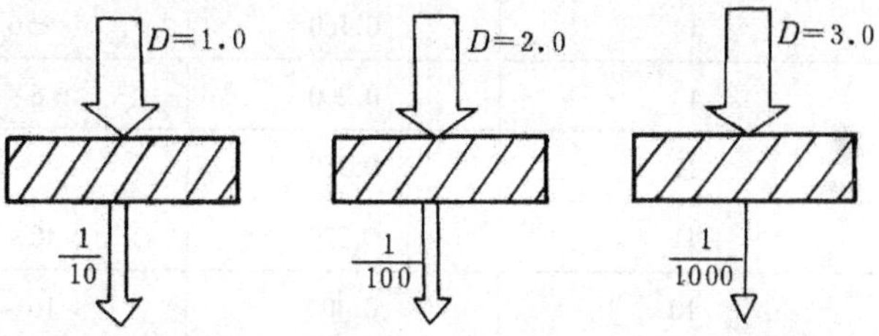

图 3-15　底片黑度不同时，透射光强与照射光强的关系

射线底片黑度可用黑度计（光密度计）直接在底片的规定部位测量（图 3-16）。灰雾度 D_0 是指未经曝光的胶片经显影处理后获得的微小黑度，当然也包括了片基本身的不透明度。当 $D_0 < 0.2$ 时对射线底片影象影响不大；若其值过大，则会损害影象的对比度和清晰度，而降低灵敏度。GB3323—87 规定各象质等级的底片黑度值如下表：

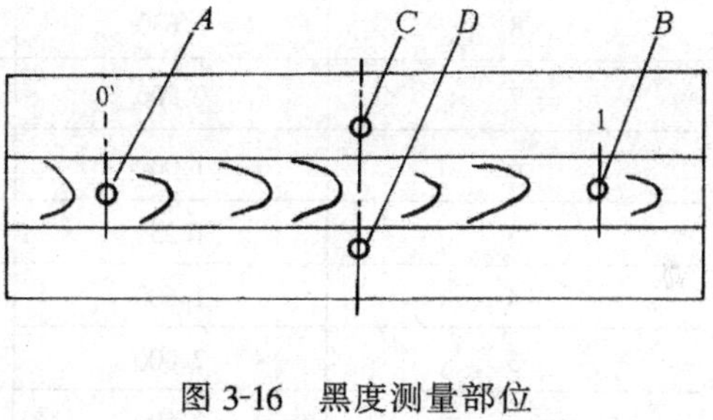

图 3-16　黑度测量部位

C、*D*—为最大处　*A*、*B*—为最小处

表 3-8　底片的黑度范围

射线种类	底片黑度 D①		灰雾度 D_0
X 射线	*A* 级	1.2~3.5	≤0.3
	AB 级		
	B 级	1.5~3.5	
γ 射线	1.8~3.5		

①D 值中包含 D_0 值。

（3）灵敏度　是评价射线照相质量的最重要指标，多以在工件中能发现的最小缺陷尺寸或其在工件厚度上所占百分比来表示。前者称绝对灵敏度，后者称相对灵敏度。由于预先无法了解沿射线穿透方向上的最小缺陷尺寸，为此必须采用已知尺寸的人工“缺陷”——象质

计来度量。这样就达到了二个目的：其一，在给定的射线探伤工艺条件下，底片上显示出人工“缺陷”影象，以获得灵敏度的概念；其二，监视底片的照相质量。应该明了，用象质计得到的灵敏度并非是真正发现实际缺陷的灵敏度，而只是表征对于某些人工“缺陷”（金属丝等）发现的难易程度，但它完全可以对影象质量作出客观的评价。

GB3323—87 规定，射线照相灵敏度以象质指数表示，它与象质等级和透照厚度的相互关系见表 3-9。但是该表并没有给出实际透照时应该选用哪个型号的象质计，在这里推荐表 3-10，它可保证底片上至少可观察到二根金属丝的影象。

表 3-9 象质计的选用

要求达到的象质指数（Z）	线直径（mm）	透照厚度 δ_A①（mm）		
		A 级	AB 级	B 级
16	0.100	—	—	≤6
15	0.125		≤6	>6~8
14	0.160	≤6	>6~8	>8~10
13	0.200	>6~8	>8~12	>10~16
12	0.250	>8~10	>12~16	>16~25
11	0.320	>10~16	>16~20	>25~32
10	0.400	>16~25	>20~25	>32~40
9	0.500	>25~32	>25~32	>40~50
8	0.630	>32~40	>32~50	>50~80
7	0.800	>40~60	>50~80	>80~150
6	1.000	>60~80	>80~120	>150~200
5	1.250	>80~150	>120~150	—
4	1.600	>150~170	>150~200	
3	2.000	>170~180	—	
2	2.500	>180~190		
1	3.200	>190~200		

①δ_A 应为焊缝的厚度（即含余高）。

表 3-10 象质计型号的选择

象质计型号	透照厚度 δ_A（mm）		
	A 级	AB 级	B 级
10/16	≤10	≤16	≤25
6/12	>10~60	>16~80	>25~150
1/7	>60~200	>80~200	>150~200

研究表明，射线照相灵敏度是射线照相对比度（又称衬度，指小细节或小缺陷与其周围的黑度差）和清晰度（黑度变化明锐或不明锐的程度）两大因素的综合效果。影响射线照相灵敏度的各种因素之间关系见表 3-11。

表 3-11　影响射线照相灵敏度的因素

射线照相对比度		射线照相清晰度	
主因对比度	胶片衬度	几何不清晰度 u_g	固有不清晰度 u_i
1. 工件厚度差	1. 胶片类型	1. 焦点尺寸	1. 胶片类型
2. 射线的质 μ	2. 增感方式	2. 焦点——工件表面距离	2. 增感方式
3. 散射比 n	3. 显影条件	3. 工件表面——胶片距离	3. 射线的质 μ
4. 缺陷尺寸与性质	4. 底片黑度	4. 工件厚度变化率	4. 显影条件
	5. 散射比 n	5. 增感屏与胶片接触状态	

从表 3-11 中可见，有些因素对对比度和清晰度有双重影响，如射线的质、胶片类型、增感方式和显影条件等。关于表中的各主要影响因素将在后面探伤条件选择的具体讨论中论述。这里仅讨论底片黑度与灵敏度的关系。

应该注意，在一确定的探伤器材、方法、条件、程序等后，底片黑度与成象质量即灵敏度是有一定关系的。例如，图 3-17 给出的一组曲线表明，$D\approx2$ 时象质最佳，即此时焊缝透照区的平均黑度 $D=2$。

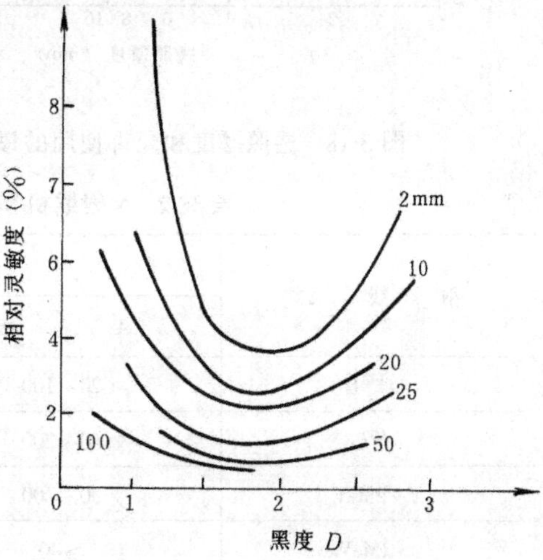

图 3-17　黑度与灵敏度关系曲线

2. 射线源的选择

（1）射线能量　是指射线源的 KV、MeV 值或 γ 源的种类。射线能量越大，其穿透力越强，即可透照的工件厚度越大。但同时也带来由于线质硬而导致成象质量下降（主要使底片对比度明显下降和使灰雾度 D_0 严重增大）。所以，在满足透照工件厚度条件下，应根据材质和成象质量要求，尽量选择较低的射线能量。尤其对线衰减系数较小的轻金属（如铝）薄件，最好选用软 X 射线机。在 GB3323—87 中对允许使用的最高管电压和透照厚度的下限值均作出规定，见图 3-18 和表 3-12。后者表明，γ 射线机和加速器均不能透照低于表中下限厚度的工件，这是因为二者射线能量很高，且不能象普通 X 射线机那样可以调节，必将引起成象质量低劣。

（2）射线强度　当管电压相同时，管电流（mA 值）越大，X 射线源的射线强度越大，则曝光时间可缩短，能显著提高探伤生产率。

（3）焦点尺寸　由于焦点越小，照相灵敏度越高。因此，在可能条件下应选择焦点小的射线源，同时还需按焦点尺寸核算最短透照距离（详见几何参数的选择）。

（4）辐射角　射线束所构成的角度叫辐射角。X 射线的辐射角分定向和周向，分别适用于定向分段曝光和环焊缝整圈一次周向曝光。γ 射线的辐射角分定向、周向和 4π 立体角，分别适用于分段曝光、周向曝光和全景曝光技术。

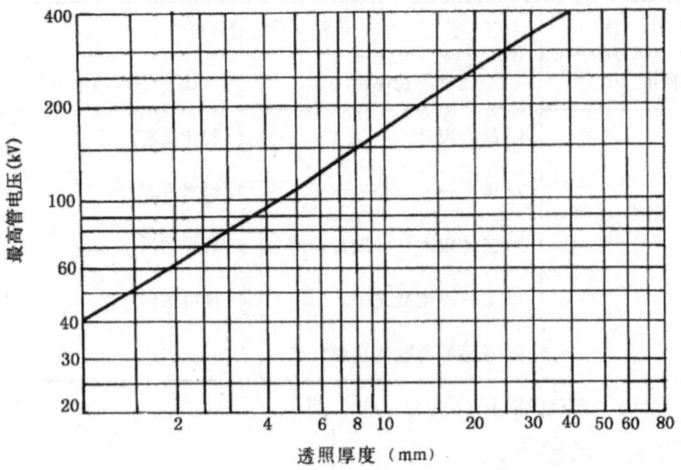

图 3-18　透照厚度和允许使用的最高管电压

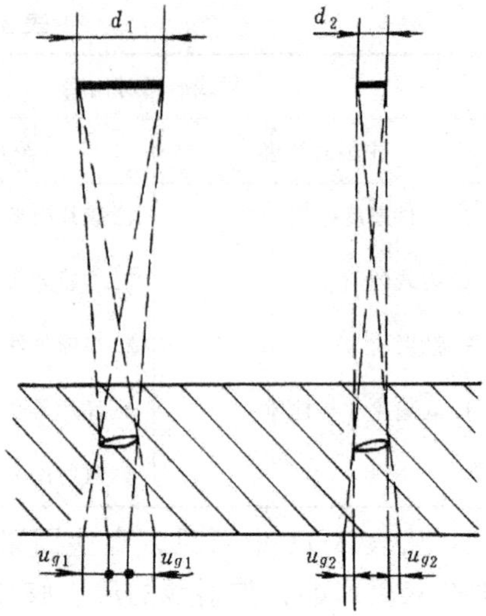

图 3-19　焦点尺寸对几何不清晰度影响

表 3-12　γ 射线机和加速器适用探伤厚度（注意下限值）

射　线　源	母　材　厚　度　(mm)		
	A　级	AB　级	B　级
^{192}Ir	20 ~ 100	30 ~ 95	40 ~ 90
^{60}Co	40 ~ 200	50 ~ 175	60 ~ 150
1 ~ 2MeV	30 ~ 200	40 ~ 175	50 ~ 150
> 2MeV	⩾40	⩾50	⩾50

此外，射线探伤设备的选型还应考虑其重量、体积和易于对位等其它条件。

3. 几何参数的选择

（1）焦点大小的影响　由于焦点不是点源，而有一定的几何尺寸，在探伤中必然会产生几何不清晰度 u_g（又称半影）。它使缺陷的边缘线影象变得模糊，因而降低了射线照相清晰度。同时，当焦点尺寸 $d_1 > d_2$ 时，可明显看到 $u_{g1} > u_{g2}$（图 3-19）。

（2）透照距离　透照距离即指焦点至胶片的距离 F（又称焦距）。图 3-20 表明，当焦距 $F_1 > F_2$ 时，则有 $u_{g2} > u_{g1}$。

（3）缺陷至胶片距离　当缺陷至胶片距离 $h_1 < h_2$ 时，则有 $u_{g1} < u_{g2}$（图 3-21）。显然，当缺陷位于工件表面时几何不清晰度将最大，即

$$u_{gmax} = \frac{\delta d}{F - \delta} \tag{3-5}$$

式中　u_{gmax}——最大几何不清晰度（mm）；

δ——工件厚度（mm）；

d——焦点尺寸（mm）；

F——焦距（mm）。

综上述，目前在射线探伤的国内外标准中，均依几何不清晰度原理推荐使用诺模图（图

3-22）来确定（最小）透照距离。

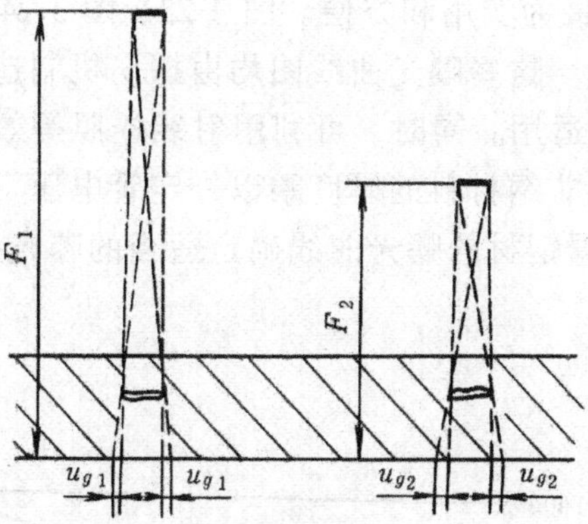

图 3-20　透照距离对几何不清晰度影响

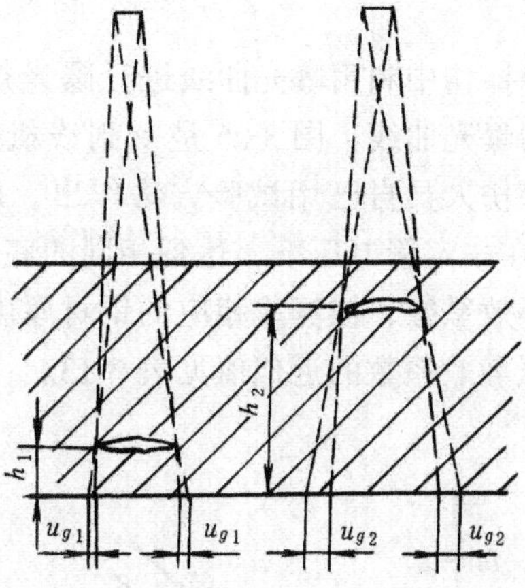

图 3-21　缺陷至胶片距离对几何不清晰度影响

示例　已知 $d=3\text{mm}$，$\delta=20\text{mm}$，$u_g=0.4\text{mm}$。试通过诺模图决定最小透照距离？

解　在图 3-22 中（d）标尺上找到“3”刻度，在（δ）标尺上找到“20”刻度，连接此二点交于中间标尺（$F-\delta$）的“150”刻度处。即射线源焦点距工件表面距离最小值应为 150mm，因此最小透照距离（最小焦距）$F_{min}=(150+20)\text{mm}=170\text{mm}$，这时才能满足规定的几何不清晰度 $u_g=0.4\text{mm}$ 的要求。

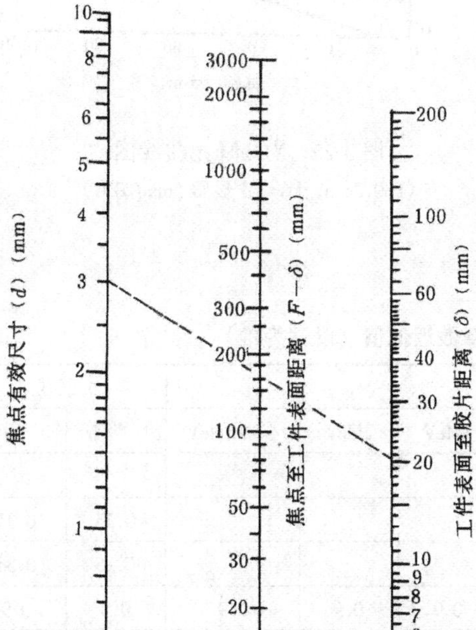

图 3-22　确定焦点至工件表面的诺模图（$u_g=0.4\text{mm}$）

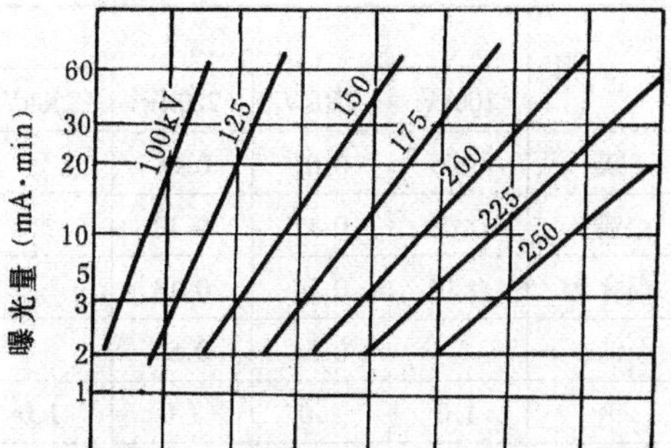

图 3-23　以管电压为参数的曝光曲线图

4. 曝光条件的选择

在一定的探伤器材、几何条件和暗室处理等条件下，欲获得规定黑度值的底片，对某一厚度工件应选用的透照参数叫曝光条件，又称曝光规范。其中，X 射线探伤时主要是指管电压、管电流、焦距和曝光时间等四个参数；γ 射线探伤时主要是焦距和曝光时间（当 γ 源强度居里数（ci）[㊀]已知）二个参数；高能 *X* 射线探伤时主要是焦距和拉德数（rad[㊁]）二个参数。

射线探伤中利用曝光曲线进行曝光规范的选择最为实用和方便。图 3-23、图 3-24 是 *X* 射线机的曝光曲线，图 3-25 是 γ 射线机的曝光曲线。这些曝光曲线图均由探伤机制造厂给出或由探伤人员自己用试验方法作出，后者将更为适用。同时，可利用射线透照等效系数（原理：在一定管电压下，达到相同的底片黑度）将非钢材料的厚度乘以一定管电压下的射线透照等效系数，换算成相应的钢材厚度，然后根据钢材的曝光曲线确定适当的曝光条件。射线透照等效系数的近似值见表 3-13。

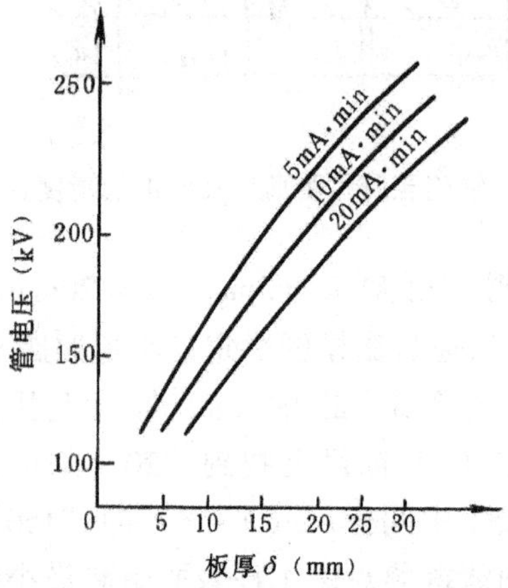

图 3-24　以曝光量（mA·min）为参数的曝光曲线图

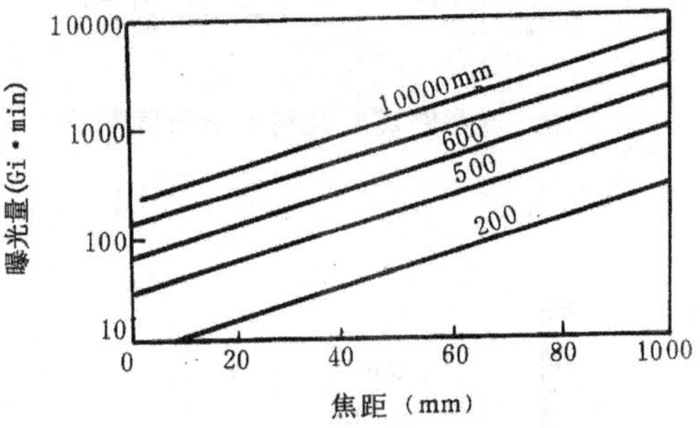

图 3-25　^{60}Co 曝光曲线图

（Pb0.2mm，D＝2，显影 5min/20℃）

表 3-13　某些金属的射线透照等效系数近似值（以钢为准）

金属	*X* 射线								γ 射线	
	100kV	150kV	220kV	250kV	400kV	1MeV	2MeV	4～25MeV	^{192}Ir	^{60}Co
镁	0.05	0.05	0.08							
铝	0.08	0.12	0.18						0.35	0.35
铝合金	0.10	0.14	0.18						0.35	0.35
钛		0.54	0.54		0.71	0.9	0.9	0.9	0.9	0.9
钢	1.0	1.0	1.0	1.0	1.0	1.0	1.0	1.0	1.0	1.0
铜	1.5	1.6	1.4	1.4	1.4	1.1	1.1	1.2	1.1	1.1
锌		1.4	1.3		1.3			1.2	1.1	1.0
黄铜		1.4	1.3		1.3	1.2	1.1	1.0	1.1	1.0
铅	14.0	14.0	12.0			5.0	2.5	2.7	4.0	2.3

㊀ ci 居里（Curie），表示放射性活度的单位。1ci 放射性物质每秒产生 3.7×10^{10} 原子核蜕变。目前国际上建议在 1985 年后改用新单位贝柯勒尔（becquel，缩写为 Bq 或贝柯），1Bq 放射性物质每秒产生 1 个原子核蜕变，即 $1ci=3\times10^{10}Bq$。

㊁ rad　拉德（radiation absorbed dose），吸收剂量的单位，每克物质吸收 100 尔格的辐射能量为 1rad。目前国际上建议在 1985 年后改用新单位戈瑞（gray，缩写为 Gy 或戈），$1rad=10^{-2}Gy$。

5. 散射线的控制

射线探伤时，凡是受到射线照射的物体，不论是工件、暗盒、墙壁、地面或甚至空气等，都会成为散射源。散射线会使射线底片灰雾度增大，降低对比度和清晰度，其影响程度与散射比有关。

$$n=\frac{I_S}{I} \tag{3-6}$$

式中　n——散射比；

I_S——散射线强度；

I——直接透射线强度。

散射比与射线能量和工件厚度有关，见图 3-26。该图表明，射线能量减小、工件厚度增大，均会使散射比增大。焊件探伤时，由于余高使透过母材的射线强度大于透过焊缝的射线强度，而且穿透母材的射线产生的散射线要比焊缝部分强的多。因此焊缝附近母材区产生的散射线与透过焊缝的射线叠加在一起，使焊缝中心的散射比显著增大（图 3-27），余高越大越严重。这就使底片的成象质量降低。

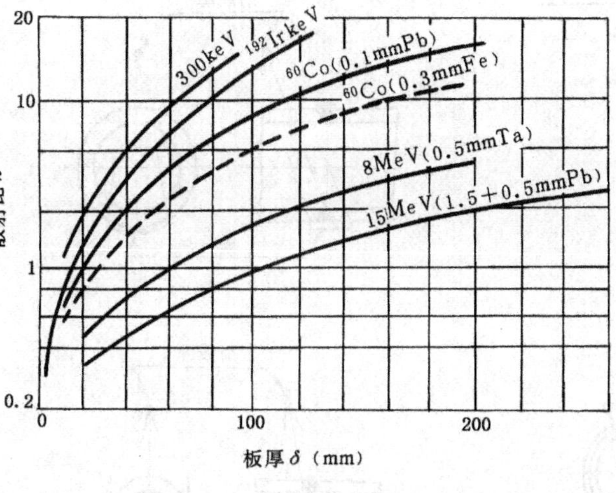

图 3-26　不同射线能量时 n 与 δ 的关系（铁）

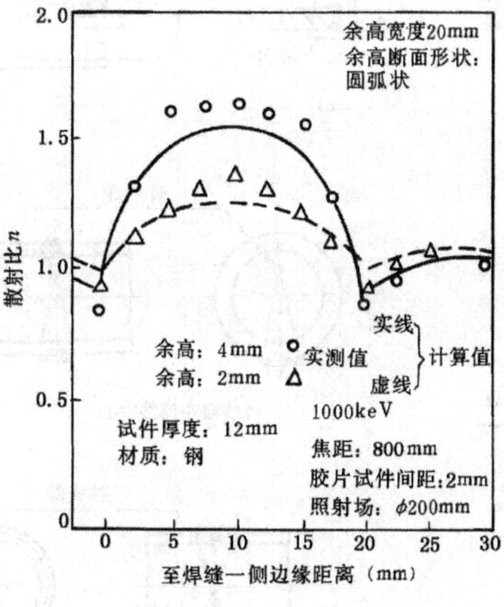

图 3-27　焊缝中不同位置的散射比

为减少散射线，在探伤系统中可设置增感屏、铅罩、铅光阑、铅遮板、底部铅板和滤板等。其中增感屏至关重要，具体选择见表 3-14。

6. 透照方式的选择

GB3323—87 规定，按射线源、工件和胶片之间的相互位置关系，透照方式分为纵缝透照法、环缝外透法、环缝内透法、双壁单影法和双壁双影法五种，见图 3-28。

在透照方式确定以后，还应注意以下二点：

(1) 射线入射方向的选择　只有射线能垂直入射工件中缺陷时，底片上缺陷图象才不会畸变，且其尺寸也最接近缺陷实际尺寸。同时，裂纹、未熔合等面积型缺陷，只有射线入射方向与其深度方向一致时，射线底片上缺陷影象才最清晰，即此时具有最高检出率。实践表

表 3-14 增感屏的选用

射源种类	增感屏材料	前屏厚度（mm）	后屏厚度（mm）
< 120kV	铅	—	≥0.10
120 ~ 250kV	铅	0.025 ~ 0.125	≥0.10
250 ~ 400kV	铅	0.05 ~ 0.16	≥0.10
1 ~ 3MeV	铅	1.00 ~ 1.60	1.00 ~ 1.60
3 ~ 8MeV	铜、铅	1.00 ~ 1.60	1.00 ~ 1.60
8 ~ 35MeV	钽、钨、铅	1.00 ~ 1.60	—
^{192}Ir	铅	0.05 ~ 0.16	≥0.16
^{60}Co	铜、钢、铅	0.50 ~ 2.00	0.25 ~ 1.00

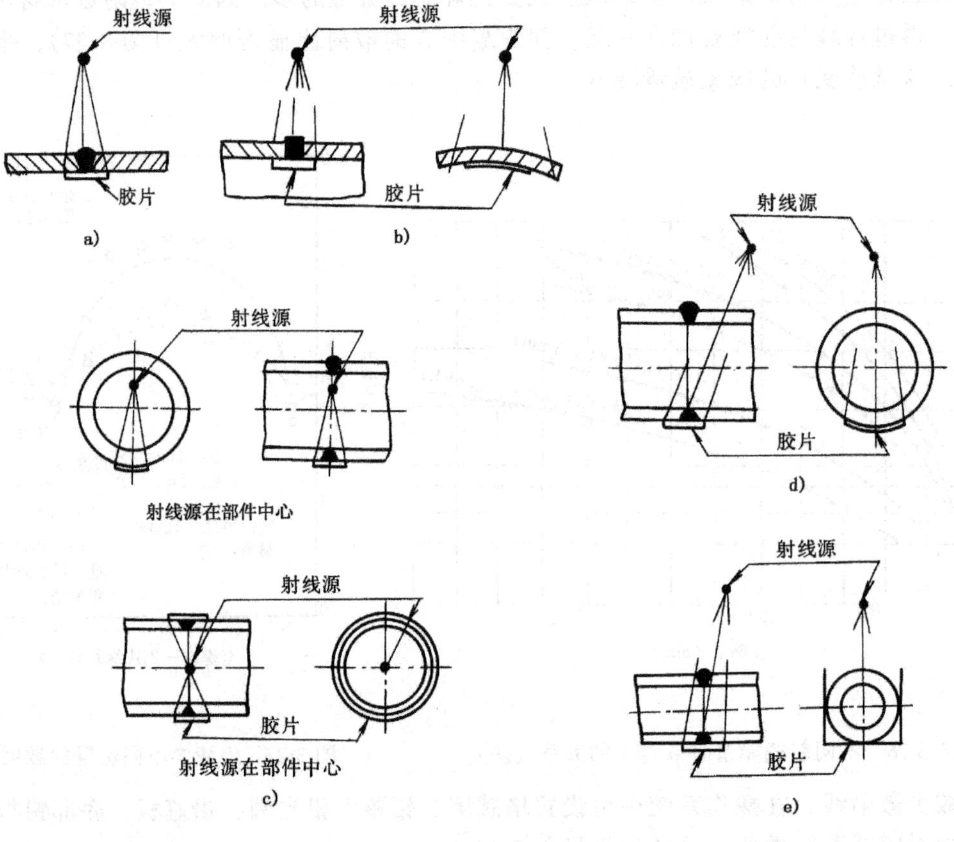

图 3-28 焊缝透照方式示意图

a）纵缝透照法 b）环缝外透法 c）环缝内透法 d）双壁单影法 e）双壁双影法

明，当二者倾角 > 20°时，裂纹漏检可能性极大。这就表明，在任何透照方式下，均需注意正确选择透照方向。图 3-29 为沿坡口斜面照射，以便检查出其坡口面未熔合缺陷。因此，探伤人员也应加强对焊接工艺的了解和提高对缺陷分析的能力。

（2）透照厚度差的控制 X 射线机的辐射角 θ，其照射场内射线强度分布并不均匀（图 3-30），这将使底片黑度分布不均。靠近边缘，由于射线强度减弱，使其黑度低于中心附近黑度。同时，射线束射达工件时，中心射线束穿透的工件厚度小于边缘射线束穿透的工件厚

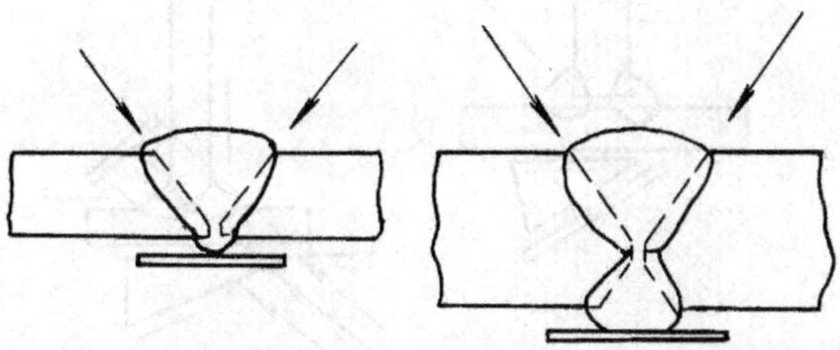

图 3-29　沿坡口方向透照图

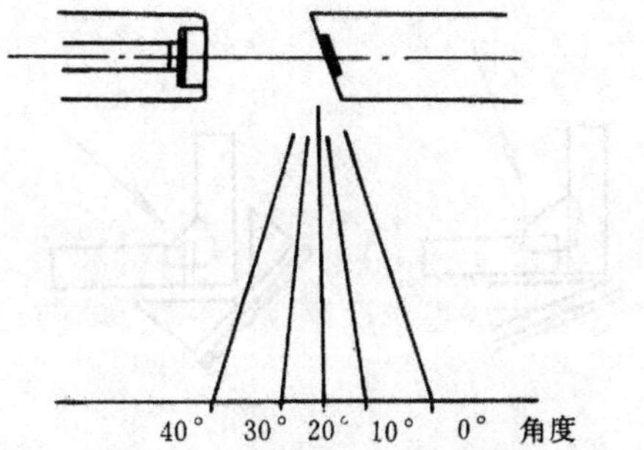

图 3-30　射线照射场内射线强度分布

度，产生了透照厚度差（图 3-31，$\delta' > \delta$），它也使底片中间部位黑度值高于两端部位黑度值。由此可见，若以底片中间部位控制黑度，那末两端黑度值将会过低，降低图象对比度，位于两端部位的缺陷有可能漏检。为此要控制透照厚度比（表 3-15）。

透照厚度比定义如下：

$$A = \frac{\delta'}{\delta} \tag{3-7}$$

式中　A——透照厚度比；

δ'——边缘射线束穿透工件厚度；

δ——中心射线束穿透工件厚度。

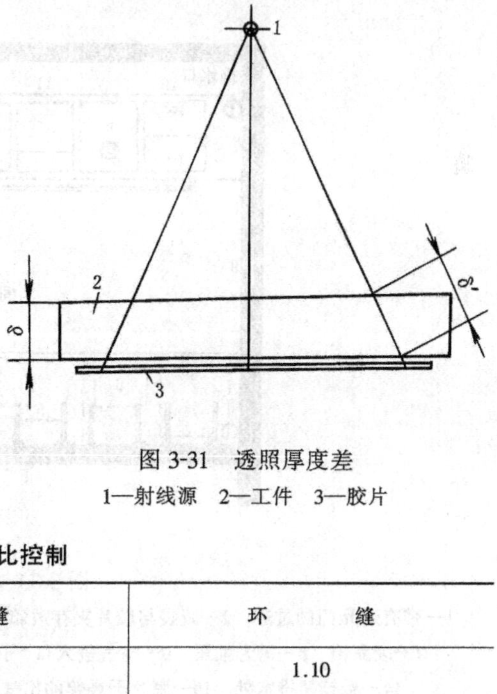

图 3-31　透照厚度差

1—射线源　2—工件　3—胶片

表 3-15　透照厚度比控制

象质等级	纵缝	环缝
A	1.03	1.10
AB	1.03	1.10
B	1.01	1.06

对透照厚度比 A 的限制，实际体现为对每次检验长度的控制，即对某一条焊缝来说，又可看成为该焊缝需要至少透照多少个段落（即划线等分数）。

在某些角接接头、T 型接头探伤时，必须加补偿块，以弥补透照厚度上的差别（图 3-32）。补偿块应本身没有缺陷和尽可能采用与工件材料性质相同的材料来制作。

7. 胶片的暗室处理

暗室处理是将胶片乳剂层中经光化作用生成的潜象转变为可见的黑色银象的过程。

（1）暗室　应尽量靠近工件透照处所，并便于辐射防护的地方，暗室布置及设施可参见图 3-33。

（2）处理程序

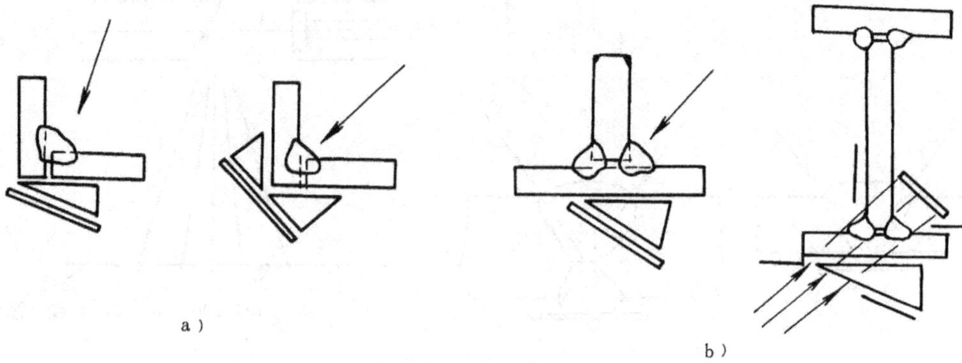

图 3-32　安放补偿块

a）角接接头　b）T 型接头

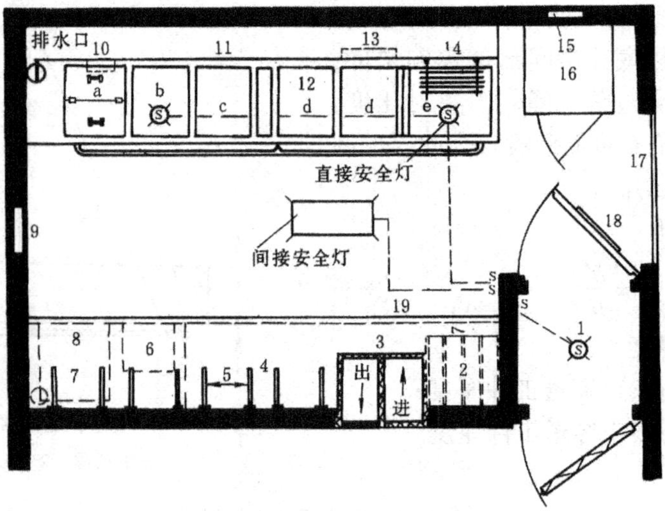

图 3-33　暗室平面布置示意图

1—带有避光门的过道　2—暗袋与胶片夹存放箱　3—取送胶片箱　4—工作台　5—胶片悬挂架　6—胶片存放柜　7—废品箱　8—避光抽屉　9—空气进入口　10—电钟　11—图表板　12—X 射线胶片处理槽　13—照明灯　14—悬挂架排水处　15—底片干燥箱的出气口　16—底片干燥箱　17—避光/观察板　18—避光百页窗　19—胶片供应室　a—显影　b—停影　c—定影　d—水洗　e—排水槽　s—开关

1）显影　显影液中的显影剂将潜象转变为可见银象的过程叫显影。显影液基本组成及作用如下：

①显影剂　常用米吐尔和海得尔，其主要功能是起显影作用。

②加速剂　常用碳酸钠等碱类，它使显影液处于碱性状态，促使乳剂层适当松软，利于显影剂与乳剂层发生作用。即可起加快显影速度的作用。

③保护剂　常用亚硫酸钠，通过它易于被氧化的特性来保护显影剂不受或少受氧化，从而使显影剂充分发挥正常的显影作用。

④抑制剂　又称防雾剂，常用溴化钾，通过它与乳剂层中的溴化银“同粒子效应”来抑制显影速度，达到防止雾翳产生的作用。因为显影过快会使底片影象容易呈灰蒙蒙一片。

典型显影液配方举例（注意，应以先后顺序溶解于洁净的温水中），天津胶片厂推荐：

水（40～50℃）	800mL
米吐尔	4g
无水亚硫酸钠	65g
对苯二酚	10g
无水碳酸钠	45g
溴化钾	5g
加水至	1000mL

2）停显　显影结束后应将胶片放入酸性停影液（通常为3%的醋酸溶液）30～60s，使酸碱中和立即停止显影作用。同时还可避免显影液对定影液的污染，并消除一些胶片上形成的灰雾。

3）定影　定影液中的定影剂将底片上未经显影的溴化银溶解掉，并将可见银象固定在底片上的过程叫定影。定影液中基本组成及作用如下：

①定影剂　常用海波，通过它将底片上未经显影的溴化银溶解掉。

②防污剂　又称酸性剂，常用冰醋酸和硼酸，起中和停显时未除净的显影液碱性成分，消除因显、定影两个过程同时进行而产生的污物，保证沿定影一个方向正常进行。同时，它也为坚膜剂创造一个酸性环境，使其发挥坚膜作用。

③保护剂　常用亚硫酸钠，通过它易于与海波分解时产生的硫原子结合，防止海波继续再分解，起“防硫作用”。

④坚膜剂　常用明矾，它可使乳剂层坚挺而不易划伤和脱落。

典型定影液配方举例（注意，应以先后顺序溶解于洁净的温水中），柯达F-5定影液：

水（50℃）	600mL
海波（硫代硫酸钠结晶）	240g
无水亚硫酸钠	15g
醋酸（36%）	39mL
硼酸	7.5g
明矾（硫酸铝钾）	15g
加水至	1000mL

4）水洗和干燥　水洗允许在暗室外进行，但最好应采用流水且水温不能高于25℃。干燥应在干燥箱中或在无尘的干燥室内晾干。

三、焊缝射线底片的评定

射线底片的评定工作简称评片，由Ⅱ级㊀或Ⅱ级以上探伤人员在评片室内利用观片灯、黑度计等仪器和工具进行该项工作。

1. 底片质量的评定

合格的射线底片，其以下各项应符合GB3323—87的有关规定：

（1）黑度值 D（含灰雾度 D_0）。

（2）象质指数 Z。

㊀　无损检测人员通过国家规定的资格考试，可获得Ⅰ、Ⅱ、Ⅲ级资格证书，Ⅰ级为高级，Ⅱ级为中级，Ⅲ级为初级。

(3) 检验标记齐全、正确。

(4) *B* 标记。

(5) 有效检验区内无有伪缺陷。

(6) 其它妨碍底片评定的缺陷。

质量不符合要求的底片必须重新拍照。

2. 焊缝质量的评级

GB3323—87 标准中，根据缺陷的性质、缺陷的尺寸及数量将焊缝质量分为Ⅰ、Ⅱ、Ⅲ、Ⅳ共四级，质量依次降低。

Ⅰ级焊缝内不允许有裂纹、未熔合、未焊透以及条状夹渣㊀等四种缺陷存在，允许有一定数量和一定尺寸的圆形缺陷㊁存在。

Ⅱ级焊缝内不允许有裂纹、未熔合、未焊透等三种缺陷存在，允许有一定数量、一定尺寸的条状夹渣和圆形缺陷存在。

Ⅲ级焊缝内不允许有裂纹、未熔合以及双面焊和加垫板的单面焊中的未焊透存在，允许一定数量和一定尺寸的条状夹渣和圆形缺陷及未焊透（指非氩弧焊封底的不加垫板的单面焊）存在。

Ⅳ级焊缝指焊缝缺陷超过Ⅲ级者。

圆形缺陷、条状夹渣（含Ⅲ级焊缝中允许存在的未焊透）的具体评级及二种以上缺陷同时存在的综合评级，可详见标准的有关内容。

通过正确评片而得到的相应焊缝区段质量等级，根据有关产品技术条件和规程可给出合格或不合格的结论。

3. 焊接缺陷在射线探伤中的显示

在射线照相底片上和工业 *X* 射线电视屏幕（工业 *X* 射线电视见§3-4）上的显示特点，见表 3-16

焊缝部分缺陷照片见图 3-34。

4. 缺陷位置的确定

在厚壁工件的射线探伤中，为了进一步判断焊缝中缺陷的大小和返修的方便，往往需要知道缺陷的确切位置。缺陷在焊缝中的平面位置可在底片上直接测定，而其埋藏深度却必须采用特殊的透照方法，例如立体摄影法和断层摄影法等予以确定。这里仅介绍立体摄影法。

立体摄影法是指立体射线照相法而言。该方法较为方便、实用，按其透照形式不同主要有以下两种方法。

(1) 双重曝光法　这种方法采用移动射线源焦点与工件之间的相互位置，对同一张底片进行两次重复曝光，然后根据两次曝光所得缺陷位置的变化可计算出缺陷的埋藏深度。如图 3-35 所示。

$$h=\frac{s\ (L-l)\ -al}{a+s} \tag{3-8}$$

式中　h——缺陷距工件下表面的距离（mm）；

s——二次曝光时缺陷在底片上移动距离（mm）；

㊀ 条状夹渣，长宽比大于 3 的夹渣。
㊁ 圆形缺陷，长宽比等于或小于 3 的气孔、夹渣及夹钨。

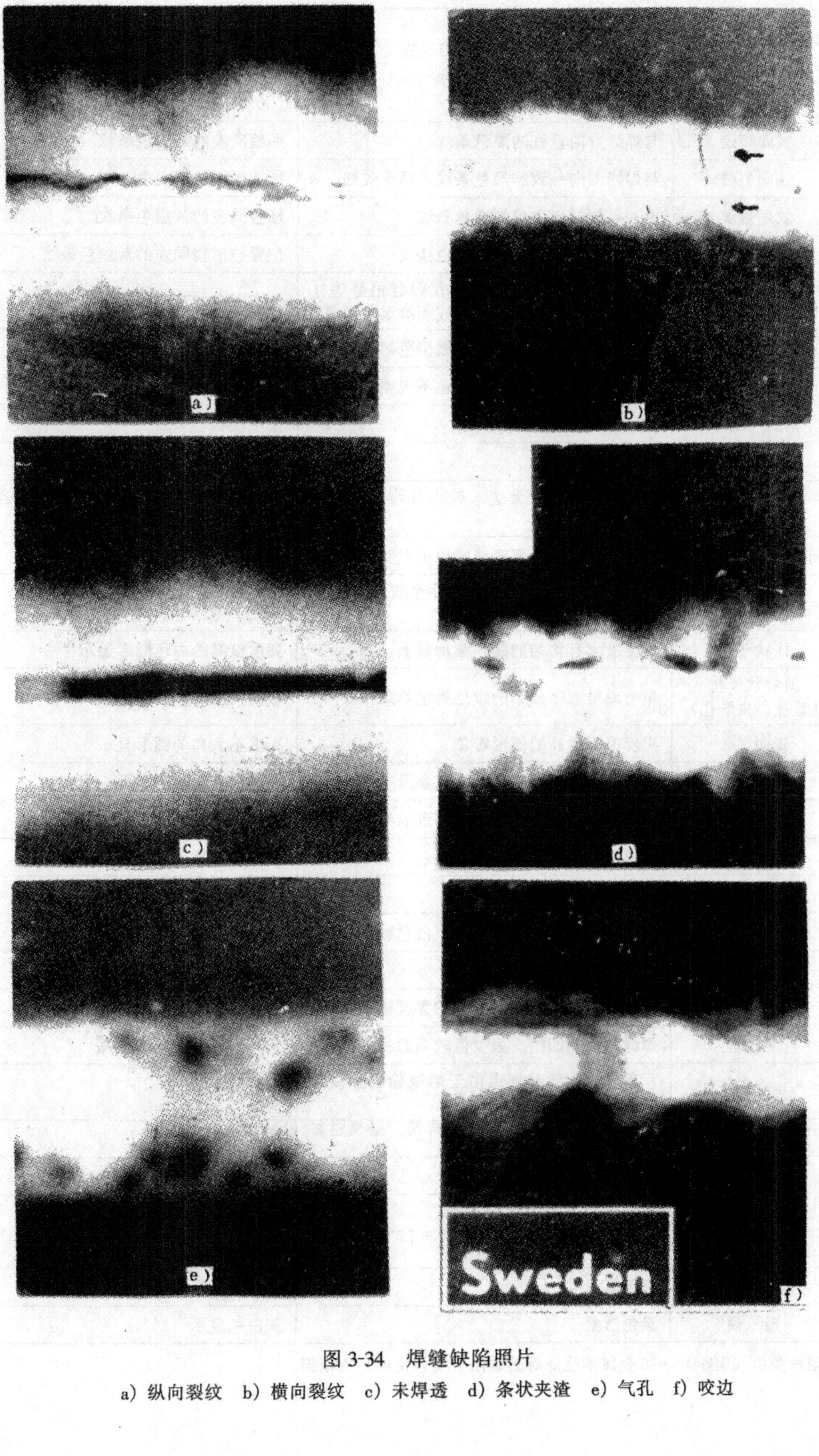

图 3-34　焊缝缺陷照片

a) 纵向裂纹　b) 横向裂纹　c) 未焊透　d) 条状夹渣　e) 气孔　f) 咬边

表 3-16　焊接缺陷显示特点

焊接缺陷		射线照相法	工业 X 射线电视法
种类①	名　称	底　片	屏　幕
裂纹	横向裂纹	与焊缝方向垂直的黑色条纹	形貌同左的灰白色条纹
	纵向裂纹	与焊缝方向一致的黑色条纹，两头尖细	形貌同左的灰白色条纹
	放射裂纹	由一点辐射出去星形黑色条纹	形貌同左的灰白色条纹
	弧坑裂纹	弧坑中纵、横向及星形黑色条纹	位置与形貌同左的灰白色条纹
未熔合和未焊透	未熔合	坡口边缘、焊道之间以及焊缝根部等处的伴有气孔或夹渣的连续或断续黑色影象	分布同左的灰白色图象
	未焊透	焊缝根部钝边未熔化的直线黑色影象	灰白色直线状显示
夹渣	条状夹渣	黑度值较均匀的呈长条黑色不规则影象	亮度较均匀的长条灰白色图象
圆形缺陷	夹　钨	白色块状	黑色块状
	点状夹渣	黑色点状	灰白色点状
	球形气孔	黑度值中心较大边缘较小且均匀过渡的圆形黑色影象	黑度值中心较小，边缘较大，且均匀过渡的圆形灰白色显示
	均布及局部密集气孔	均匀分布及局部密集的黑色点状影象	形状同左的灰白色图象
	链状气孔	与焊缝方向平行的成串并呈直线状的黑色影象	方向与形貌同左的灰白色图象
	柱状气孔	黑度极大且均匀的黑色圆形显示	亮度极高的白色圆形显示
	斜针状气孔（螺孔、虫形孔）	单个或呈人字分布的带尾黑色影象	形貌同左的灰白色图象
	表面气孔	黑度值不太高的圆形影象	亮度不太高的圆形显示
	弧坑缩孔	指焊道末端的凹陷，为黑色显示	呈灰白色图象
形状缺陷	咬　边	位于焊缝边缘与焊缝走向一致的黑色条纹	灰白色条纹
	缩　沟	单面焊，背部焊道两侧的黑色影象	灰白色图象
	焊缝超高	焊缝正中的灰白色突起	焊缝正中的黑色凸起
	下塌	单面焊，背部焊道正中的灰白色影象	分布同左的黑色图象
	焊瘤	焊缝边缘的灰白色突起	黑色突起
	错　边	焊缝一侧与另一侧的黑色的黑度值不同，有一明显界限	
	下　垂	焊缝表面的凹槽，黑度值较高的一个区域	分布同左，但亮度较高
	烧　穿	单面焊，背部焊道由于熔池塌陷形成孔洞，在底片上为黑色影象	灰白色显示
	缩　根	单面焊，背部焊道正中的沟槽，呈黑色影象	灰白色显示
其它缺陷	电弧擦伤	母材上的黑色影象	灰白色显示
	飞　溅	灰白色圆点	黑色圆点
	表面撕裂	黑色条纹	灰白色条纹
	磨　痕	黑色影象	灰白色显示
	凿　痕	黑色影象	灰白色显示

①缺陷种类以《GB6417—86 金属熔化焊焊缝缺陷分类及说明》为依据。

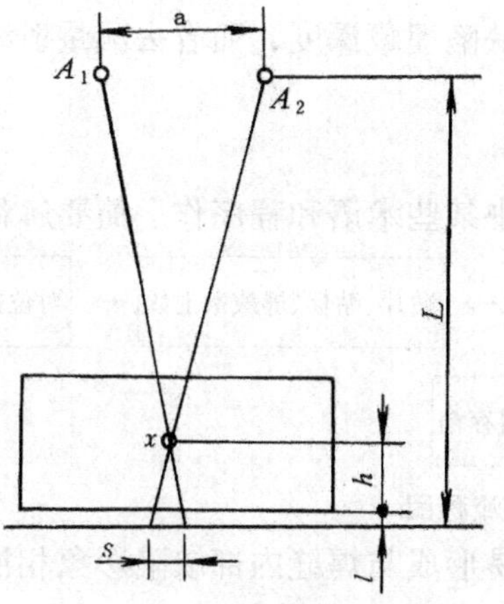

图 3-35　双重曝光法原理

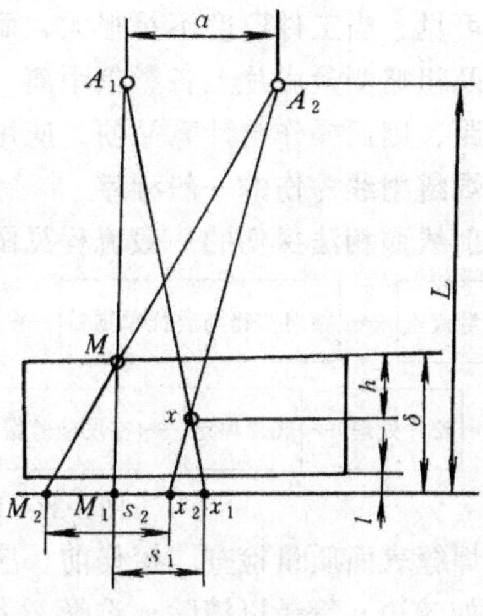

图 3-36　上表面放置标记双重曝光法原理

L——焦距（mm）；

l——工件与胶片的距离（mm）；

a——射线源焦点从 A_1 到 A_2 的移动距离（mm）。

（2）放置标记的双重曝光法

1）在工件上表面放置标记 M（铅丝或钨丝），射线源焦点分别在 A_1 和 A_2 两位置各曝光一次，如图 3-36 所示。则有

$$h=\frac{(L-\delta-l)^2\Delta s}{aL-(L-\delta-l)\Delta s} \qquad (3\text{-}9)$$

式中　h——缺陷距工件上表面的距离（mm）；

δ——工件厚度（mm）；

$\Delta s=|s_1-s_2|$，s_1（M_1x_1）、s_2（M_2x_2）可在底片上分别量出（单位 mm）。

2）在工件上、下表面分别放置标记 M、K，射线源焦点分别在 A_1 和 A_2 两位置各曝光一次（焦距和标记点位置固定），如图 3-37 所示，则有

$$h=\delta\frac{k_1x_1\pm k_2x_2}{k_1M_1\pm k_2M_2} \qquad (3\text{-}10)$$

式中　h——缺陷距工件下表面的距离（mm）；

k_1x_1、k_2x_2、k_1M_1、k_2M_2 均可在底片上分别量出（mm）。

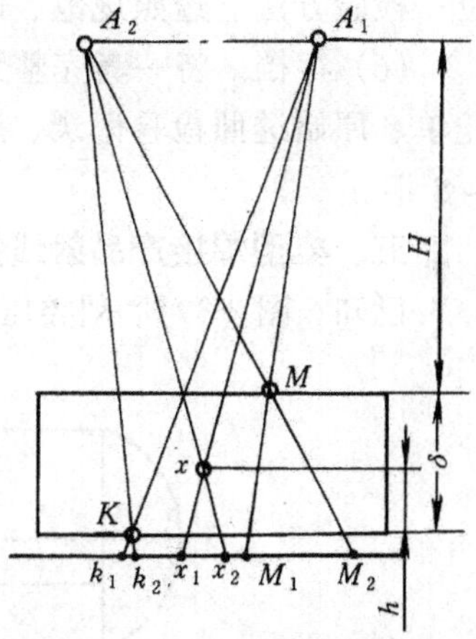

图 3-37　上、下表面放置标记双重曝光法原理

当缺陷 x、上标记点 M 两次透照的影象均处于下标记点 K 影象的同一侧时，式(3-10)中取“－”号；若处于两侧时，则取“＋”号。如果计算结果 h 为负数，则应取其绝对值。

这里应当注意，式（3-10）只有假设 X 射线束是平行 X 射线时才能成立，而实际射线束均呈圆锥形发散，因而将有测量误差：

$$\Delta h=h(\delta-h)/H \qquad (3\text{-}11)$$

式中　H——射线源焦点到工件表面的距离（mm）。

由此可见，当工件厚度不是很大，而采用焦距又较大时，该方法可行。由于它只需知道工件厚度及粗略测量底片上各影象距离，即可计算出缺陷埋藏深度，而省去测量射线源移动距离和焦距，因而操作与计算简便，应用较广。

四、焊缝射线探伤的一般程序

焊缝射线照相法探伤的一般流程见图 3-38。对其中某些术语和程序作一简要解释。

焊缝表面质量检查 → 核对实物与委托单项目 → 机器预热画草图 → 贴片、贴标、屏蔽散射线 → 对位选焦距 →

开机透照 → 胶片处理 → 底片评定 → 签发检验报告 → 底片及资料存档

图 3-38　射线照相法探伤流程图

(1) 焊缝表面质量检查　探伤前，应将在底片上易形成与焊缝内部缺陷影象相混淆的形状缺陷（如咬边）等予以清除；选择 B 级成象质量时，焊缝余高要磨平。

(2) 委托单项目　射线探伤委托单由焊接检验员填写，主要内容有工件编号、厚度、简图（焊缝位置及数量）、焊缝分段号（透照区段号俗称探伤线）等。核对程序由射线检验员完成。

(3) 贴片　将胶片暗盒固定在被检焊缝的相应位置上的操作。

(4) 对位　将射线束对准被检区段的操作。例如，采用垂直透照时，应将射线束中心垂直穿过被检区段的正中心。

(5) 检验报告　射线照相检验报告由评片人员填写，主要内容应包括产品名称、检验部位、检验方法、透照规范、缺陷名称、评片等级、返修情况和透照日期等。

(6) 存档　将一套完整无缺的射线底片（含返修缺陷片）和文字资料（射线照相检验委托单、原始透照检验记录、底片评定记录、射线照相检验报告）一起存档备查，保存期为 5 ~ 8 年。

五、典型焊接产品射线探伤实例分析

已知　图 3-39 所示Ⅰ类压力容器，钢板厚 $\delta = 12\text{mm}$，由两节筒体和两个封头对接焊成。

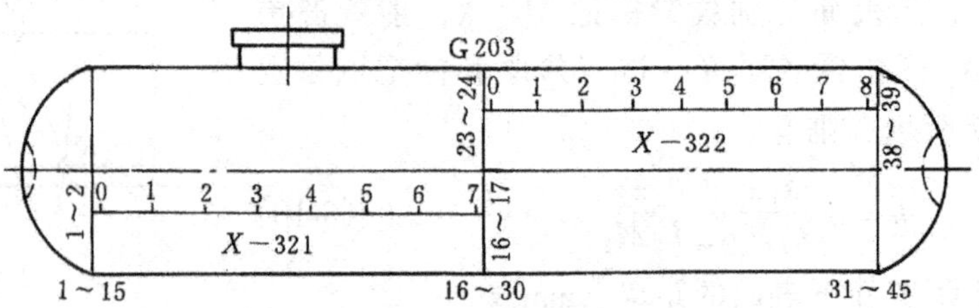

图 3-39　压力容器射线探伤示意图

要求　按“压力容器安全监察规程”（简称规程）进行射线探伤

根据产品结构、尺寸和现有探伤条件选用 X 射线照相法进行探伤。

1. 确定探伤部位

(1) 规程 44 条 4 款规定“筒体与封头连接部位必须进行探伤”，因此 1 ~ 15、31 ~ 45 二条环焊缝应 100% 探伤，共拍片 30 张。

(2) 规程 44 条 4 款又规定“筒节纵环缝交叉部位必须进行探伤”，因此中间环焊缝 16 ~ 17、23 ~ 24 二区段必须探伤。同时，规程要求Ⅰ类容器 20% 焊缝应用射线探伤抽查，中间环焊缝 16～30 共有 15 个区段，应至少探伤三个区段才满足。因此，该焊缝除 16～17、23～24 二区段外，尚需再增加一个探伤区段。

（3）筒体纵焊缝 *X*-321 上的 0～1、6～7 二区段已占该焊缝长度 28%；*X*-322 上的 0～1、7～8 二区段已占该焊缝长度 25%，均大于 20% 的规定要求。

上述（2）、（3）是将规程规定的 20% 落实到每条焊缝上考虑，是正确合理的。

2. 每个探伤区段长度 $l \approx 220$mm，因此可选用 270×60 的天津-Ⅲ型胶片，0.02mm 铅增感屏。

3. 选用单壁单影垂直透照方式，设备为 GTY200-20*X* 射线机，焦距 $F=600$mm。

4. 将象质计和标记带按规定贴在射源侧的工件表面上。

5. 曝光条件为 160kV、14mA、1min。

6. 暗室处理为显影（天津配方）7min、19℃；定影 20min；水洗 30min；自然干燥。

7. 按规定填写透照检验记录。

8. 评片

（1）底片质量的评定（略）。

（2）焊缝质量的评级　规程规定该容器焊缝验收级别为Ⅱ级。

1）封头环焊缝存在超标缺陷，即在该处予以返修。

2）中间环焊缝和筒节纵焊缝存在超标缺陷，则需增加 10% 探伤长度。例如，中间环焊缝原拍三张底片上出现一处超标缺陷，则增加 10%，即 15（区段数）×10%＝1.5，则应补拍二张。若在加拍的二张底片上又发现超标缺陷，则这时此环焊缝应补充到 100% 探伤。又如，在筒节纵焊缝原拍的二张底片上发现了一处超标缺陷，则亦应在该焊缝上增拍 10%，即 7×10%＝0.7，可取为一张。如果在加拍的一张底片上没有发现超标缺陷，那么此纵焊缝可判为合格。

9. 填写射线探伤报告及资料存档。

§3-4　射线实时图象法探伤

射线实时图象法探伤是一种新型的射线探伤方法，与传统的射线照相法相比具有实时，高效、不用射线胶片、可记录和劳动条件好等显著优点，是当前无损检测自动化技术中较为成功的方法之一。由于它多采用 *X* 射线源，常称为 *X* 射线实时图象法探伤。国内外将它主要用于钢管、压力容器壳体焊缝检查；微电子器件和集成电路检查；食品包装夹杂物检查及海关安全检查等。

射线实时图象法探伤，根据将 *X* 射线图象转换为可见光图象所用器件的不同，并依其发展进程分为以下几种。

一、荧光屏—电视成象法探伤

荧光屏—电视成象法探伤系统基本组成见图 3-40。工作原理如下：当 *X* 射线照射到荧光物质上时会激发出可见荧光，荧光的强弱（明亮程度）与入射的射线强度成正比。利用荧光屏的上述性质可将 *X* 射线透过物体后形成的射线图象转换为可见荧光图象，并利用闭路电视方法用可见光摄象机摄象和馈送至监视器显示出焊接缺陷图象。

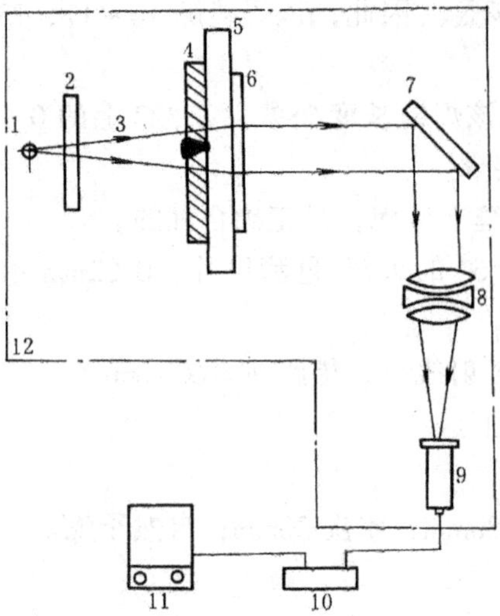

图 3-40 荧光屏—电视成象法探伤系统

1—射线源 2—电动光阑 3—X 射线束 4—工件 5—电动光阑 6—荧光屏 7—反射镜 8—光学透镜组 9—电视摄象机 10—控制器 11—监视器 12—防护设施

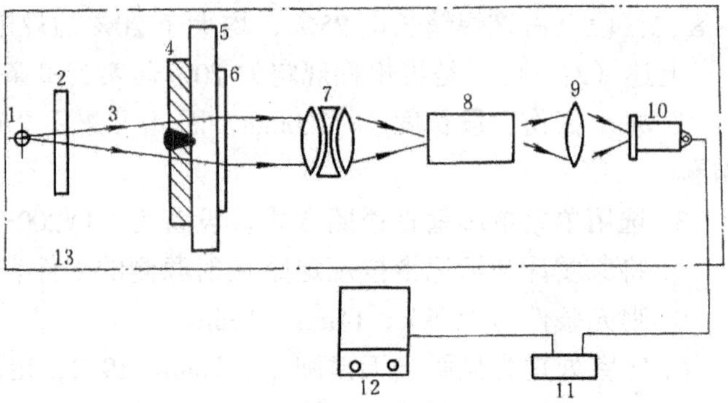

图 3-41 光电增强—电视成象法探伤系统

1—射线源 2—电动光阑 3—X 射线束 4—工件 5—电动光阑 6—光纤闪烁屏 7—光学透镜组 8—微光增强器 9—光学透镜 10—电视摄象机 11—控制器 12—监视器 13—防护设施

探伤系统中，电动光阑 2 为一可变快门，既可限制射线照射区域和得到合适的照射量，也是实现自动化时的必需机构，用它可以自动进行 X 射线透照的开和关；电动光阑 5 与前者具有相同功能，并能提高成象质量；光学透镜组 8 主要起聚焦提高图象亮度和与摄象机适当耦合的作用；摄象机 9 通常采用高分辨率的超正析电视摄象机或光导电视摄象机。

荧光屏—电视成象法探伤适用于中等厚度的轻合金（如铝、镁合金等）材料的缺陷探伤，其最佳探伤灵敏度可达 3% ~ 4%。

二、光电增强—电视成象法探伤

光电增强—电视成象法探伤系统基本组成，见图 3-41。其显著特点，就是在荧光屏—电视成象法探伤系统的光学透镜组之后、电视摄象机之前增加一微光增强器。同时，考虑到荧光屏仅适用于低能 X 射线检测系统，这是因为当 X 射线能量较高时，荧光物质的转换效率要降低，并且由于散射的影响使图象的干扰相对加强，而使图象质量下降。因此在本系统中，用光纤闪烁屏代替了荧光屏以适应高能 X 射线检测。光纤闪烁屏是由许多很细的具有一定长度的光导纤维平行排列并相互熔合成板状，它将高能 X 射线转换成可见光，并对可见光起准直作用，具有很高的转换效率和分辨率，而且制造简单、成本较低和耐用。微光增强器可对图象亮度进行光学增强处理。目前采用的是性能优良的微通道板图象增强器，它是由许多根有二次电子倍增效果的细管平行熔合而成，每根细管就是一只通道式电子倍增管。这种结构紧凑、结实耐用，工作电压低，画面无晕影的微光增强器，可将图象亮度增强约几千 ~ 几万倍。

目前，光电增强—电视成象法探伤灵敏度已达 2% ~ 3%。

三、X 光图象增强—电视成象法探伤

X 光图象增强—电视成象法探伤在国内外均获得广泛的应用，其探伤灵敏度已高于 2%，并可与射线照相法相媲美。通常所说工业 X 射线电视探伤，即指该方法而言。其中主

要部件是图象增强器。

1. 图象增强器

图象增强器又称 X 光荧光图象增强管，是该探伤系统的关键部件，这是一特殊设计的复杂真空电子器件（图 3-42）。它能将输入的 X 射线图象转换为可见荧光图象输出，并使其输出面的亮度比输入面的亮度增强 1 万倍以上。

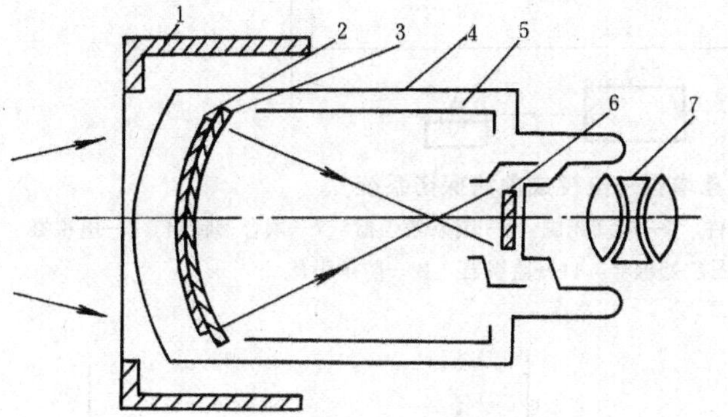

图 3-42　图象增强器构造

1—入口板　2—荧光面　3—光电层　4—管套　5—聚焦电极　6—阳极　7—耦合透镜组

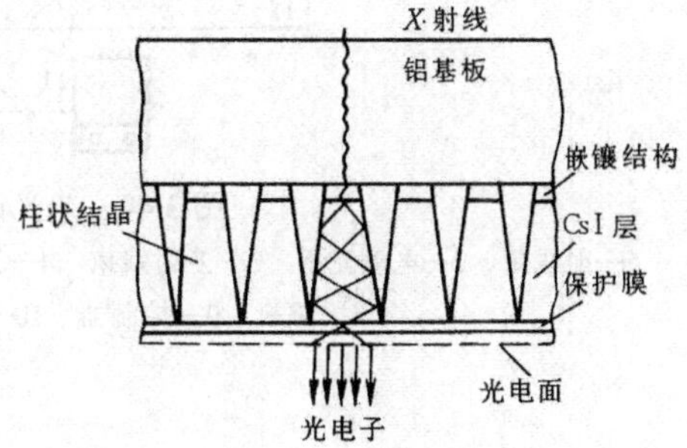

图 3-43　碘化铯输入荧光面构造

（1）输入面　能把 X 射线图象高效率的转换为可见荧光图象，并再把光象作为电子象放出。输入面的构造是在近似球面的基板上附着一层对 X 射线吸收率和分辨率均很高的碘化铯（CsI）作为荧光面，并在其表面上又涂置一层能把光变换成电子的光电层。输入面的尺寸有 6″、9″、12″等口径。荧光面的质量对 X 射线吸收率及图象增强器的信噪比（S/N）影响很大，目前采用在输入面基板上真空蒸着 CsI 制成，其填充密度几乎达 100%。这种在基板氧化铝嵌镶结构上生成的柱状 CsI 结晶（图 3-43），限制了荧光面内光的横向扩散，形成了光控导向效果。使新型图象增强器显著提高了分辨率、亮度和抗干扰指标，即使在小剂量的射线照射条件下，也可得到高信噪比的明亮图象。

（2）电子透镜系统　由光电层（又称光电阴极）、聚焦电极、阳极（又称输出面）组成的静电透镜，可将光电层放出的电子象缩小到 1/10 左右，并以 25kV 电压加速聚焦后入射到输出面上。

（3）输出面　在阳极内玻璃板上附着一层借助电子发射出可见光短余辉的荧光物质，因此又称输出荧光面，其表面有铝蒸着膜金属附层。输出面尺寸约是输入面尺寸的 1/10，发光色与 P20 荧光体发光色相当，为黄绿色。输出面的膜厚、颗粒度、发光效率等对图象增强器的分辨率、亮度及信噪比等特性均有影响。

2. 探伤系统基本组成

X 光图象增强—电视成象法探伤系统基本组成见图 3-44，代表产品 RIS-160N㊀。其中大部分部件功能已在前面内容中介绍过，这里不再赘述。

图象处理器 RIM-500（图 3-45）为一通用部件，可用于 X 射线电视探伤系统，亦可用于各种电视系统。工作时，它将从摄象机取得的图象信号（模拟信号）进行高速数据采集和处

㊀ RIS-N 系列和 RIS-V 系列工业 X 射线电视探伤系统，均是日本理学电机株式会社（RIGAKU）的产品。

理。

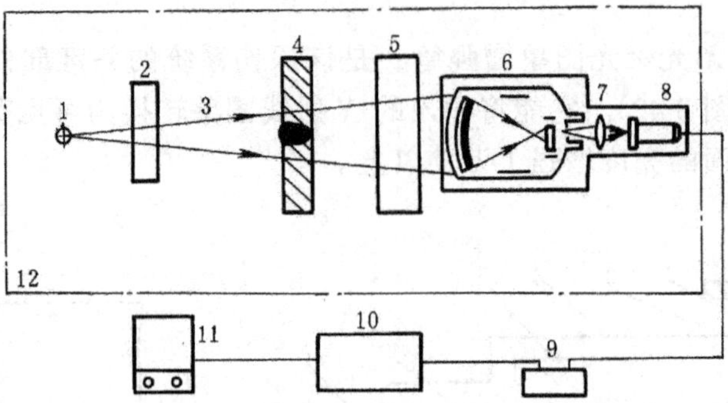

图 3-44　X 光图象增强—电视成象法探伤系统

1—射线源　2—电动光阑　3—X 射线束　4—工件　5—电动光阑　6—图象增强器　7—耦合透镜组　8—电视摄象机　9—控制器　10—图象处理器　11—监视器　12—防护设施

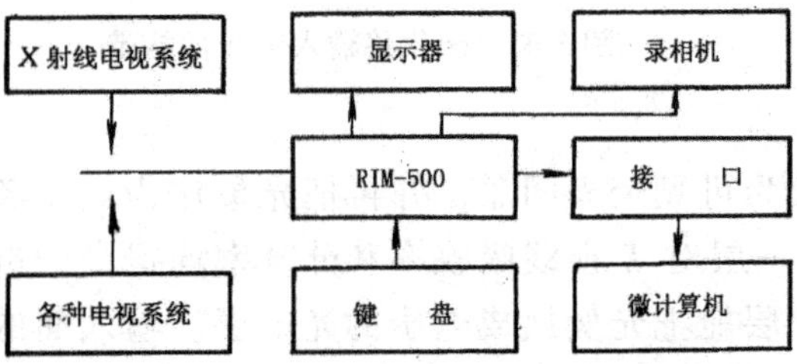

图 3-45　RIM-500 图象处理器工作框图

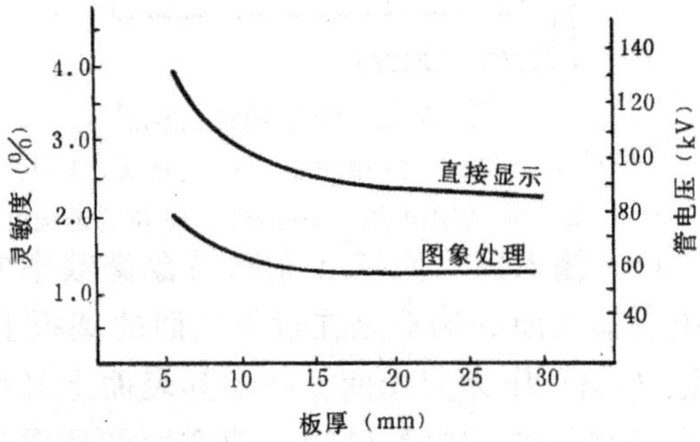

图 3-46　钢板透照灵敏度曲线

RIS-160N 对钢和铝板进行透照时，其相对灵敏度见图 3-46、图 3-47 和表 3-17，电视图象见图 3-48。

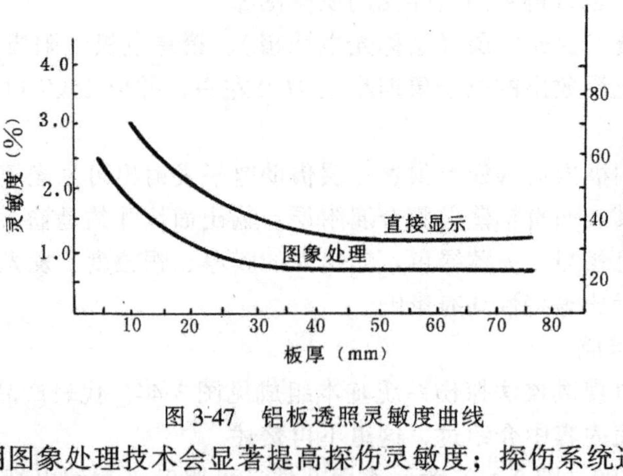

图 3-47　铝板透照灵敏度曲线

应该注意，使用图象处理技术会显著提高探伤灵敏度；探伤系统适合一定板厚范围，板太薄将使探伤灵敏度显著降低，这时应采用小焦点软 X 射线机，以提高探伤灵敏度。

四、X 射线光导摄象机直接成象法探伤

X 射线光导摄象机直接成象法探伤系统基本组成见图 3-49，代表产品 RIS-V（图 3-50）。

表 3-17　试验板厚下的灵敏度

项目 / 材料	厚度 (mm)	管电压 (kV)	灵敏度 (%)	
			无图象处理	图象处理
钢　板	20	112	2.3	1.3
铝　板	40	56	1.3	0.7

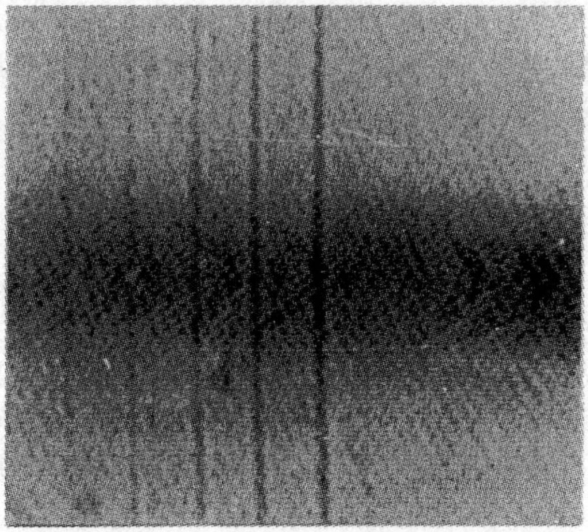

图 3-48　钢熔化焊平板对接接头

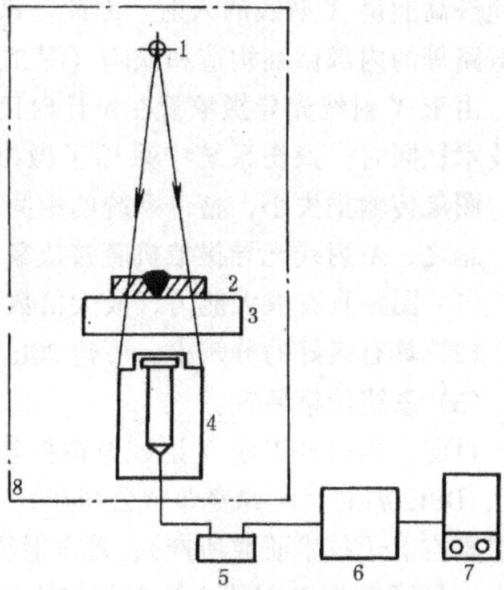

图 3-49　*X* 射线光导摄象机直接成象法探伤系统

1—射线源　2—工件　3—*x*－*y* 工作台　4—*X* 射线光导摄象机　5—控制器　6—图象处理器　7—监视器　8—防护设施

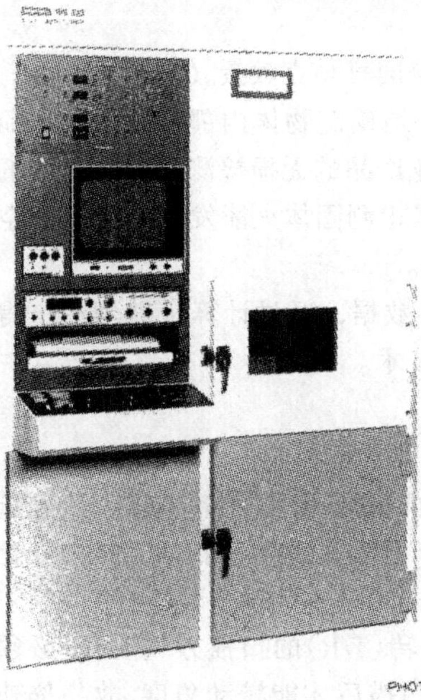

图 3-50　RIS-V 型产品

图 3-51　IC 内引线的连接

X射线光导摄象机是探伤系统关键部件，它具有将入射到X射线光导摄象管靶面上的X光信号转换为电信号的功能，输出的电信号大小与靶面上接收到的X光射线强度成正比。利用摄象机的扫描技术，可将X射线图象转换为标准的视频信号，然后馈送给监视器显示出该图象。目前，大多数情况下使用的是1″、$1\frac{1}{4}$″X射线光导摄象管，其靶面有效尺寸较小（例如本系统中所用RX-3000V型X射线光导摄象机有效视野为9×12mm），而且靶面较薄，不允许高能量X射线的入射。因此，该方法仅适用于检测薄焊缝、微电子器件、IC、LSI集成电路等的内部微细构造和缺陷（图3-51）。

由于X射线光导摄象管在设计时已经考虑了射线能谱和电离特性，并采用了先进的光导技术；同时，探伤系统中采用了微机图象处理器RIM-500。因此，探伤系统检测灵敏度高，图象传输损失小，整个系统的中间转换器件也大为减少。

总之，X射线光导摄象机直接成象法探伤具有以下显著特点：

（1）图象具有放大能力，放大倍数可达20~30。

（2）具有极好的分辨率，可达20lp/mm[⊖]。

（3）系统价格便宜。

目前，国内外工业X射线电视探伤系统产品很多，如TOSMICRON3000/4000（日本东芝产）、DP120/133（西德赛弗特公司产）、MU16RFS（荷兰飞利浦有限公司产）、HXT150（中国北京真空电子技术研究所产）、丹东射线仪器集团公司4010型工业电视系统等。同时，应该指出，尽管工业X射线电视探伤方法已在国内外获得广泛应用，但尚未形成有关国家标准，仅有各使用单位自拟的企业标准。

§3-5 射线计算机断层扫描技术

计算机断层扫描技术，简称CT（Computer tomography）。美国科马克教授（A.M.Cormaek）于60年代从数学和实验结果，证实了根据X射线投影可唯一地确定物体内部的结构，从而奠定了CT图象重建的理论基础。目前，CT技术已推广至工业产品的无损检测和其它领域的无损评价方面。例如，1983年美国SMS公司发表了用CT技术检测固体火箭发动机壳体真空电子束焊缝成形及内部质量监控，检测一道焊缝仅需16~20s。

CT技术是断层照相技术，它根据物体横断面的一组投影数据，经过计算机处理后，得到物体横断面的图象。所以，它是一种由数据到图象的重建技术。

一、射线CT原理

1.CT装置结构及工作原理

CT装置主要由探测源、接收检测器、扫描器、扫描传动机构、数据采集系统、图象重建系统及图象处理器和大量相应软件组成。通常是以探测源、接收检测器和扫描方式的变化来表达其演变过程（图3-52）。

第一代CT装置仅有一个接收检测器，采用直线平移加旋转(T/R)的扫描方式。由于必须作完探测源和接收检测器在垂直于其连线方向上的平行移动扫描后才能转动角度，故扫描速

⊖ lp/mm为对线/毫米。

度很慢。特点是采用笔形射线束，由散射引起的噪声非常小，但采集数据所占用的时间长。

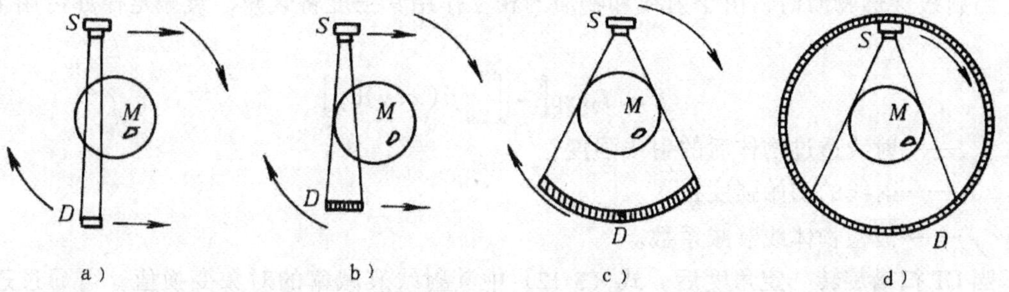

图 3-52　第 1～4 代 CT 装置演变过程示意图

a）第一代 CT 装置　b）第二代 CT 装置　c）第三代 CT 装置　d）第四代 CT 装置

S—探测源　D—接收检测器　M—被检物

第二代 CT 装置基本上与第一代相似，仍采用直线平移加旋转（T/R）扫描方式，但接收检测器增加为一排（6～10 个），采用小扇形射线束，提高了数据采集速度，但散射引起的噪声大于第一代 CT 装置。

第三代 CT 装置，较前二代有大的改进，采用只转动不平移的扇形束扫描（R/R）方式，足够多的接收检测器（≈300 个）能覆盖整个扇形扫描区域，大大加快了数据采集速度。

第四代 CT 装置设有更多的接收检测器（多达 600 个左右），分布于被测物体的四周，只需探测源及其大扇形射线束围绕被测物体旋转即可，因而具有更高的扫描速度。例如，最大可达 0.1～0.01s，能对匀速运动中的物体（如心脏）进行扫描。

第五代 CT 装置为动态空间重建装置（DSR），扫描速度更快，仅 20ms 左右，可进行连续快速扫描并能迅速重建所需要的三维活动图象。

目前，射线工业 CT 中主要应用第二、三代 CT 装置。

第二代射线工业 CT 装置工作原理见图 3-53。射线源与接收检测器固定在同一扫描机架上，同步地对被检物进行联动扫描。在一次扫描结束后，机架转动一个角度再进行下一次扫描，如此反复下去即可采集到若干组数据。例如平移扫描一次得到 256 个数据，那么每转 1°扫描一次，旋转 180°即可得到 $256 \times 180 = 46080$ 个数据，将这些信息综合处理，便可获得被检物体某一断面层的真实图象，显示于监视器上。

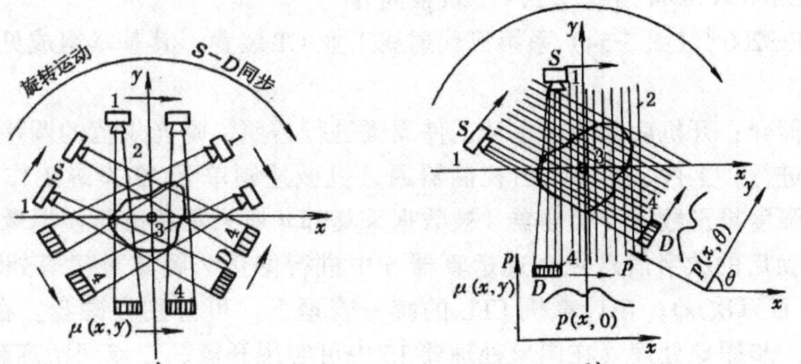

图 3-53　射线工业 CT 装置工作原理示意图

1—射线源　2—射线束　3—被检物　4—接收检测器

2. 射线 CT 的数学原理

当射线穿透物质时，由于射线和物质的相互作用其强度将衰减，衰减定律亦可用下式表达：

$$I = I_0 \exp\left[-\int_{-\infty}^{\infty} \mu(x,y)\mathrm{d}y\right] \tag{3-12}$$

式中 I——射线透过物体后的射线强度；

I_0——射线的初始强度；

$\mu(x, y)$——被检物体线衰减系数。

当 CT 扫描旋转一定角度后，式（3-12）中其射线衰减率的对数变换值，可通过透照数据 $p(x, \theta)$ 的关系式求得：

$$\begin{aligned} p(x,\theta) &= \ln(I_0/I) \\ &= \int_{-\infty}^{\infty} \mu(x\cos\theta - y\sin\theta, x\sin\theta + y\cos\theta)\mathrm{d}y \end{aligned} \tag{3-13}$$

引入滤波函数 $h(x)$后可按重积分方法求得：

$$\mu(x,y) = \frac{1}{2\pi}\int_0^{2\pi}\int_{-\infty}^{\infty} p(x',\theta)h(x-x')\mathrm{d}x'\mathrm{d}\theta \tag{3-14}$$

此时求得的 $\mu(x,y)$为显示于监视器上的变密度图象，从而可得到被检物体的二维断面层图象。

CT 图象重建理论可分为几何光学和非几何光学两大类，前者是假设射线沿直线行进，适用于一般射线和高能射线 CT；后者则要求考虑探测波束（电磁波或声波）穿过物体时产生的衍射、色散现象，故适用于超声 CT、微波 CT 等。几何光学重建理论以卷积滤波法最为实用，它根据不同的成象物体（被检对象）来选择卷积核和内插方式，以及决定投影数和取样间隔，使之既能获得良好图象质量，又尽可能节省时间。由计算机产生一个数字图象模型，并以一定精度求出它的雷当（Radon）变换，即用图象模型的模型数据作为 CT 图象重建程序的输入。由此可见，此时的图象并非是一般的射线照相图象，也不是通常的射线工业电视图象，而是经过电子计算机重建的完整三维图象。

据国外资料介绍，目前在优质的 *X* 射线 CT 装置中，医用 CT 的功率较低，但扫描速度和空间分辨率均较高，可诊检出 0.5%的密度差；工业用 CT 的功率较高，扫描速度和空间分辨率稍低，一般检测灵敏度高于 1%。

二、TOSCANER-3200 射线工业 CT 装置简介

TOSCANER-3200㊀（图 3-54）系第三代射线工业 CT 装置，其基本组成见图 3-55，应用实例见图 3-56。

工作过程简介：开机后射线源 1 从工件周围进行透照，曝光规范的调整由控制器 7 通过射线控制单元进行。工件 2 的转动由控制器通过机械控制单元 12 操纵工作台进行；经工件衰减后的射线强度投影数据经检测器 3 被数据采集部 4 所采集并进行模拟量到数字量的高速 *A/D* 转换。转换后的数字信息在高速运算器 5 中进行修正、图象重建等处理和暂存（操作速度达 10～20 百万次/s）；在计算机 CPU 的统一管理下，可分别存磁盘。在应用软件 14 支持下，可作进一步图象处理（在图象处理器 15 中可实现开窗、二点间距离测量、图象加

㊀ TOSCANER-3200 射线工业 CT 装置是日本东芝株式会社（TOSHIBA）的产品。

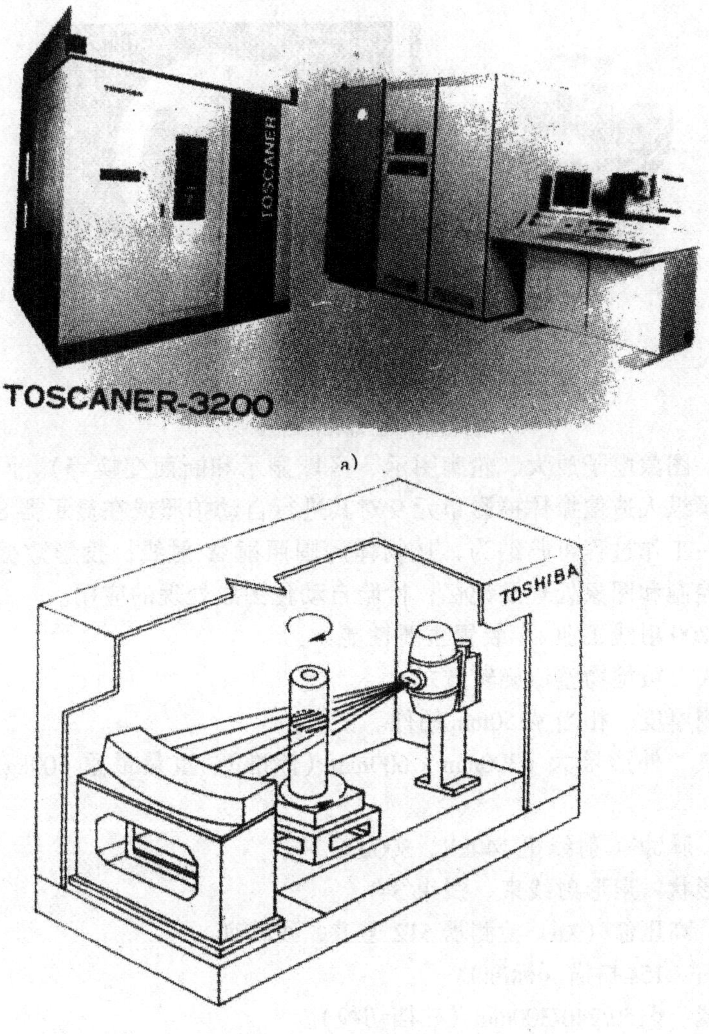

a)

b)

图 3-54　TOSCANER-3200 射线工业 CT 装置

a）产品照片　b）主机内部结构示意图

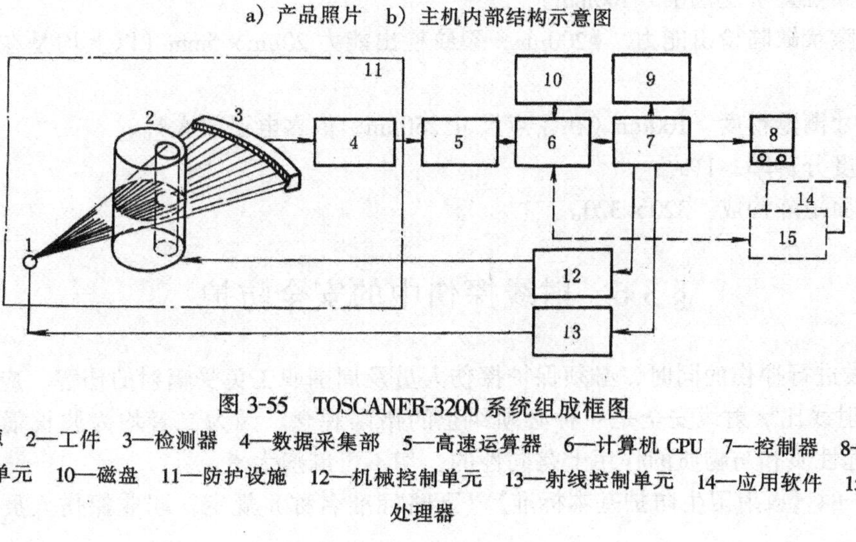

图 3-55　TOSCANER-3200 系统组成框图

1—射线源　2—工件　3—检测器　4—数据采集部　5—高速运算器　6—计算机 CPU　7—控制器　8—显示器　9—摄影单元　10—磁盘　11—防护设施　12—机械控制单元　13—射线控制单元　14—应用软件　15—图象处理器

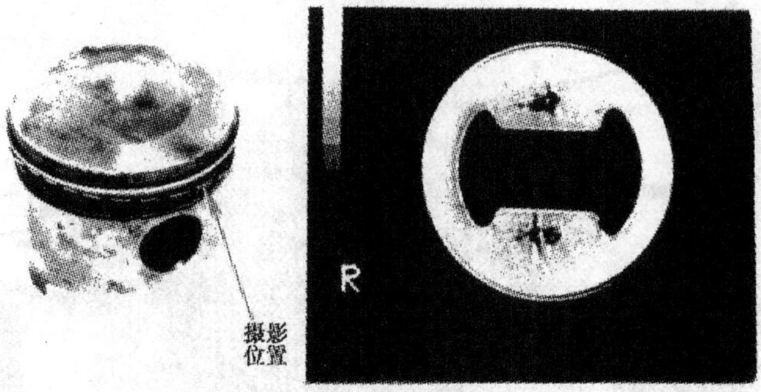

图 3-56　铝活塞铸件 CT 检测

（扫查断面上缩孔清晰可见）

减算、多帧画面、图象电子放大、轮廓图示、区域显示和断面变换等）。同时，重建的图象可通过控制器，操纵人造偏振体摄影单元 9 对其进行自动拍照或在显示器 8 上显示。

简言之，这一工作过程可归纳为，从物体周围照射 X 射线；投影数据的采集；数据修正、图象重建；控制和图象处理及记忆；检验自动化图象处理的应用。

TOSCANER-3200 射线工业 CT 装置主要性能：

（1）扫描方式　被检物整体旋转方式。

（2）最大检测厚度　相当 ϕ150mm 铝件。

（3）检查对象　外形最大 ϕ300mm × 600mm（标准），重量最重 100kg（大台面）、30kg（小台面）。

（4）射线源　脉冲 X 射线机 140kV、300mA。

（5）X 射线形状　扇形射线束、线束 34°。

（6）检测器　高压氙（Xe）检测器 512 通道、线阵列。

（7）检查时间　15s 扫描（标准）。

（8）摄影区域　ϕ150/240/300mm（三档切换）。

（9）断层厚度　0.5、2.5mm。

（10）断面位置可变范围　100mm。

（11）空隙状缺陷检出能力　ϕ200μm，裂纹检出能力 20μm × 5mm（以上均是在象点尺寸 300μm 时）。

（12）尺寸测量精度　100μm（在象点尺寸 250μm，依靠电子放大）。

（13）密度分辨率　1%。

（14）画面矩阵构成　320 × 320。

§ 3-6　射线探伤中的安全防护

利用射线进行探伤的同时，必须保护探伤人员及周围职工免受辐射的伤害。应该强调指出，认为 X 射线比 γ 射线安全是一种必须纠正的错误观念。因为二者均为波长很短的电磁辐射，在物理性质和与物质的作用上是同性的，切不可麻痹大意。

GB4792—84《放射卫生防护基本标准》（下略标准名称）规定，职业探伤人员年最高允许剂量当量为 5rem㊀，而终生累计照射剂量不得超过 250rem。

一、电离辐射的生物效应

射线对生物机体的作用机理主要是电离效应。其生物机制可分为直接作用和间接作用，并可归纳为下面三个环节：

1. 物理加强途径

这个过程主要是电离和激发作用，被激发的分子由于能量的储存和转移而损伤分子。

2. 化学加强途径

这个过程主要是 O_2、OH、H_2O_2 等自由基参与并产生了分子的化学迁移，对细胞的大分子键造成损害，直接影响酶的活性和酶系统的协调。

3. 生物化学加强途径

辐射能使排列很整齐的核蛋白分子松弛，蛋白质与核酸间链分解，可能产生对细胞的有害作用而导致死亡。

辐射的生物作用达到一定程度就导致机体损伤，呈慢性或急性的放射病。前者由小剂量的常年累计所致；后者可为一次大剂量照射所致。放射病常是致癌因素之一，并且可能影响下一代造成发育不全等。

二、保健物理和卫生保健的监督

实行保健物理监督是射线安全防护的一个重要环节，但却往往为探伤人员所忽视。应该明了个人剂量累计量的监测、工作场所剂量水平的监测（又称场强监测）的意义，除了保证在 GB4792-84 规定的水平下安全工作外，还是放射损伤医学诊断上的重要依据。实现这方面工作，主要的是正确选择监测技术，合理的使用监测仪器，建立一套监测数据整理、登记制度。

1. 剂量

(1) 吸收剂量　单位质量组织吸收射线的能量，叫作该生物组织接收射线的吸收剂量，单位为 rad（$1rad = 10^{-5}J/g$）。

(2) 剂量当量　吸收剂量、辐射种类修正系数与照射方式所对应的修正系数三者之积，叫作该种辐射在生物组织内所产生的剂量当量，单位为 rem。对于 X 和 γ 射线体外照射，其上述二项修正系数均为 1，故 1rad 的吸收剂量的剂量当量恰好等于 1rem。在一般的防护标准中，都采用剂量当量作为剂量限制量。

(3) 最高允许剂量　GB4792-84 规定，职业探伤人员年最高允许剂量当量为 5rem，在此剂量当量内探伤人员将不会引起不可恢复性病变。

2. 照射量

照射量由射线源的能量和强度决定，测量时受照介质为空气，通过射线对空气的电离本领来表示辐射场射线量的大小，单位为 R㊁。对于 X、γ 射线而言，可近似认为 1R = 1rad = 1rem，这样，剂量的测量就十分容易了。

3. 剂量率

人体吸收到的射线剂量大小与被照射的时间长短有关，单位时间内所受到的剂量叫剂量

㊀ rem 雷姆（Rontgen equivalent man）是剂量当量的单位，目前国际上建议改用新单位希沃特 SV（Sievert），$1rem = 10^{-2}SV$。

㊁ R 为伦琴（Rontgen），照射量的单位。$1R = 2.58 \times 10^{-4}C/kg$。

率，单位为 rem/h 或 mrem/h 等。

探伤场地的场强监测常用剂量仪进行。

卫生保健监督指的是从业前的体检和平时的定期医务监督，以便及时发现身体的异常变化，诊断治疗或排除其它影响。在这方面的一个积极预防措施就是定期休假、疗养。

三、安全防护

为使工作场所的剂量水平降到允许水平之下应采取以下防护措施。

1. 距离防护

在野外或流动性探伤时，利用距离防护射线是极为经济而有效的方法。若距离 X 射线管阳极靶的距离 R_1 处的射线剂量率为 P_1，在同一径向距离 R_2 处的剂量率为 P_2，则有

$$\frac{P_1}{P_2}=\frac{R_2^2}{R_1^2}$$

即

$$P_2=P_1\frac{R_1^2}{R_2^2} \tag{3-15}$$

式（3-15）表明，射线剂量率与距离平方成反比。增大距离 R_2，对该处的剂量率 P_2 的降低是十分显著的。因此，在没有防护物或防护层厚度不够时，利用增大距离的方法同样能够达到防护目的。

在实际探伤中，究竟采用多远距离安全，应当用剂量仪进行测量。

2. 时间防护

在可能的情况下，尽量减少接触射线的时间也是主要防护方法之一，因为人体所接受的总剂量是与辐射源接触的时间成正比。即

$$H=P_1t \tag{3-16}$$

式中　H——总剂量当量（mrem）；

P_1——剂量率（mrem/h）；

t——接触时间（h）。

如果要保证探伤人员每人每天实际接受剂量不大于 17.4mrem（GB4792—84），则下式成立

$$P_1t\leqslant 17.4 \quad 即 \quad t\leqslant 17.4/P_1$$

显然，P_1 大则时间 t 就应该小，即在一天内实际工作时间要短。如果我们在较大的剂量情况下拍片，可以用控制拍片张数来保证探伤人员在一天内不超过规定的最大允许剂量当量。

3. 屏蔽防护

屏蔽防护就是在射线源与探伤人员及其它邻近人员之间加上有效合理的屏蔽物，来防止射线的一种方法。屏蔽防护应用很广，如射线探伤机体衬铅、射线发生器用遮光器，现场使用流动铅房和建立固定曝光室的钡水泥墙壁等。应该注意探伤室的门缝及孔道的泄漏是实际中比较普遍存在的问题，必须妥善处理，原则上不留直缝、直孔，采用阶梯不要太多。有关屏蔽防护的具体设计、计算可查阅有关资料。

同时，应该注意，为了更好的防护射线，实际探伤中往往是三种防护方法同时使用。

第四章　超声波探伤

超声波探伤是利用超声波在物体中的传播、反射和衰减等物理特性来发现缺陷的一种探伤方法。按其工作原理可分为脉冲反射法、穿透法和共振法超声波探伤等；按其显示缺陷的方式可分为 *A* 型、*B* 型、*C* 型和 3*D* 型显示超声波探伤等；按所使用的超声波波型可分为纵波法、横波法、表面波法和板波法超声波探伤等；按声耦合的方式可分为直接接触法和液浸法超声波探伤等。

超声波探伤又称超声波检验。

§4-1　超声波探伤基本原理

超声波是频率大于 20000Hz 的机械振动在弹性介质中的一种传播过程。因此，是超声频率的机械波。

探伤中常用的超声波其频率为 0.5～10MHz。

一、超声波的产生和接收

超声波是由超声波探伤仪产生电振荡并施加于探头，利用其晶片的压电效应而获得。探头主要由保护膜、压电晶片和吸收块等组成（图 4-1）。

(1) 压电晶片　由压电材料切割成薄片制成，材料分单晶（石英、硫酸锂和碘酸锂等）和多晶（钛酸钡、钛酸铅和锆钛酸铅等压电陶瓷）两大类。晶片两表面敷有银层作电极，“－”极引出的导线接发射端，“＋”极接地。

(2) 吸收块　由环氧树脂、硬化剂（二乙烯三胺或乙二胺）、增塑剂（邻苯二甲酸二丁酯）、橡胶液和钨粉等浇铸在“－”极上。其作用是吸收杂波，并使晶片在激励电脉冲结束后将声能很快损耗掉而停止振动，以便接收反射声波。吸收块又称阻尼块。

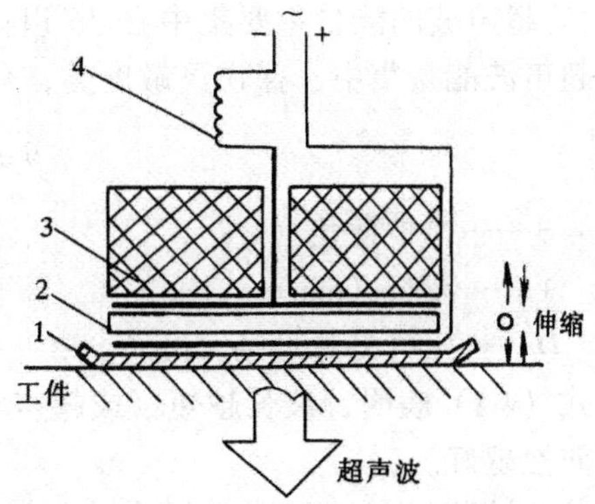

图 4-1　直探头内部结构及工作原理
1—保护膜　2—压电晶片　3—吸收块　4—匹配电感

(3) 保护膜　可使压电晶片免于和工件直接接触受磨损，其中软膜（耐磨橡胶、塑料等）用于粗糙表面的工件；硬膜（不锈钢片、刚玉片、环氧树脂等）声能量损失小，比软膜应用广。

(4) 匹配电感　对于压电陶瓷晶片制成的探头，其电气阻抗匹配是很重要的。加入与晶片并联的匹配电感（或电阻）可使探头与仪器的发射电路匹配，以提高发射效率。匹配电感（或电阻）有时也可装在仪器内部。

图 4-1 中，当高频电压加于晶片两面电极上时，由于逆压电效应，晶片会在厚度方向产

生伸缩变形的机械振动。若晶片与工件表面有良好耦合时，机械振动就以超声波形式传播进去，这就是发射。反之，当晶片受到超声波作用（遇到异质界面反射回来）而发生伸缩变形时，正压电效应又会使晶片两表面产生不同极性电荷，形成超声频率的高频电压，这就是接收。

利用压电效应使探头（压电晶片）发射或接收超声波，就使发现缺陷成为可能。因此，探头（压电晶片）是一较为理想的电声换能器。

二、超声波的性质

探伤中所用超声波具有以下性质：

1. 有良好的指向性

所谓超声波有良好的指向性，有以下二个含义：

（1）直线性　超声波的波长很短（毫米数量级），因此它在弹性介质中能象光波一样沿直线传播，并符合几何光学规律。由于声速对固定介质来讲是个常数，因此根据传播时间就能求得其传播距离，从而为探伤中缺陷定位提供了依据。

（2）束射性　声源发出的超声波能集中在一定区域（称为超声场）定向辐射。今以圆形压电晶片在液体介质中以脉冲波形式发射的纵波超声场（图 4-2）为例进行讨论，这时的超声场可视为理想声场。分析表明

1）超声波的能量主要集中在 2θ 以内的锥形区域内（图 4-2a）。θ 越小，波束指向性越好，超声波能量集中，探伤灵敏度高，分辨力高和定位精确。

$$\theta = \arcsin 1.22\frac{\lambda}{D} \tag{4-1}$$

式中　θ——半扩散角（°）；

λ——波长（mm）；

D——压电晶片直径（mm）。

式（4-1）表明，波长越短（或超声频率越高），压电晶片直径（声源尺寸）越大，则声束指向性越好。

2）近场区中由于波的干涉声压起伏很大（图 4-2b），这会使处于声压极大值处的较小缺陷回波较高，而处于声压极小值处的较大缺陷却回波较低，这必将引起误判。因此，超声波探伤中总是尽量避免在近场区定量。

$$N \approx \frac{D^2}{4\lambda} \tag{4-2}$$

式中　N——近场区长度（mm）。

3）超声场中不同纵截面上的声压分布是不同的（图 4-2c），而当 $x \geqslant N$（x—距压电晶片表面的距离）的各纵截面中心声压最高，偏离中心轴线的声压逐渐降低。实际探伤中测定探头波束轴线的偏离程度时，规定在 N 以外就是这个原因。

4）未扩散区（图 4-2a 中，$b \approx 1.64N$）内，波阵面近似平面，声场可看成是平面波声场，平均声压基本不变；扩散区其主波束可视为底面直径为 D 的截头圆锥体，当 $x \geqslant 3N$ 时，波束按球面波规律扩散。

应该指出，实际焊缝探伤中所用的常是金属介质中的脉冲波横波声场（简称实际声场），这要比以上分析的理想声场复杂的多，但二者有其基本相似之处。

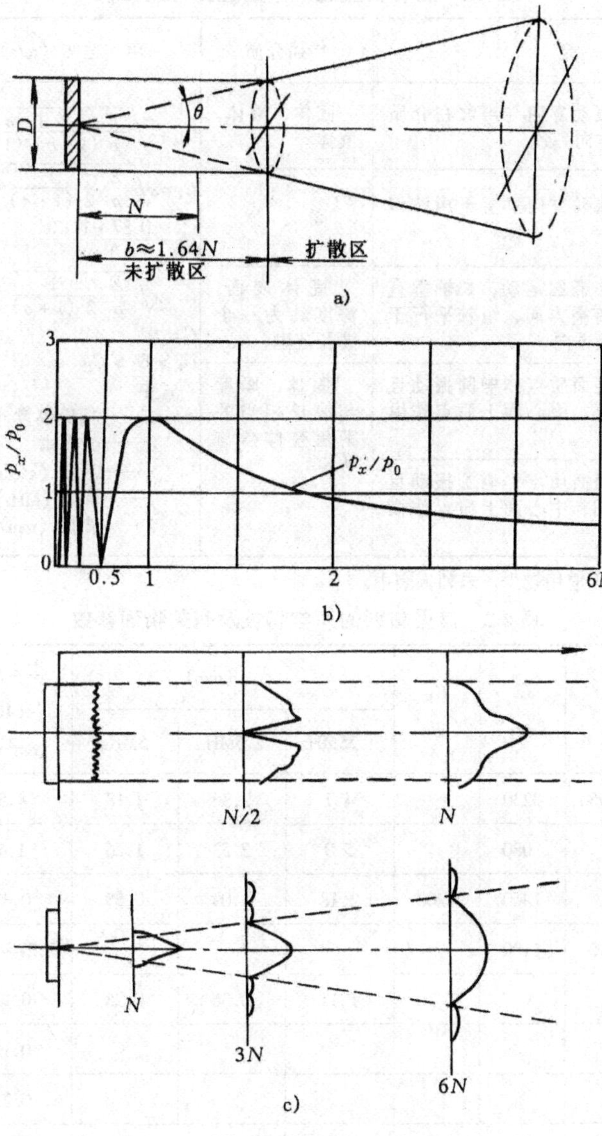

图 4-2 圆盘源超声场

a) 声束未扩散区与扩散区（N—近场长度） b) 轴线上声压分布（参见式 4-4） c) 纵截面声压分布

2. 能在弹性介质中传播，不能在真空中传播

超声波通过介质时，以介质质点的振动方向与波的传播方向间相互关系的不同，可分为纵波、横波、表面波和板波等。各类型波的传播介质和具有的特点见表 4-1、表 4-2。

应该注意，由于金属介质中能够通过不同传播速度的不同波型。因此，对金属（焊缝）进行探伤时必须选定所需超声波类型（通常选择横波），否则，会使回波信号发生混乱和得不到正确的探伤结果。同时，探伤中通常把空气介质亦作为真空处理，即认为超声波不能通过空气进行传播。

3. 界面的透射、反射、折射和波型转换

表 4-1 各种类型超声波的主要特点比较

<table>
<tr><th colspan="2">波　型</th><th>定　义</th><th>传播介质</th><th>声　速 C (m/s)</th><th>主要应用</th></tr>
<tr><td colspan="2">纵波 (L)</td><td>质点振动方向与声波在介质中传播方向一致</td><td>固体、液体，气体</td><td rowspan="5">$C_L=\sqrt{\frac{E}{\rho}\frac{1-\sigma}{(1+\sigma)(1-2\sigma)}}$
$C_s=\sqrt{\frac{E}{\rho}\frac{1}{2(1+\sigma)}}$
$C_R=\frac{0.87+1.12\sigma}{1+\sigma}\sqrt{\frac{E}{\rho}\frac{1}{2(1+\sigma)}}$
$C=f\lambda$
$C_L>C_s>C_R$
式中
E——杨氏模量 (MPa)
σ——泊松比
ρ——密度 (g/cm^3)
f——频率 (MHz)
λ——波长 (mm)</td><td>钢板、锻件、焊缝探伤</td></tr>
<tr><td colspan="2">横波 (S)</td><td>质点振动方向垂直于声波传播方向</td><td>固　体</td><td>焊缝、钢管探伤</td></tr>
<tr><td colspan="2">表面波
(瑞利波 R)</td><td>质点作椭圆运动，长轴垂直于声波传播方向，短轴平行于声波传播方向</td><td>固体表面，深度约为一个波长范围</td><td>钢板、钢管、锻件、复杂工件表面探伤</td></tr>
<tr><td rowspan="2">板波①(兰姆波)</td><td>对称型
(S 型)</td><td>上下表面质点作椭圆振动且相位相反，中心面上质点作纵向振动</td><td rowspan="2">固体，厚度与波长相当的薄板整体参与传声</td><td rowspan="2">薄板、薄壁钢管 ($\delta<6$mm) 等探伤</td></tr>
<tr><td>非对称型
(A 型)</td><td>上下表面质点作椭圆振动且相位相同，中心面上质点作横向振动</td></tr>
</table>

①SH 波也是板波一种，因应用较少，未列入表中。

表 4-2 常见材料的声学特性及有关物理参数

材　料	C_L (m/s)	C_s (m/s)	C_R (m/s)	λ_L (mm) 1.25MHz	2.5MHz	5MHz	$Z=\rho C_L$ ($\times10^6$g/(cm$^2\cdot$s))	ρ (g/cm^3)	σ
钢	5880 ~ 5950	3230		4.7	2.36	1.18	4.53	7.7	0.28
铝	6260	3080		5.0	2.53	1.26	1.69	2.7	0.34
有机玻璃	2720	1460	1200	2.18	1.09	0.55	0.321	1.18	0.324
环氧树脂	2400 ~ 2900	1100					0.27 ~ 0.36	1.1 ~ 1.25	
变压器油	1390			1.11	0.56	0.28	0.133	0.96	
机　油	1400						0.128		
水玻璃(38%容积)	1720						0.217	1.26	
甘油(100%)	1880						0.238	1.27	
水(20℃)	1480			1.18	0.59	0.3	0.148	1.0	
空　气	344						0.00004	0.0013	
钢中横波波长 λ_s(mm)				2.58	1.29	0.65			

超声波从一种介质入射到另一种介质时，经过异质界面将产生以下几种情况：

(1) 垂直入射异质界面时的透射、反射和绕射　当超声波从一种介质垂直入射到第二种介质上时，其能量一部分反射而形成与入射波方向相反的反射波，其余能量则透过界面产生一与入射波方向相同的透射波（图 4-3）。超声波反射能量 $W_{反}$ 与超声波入射能量 $W_{入}$ 之比称之为超声波能量反射系数，即 $K=W_{反}/W_{入}$。K 值见表 4-3。

显然，异质界面上的反射是很严重的，尤其固—气界面 $K\approx100\%$，因此，探伤中良好的耦合是一必要条件。当然，焊缝与其中缺陷构成的异质界面也正因为有极大的反射才使探伤成为可能。同时，反射系数 K 值仅决定于二介质声阻抗 Z 之差，且差值越大，则 K 值越大，而与何者为第一介质无关。

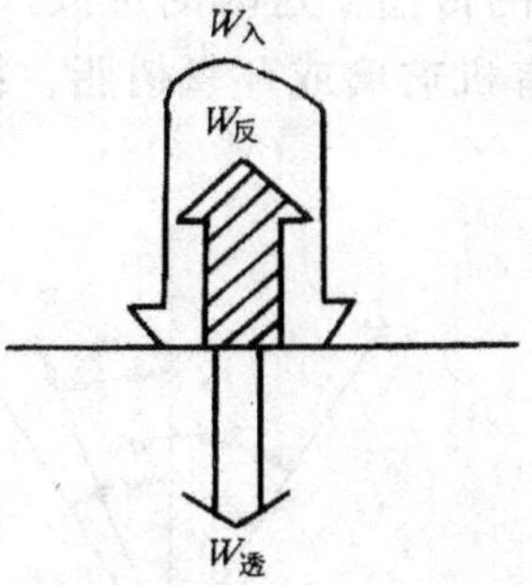

图 4-3　超声波垂直入射异质界面时

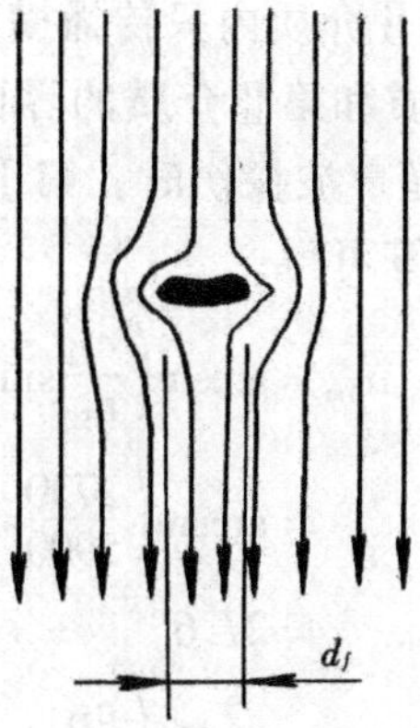

图 4-4　超声波的绕射现象

表 4-3　异质界面反射系数 K　　（%）

钢—钢	0
钢—有机玻璃	77
钢—变压器油	81
钢—水	88
钢—空气	100
有机玻璃—变压器油	17
有机玻璃—空气	100

当界面尺寸 d_f 很小时，声波将能绕过其边缘继续前进，即产生波的绕射（图 4-4）。由于绕射使反射回波减弱，一般认为超声波探伤中能探测到的最小缺陷尺寸为 $d_f = \lambda/2$，这是一个重要原因。显然，要想能探测到更小的缺陷，就必须要提高超声波的频率。

(2) 倾斜入射异质界面时的反射、折射、波型转换和聚焦　若超声波由一种介质倾斜入射到另一种介质时，在异质界面上将会产生波的反射和折射，并产生波型转换（图 4-5）。

按几何光学原理，不同波型的声波入射角、反射角、折射角的关系为：

$$\frac{\sin\alpha}{c_L} = \frac{\sin\alpha_L}{c_{L1}} = \frac{\sin\alpha_s}{c_{s1}} = \frac{\sin\gamma_L}{c_{L2}} = \frac{\sin\gamma_s}{c_{s2}} \tag{4-3}$$

式中　c_L、c_{L1}——介质Ⅰ的纵波声速（m/s）；

c_{s1}——介质Ⅰ的横波声速（m/s）；

c_{L2}——介质Ⅱ的纵波声速（m/s）；

c_{s2}——介质Ⅱ的横波声速（m/s）；

α——声波入射角（°）；

α_L——纵波反射角（°）；

α_s——横波反射角（°）；

γ_L——纵波折射角（°）；

γ_s——横波折射角（°）。

从式（4-3）知，当入射角增大时，折射角和反射角随之增大。从图 4-5 知，当纵波折射角为 90°时，在第Ⅱ介质内只传播横波，这时的声波入射角称第一临界角；当横波折射角为 90°时，在第Ⅰ介质和第Ⅱ介质的界面上产生表面波的传播，这时的声波入射角称第二临界角。在进行焊缝超声波探伤时，第Ⅰ介质为探头的有机玻璃或环氧树脂，第Ⅱ介质为钢材，则按式（4-3）计算可得：

第一临界角 $\alpha_{1m} = \arcsin\left(\dfrac{c_{L1}}{c_{L2}}\sin\gamma_L\right)$

$$= \arcsin\left(\frac{2730}{5900}\sin 90°\right)$$

$$= 27.6°$$

第二临界角 $\alpha_{2m} = \arcsin\left(\dfrac{c_{L1}}{c_{s2}}\sin\gamma_S\right)$

$$= \arcsin\left(\frac{2730}{3230}\sin 90°\right)$$

$$= 57.7°$$

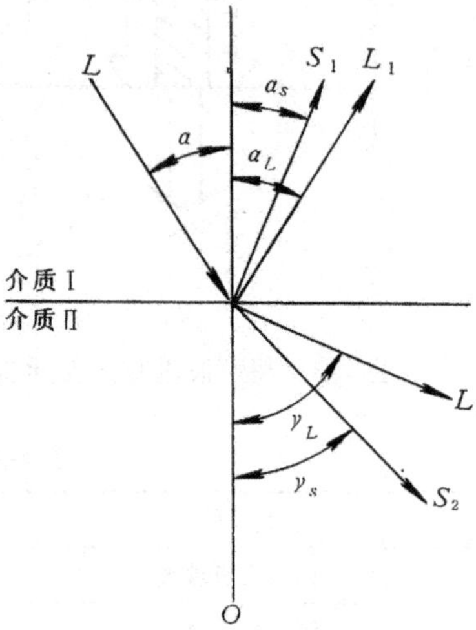

图 4-5 超声波纵波倾斜入射时的反射与折射（$Z_1 < Z_{II}$）

由第一、二临界角的物理意义可知：

1）当 $\alpha < \alpha_{1m}$时，第Ⅱ介质中既存在折射纵波又存在折射横波，这种情况在探伤中不采用。

2）当 $\alpha = \alpha_{1m} \sim \alpha_{2m}$时，第Ⅱ介质中只存在折射横波。这是常用的斜探头的设计原理和依据，也是横波探伤的基本条件。

3）当 $\alpha > \alpha_{2m}$时，第Ⅱ介质中既无折射纵波又无折射横波，但这时在第Ⅱ介质表面形成表面波，这是常用表面波探头的设计原理和依据。

因为超声波进入介质后有产生折射的性质，所以如同光线一样，可利用透镜产生聚焦性能。聚焦所用声透镜可用液体、金属、有机玻璃和环氧树脂等材料制作。通常作成点聚焦（球凹面）和线聚焦（柱凹面）声透镜。同理，对于曲面工件的探伤由于曲面的凹向亦将产生聚焦和发散的问题，对探伤产生影响。

4. 具有可穿透物质和在物质中有衰减的特性

超声波这一性质与射线相似，但超声波具有更强的穿透能力。这是因为超声波在介质中的传播就是声能的传播，由于声能（声强）与频率的平方成正比，而探伤用超声波频率远高于声波（例如 1MHz 超声波能量大约是 1kHz 声波的 100 万倍），因而超声波的能量很大。同时，超声波在大多数介质中，尤其是在钢等金属材料中传播时，传输损失少，传播距离大，一般可达数米远，因此穿透能力强。所以超声探伤能有较大的探测深度，这是其它探伤方法不能比拟的。

超声波的衰减主要有以下三个原因：

1）散射引起的衰减　这是由于声波在不均匀的和各向异性的金属晶粒的界面上产生折射、反射和波型转换所致。一般说，频率越高、晶粒尺寸越大，散射引起的衰减越厉害。当波长与晶粒平均尺寸的比值约为3时，其衰减量最大。实际探伤中，由于奥氏体钢焊缝晶粒粗大（晶粒平均尺寸常可达数毫米），衰减很严重，同时在示波屏上形成“草状回波”，显著降低了探伤时的信噪比（图4-6）。

2）吸收引起的衰减　超声波传播时，介质质点间产生相对运动，互相摩擦使部分声能转换为热能，通过热传导引起衰减。对于金属介质的吸收衰减与散射衰减相比，几乎可略去不计，但对于液体介质吸收衰减则是主要的。

3）声束扩散引起的衰减　这是因为随着传播距离的增大，波束截面增大使单位面积上声能逐渐减少所致。声压下降规律参见图4-2b。

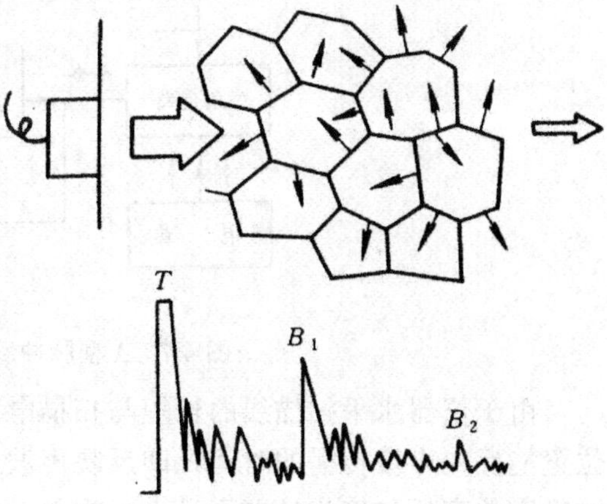

图4-6　粗晶引起的草状回波

T—始波　B_1——一次底波　B_2——二次底波

总之，在金属材料的超声波探伤中，主要考虑散射引起的衰减，其规律如下：

$$p_x = p_0 e^{-\alpha x} \tag{4-4}$$

式中　p_x——离压电晶片表面为 x 处的声压(Pa)；

p_0——超声波原始声压（Pa）；

e——自然对数的底；

α——金属材料的（散射）衰减系数（dB/m）；

x——超声波在材料中传播的距离（m）。

式（4-4）表明，声压按负指数规律衰减。同时研究指出，散射衰减系数 α 与频率 f、晶粒平均直径 d 及各向异性系数 F 有关，且当 $d \ll \lambda$ 时，α 与 f^4、d^3 成正比。因此，探伤晶粒较粗大工件时，为减少散射衰减而常选用较低的工作频率。而可淬硬钢的焊缝亦建议在其调质热处理晶粒得到细化后再进行超声波探伤。

在探伤晶粒较粗大和大型工件时，应测定衰减系数 α，并在定量计算时考虑材质衰减的影响，以便减小定量误差。

三、脉冲反射法超声波探伤基本原理

脉冲反射法是超声波探伤中应用最广的方法。其基本原理是将一定频率间断发射的超声波（称脉冲波）通过一定介质（称耦合剂）的耦合传入工件，当遇到异质界面（缺陷或工件底面）时，超声波将产生反射，回波（即反射波）为仪器接收并以电脉冲信号在示波屏上显示出来，由此判断缺陷的有无，以及进行定位、定量和评定。根据回波的表示方式不同，该方法又可分为A型显示、B型显示、C型显示和3D显示法等。

1.A型显示超声波探伤原理

A型脉冲反射式超声波探伤仪（图4-7）接通电源后，同步电路产生的触发脉冲同时加至扫描电路和发射电路。扫描电路受触发开始工作产生锯齿波扫描电压，加至示波管水平（X 轴）偏转板，使电子束发生水平偏转，在示波屏上产生一条水平扫描线（又称时间基线）。与此同时，发射电路受触发产生高频窄脉冲加至探头，激励压电晶片振动，在工件中产生超声波。超声波在工件中传播遇到缺陷和底面发生反射，回波为同一探头或接收探头所接收并被转变为电信号，经接收电路放大和检波，加至示波管垂直（Y 轴）偏转板上，使电子束发生垂直偏转，在水平扫描线的相应位置上产生缺陷波 F、底波 B。

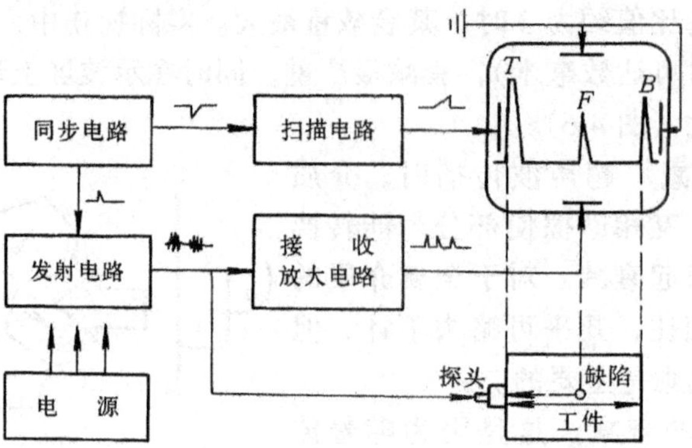

图 4-7 A 型脉冲反射式超声波探伤仪电路框图

由于仪器水平扫描线的长短与扫描电压有关，而扫描电压与时间成正比，因此反射波的位置能反映声波传播的时间，即反映声波传播的距离，故由此可以对缺陷定位。又由于反射波幅度的高低与接收的电讯号大小有关，电讯号的大小取决于接收的反射声能多少，而反射声能又与缺陷反射面的形状和尺寸有一定关系，因此反射波幅度的高低将间接的反映出缺陷的大小，故由此可以对缺陷定量和评价。

简言之，A 型显示脉冲反射法超声波探伤目前应用最广，其主要特点是示波屏上纵座标代表反射波的振幅，横坐标代表超声波的传播时间。它虽不能实现缺陷成象的目的，但却是脉冲回波超声波成象的基础。

2. B 型显示超声波探伤基本原理

B 型显示是脉冲回波超声波平面成象的一种。它是以亮点显示接收信号，以示波屏面代表被探伤对象由探头移动线和声束决定的截面。纵坐标代表声波的传播时间，横坐标代表探头的水平位置，它可以显示出缺陷在横截面上的二维特征。完成这种显示的探头动作方式称为 B 扫描。

B 型探伤仪（参见图 4-8）接通电源后，同步电路触发发射电路，使探头发射超声波。同时还触发 *Y* 轴扫描电路，将锯齿波电压加到示波管（这里采用长余辉示波管或存贮示波管）*Y* 轴偏转板上。随探头位置变化而变化的直流电位加到 *X* 轴偏转板上。探头接收到的回波信号经放大电路放大后，加到示波管的栅极进行扫描亮度调制（即辉度调制，亮点显示

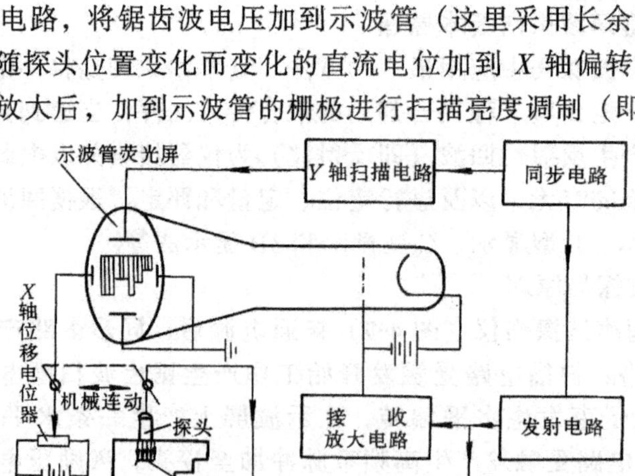

图 4-8 B 型显示原理框图

接收信号)。当探头在工件上沿一直线移动时，则示波屏上就以探头在被检材料表面上的位置和声波传播时间为直角坐标显示出图象。

对于B型显示，探头只需实现一维扫描即可成象。

3.C型显示超声波探伤基本原理

C型显示是脉冲回波超声波平面成象的一种，它是以亮点或暗点显示接收信号。示波屏面所表示的是被探伤对象某一定深度上与声束相垂直的一个平面投影象，一幅画面只能显示同一深度上不同位置的缺陷。完成这种显示的探头动作方式称为C扫描。为保证成象精确度，一般都采用水浸法探伤。

C型探伤仪（参见图4-9）中有一电子深度门，门的前沿及宽度都是可以调节的。探头在某一部位所接收到的回波被送到接收电路中去放大，但只有落在门范围之内的才能作为亮度调制信号加到示波管的栅极上，并在示波屏上形成一亮点。亮点在屏上位置与探头在工件上的位置是相对应的。通常深度门被调到使前表面反射及后表面反射刚好被排除在外。这样，当探头在工件表面按一定形式（一般采用平行扫查）移动以对整个工件表面作出扫查后，在示波屏上即可得到整个体积内缺陷或界面的俯视图。通过将深度门调成窄的宽度，可以记录来自试件内平行扫描面的某一层中的回波，而将其它部分的信号排除在显示之外。

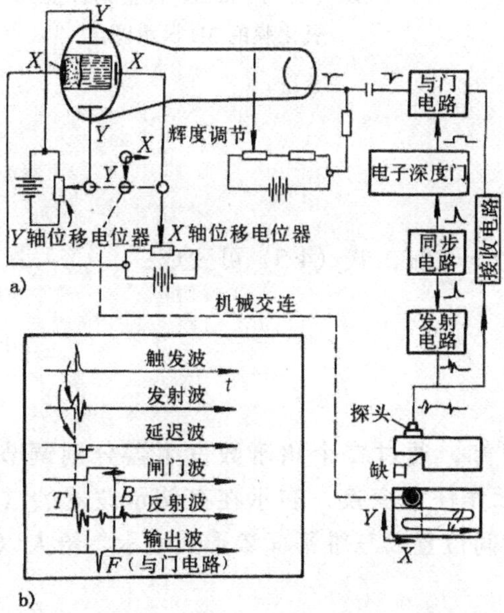

图4-9 C型显示原理框图

a）方框图 b）波形图

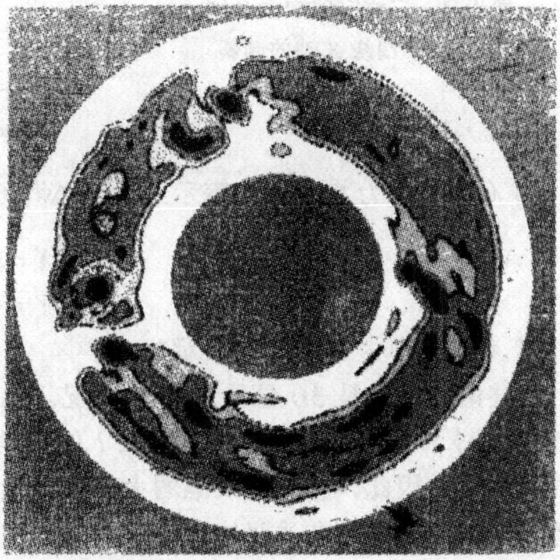

图4-10 陶瓷环彩色C型显示

早期C型显示的缺点是只能检测出缺陷的长度和宽度，而不能测出其埋藏深度，现改用彩色荧光屏显示，以不同颜色来表示埋藏深度，弥补了上述的不足（图4-10)。

4.3D显示超声波探伤基本原理

B型显示和C型显示的不足之处是对于缺陷的深度和空间分布不能一次记录成象，而3D显示技术能把B、C显示相结合产生一个准三维的投影图象，同时能表示出缺陷在空间的特征。为此，必须研究用成象平面的二维图象来表示出三维空间的坐标关系，这可通过使被检工件的三维空间坐标 x、y、z 作适当的坐标变换来达到。经过坐标变换后，成象平面上的 X、Y 坐标与工件三维空间坐标 x、y、z 之间有如下关系：

$$\left.\begin{aligned} X &= x\cos\Delta\phi + y\sin\Delta\phi \\ Y &= (y\cos\Delta\phi - x\sin\Delta\phi)\cos\Delta\gamma - z\sin\Delta\gamma \end{aligned}\right\} \tag{4-5}$$

式中，$\Delta\phi$ 和 $\Delta\gamma$ 分别表示三维空间绕 z 轴按逆时针方向转过的角度，以及三维空间围绕 X 轴按顺时针方向倾斜的角度（图 4-11）。当 $\Delta\phi=0$，$\Delta\gamma=0$ 时，式（4-5）可变成：

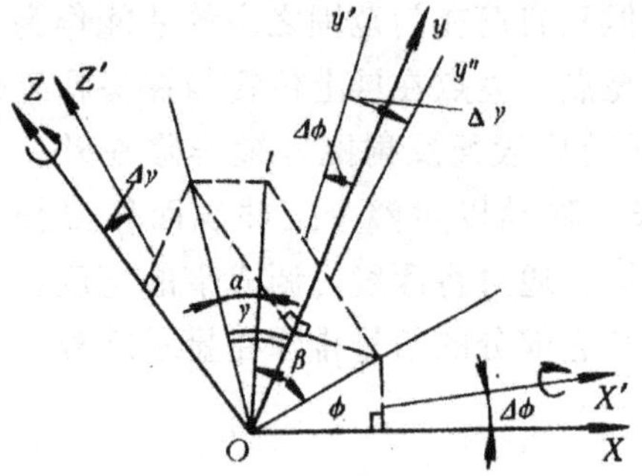

图 4-11　三维空间围绕 Z 轴的旋转和围绕 X 轴的倾斜

图 4-12　用 M-200 检查铝合金氧化膜的 3D 显示图象

$$\left.\begin{aligned} X &= x \\ Y &= y \end{aligned}\right\} \tag{4-6}$$

式（4-6）即为 C 扫描的表示式。当 $\Delta\phi=0$，$\Delta\gamma=\dfrac{\pi}{2}$时，式（4-5）可变成：

$$\left.\begin{aligned} X &= x \\ Y &= -z \end{aligned}\right\} \tag{4-7}$$

式（4-7）即为 B 扫描的表示式。

上述两种情况是 3D 显示的特殊情况。由上可知，通过二个角函数发生器分别调节式（4-5）中 $\Delta\phi$ 和 $\Delta\gamma$ 就可以把空间线段 l 的直角坐标作任意变换，表示在存储示波器的 X-Y 平面坐标内。因此，它能使缺陷的大小、形状及空间位置以三维平面象形式表示，给人以直观感觉，缺陷就如处在透明体内一样，一目了然。

图 4-12 是用 M-200 拍摄的 3D 显示图象，外框线表示扫描时超声波对试样的作用空间，底部白色区域相应于 C 型显示的无缺陷部分，黑色区域表示缺陷（氧化膜）在底部的投影，中间三个白色块表示缺陷（氧化膜）。此图不仅可清楚看出三块氧化膜的大小和形状，而且给出了空间分布的概念。

§4-2　超声波探伤设备

超声波探伤仪、探头和试块是超声波探伤的重要设备，了解其原理、构造、主要性能及用途，是正确选择和有效进行探伤工作的保证。

一、探头

探头又称压电超声换能器，是实现电—声能量相互转换的能量转换器件。

1. 探头的分类

由于工件形状和材质、探伤的目的及探伤条件等不同，因而将使用各种不同形式的探头（图 4-13）。

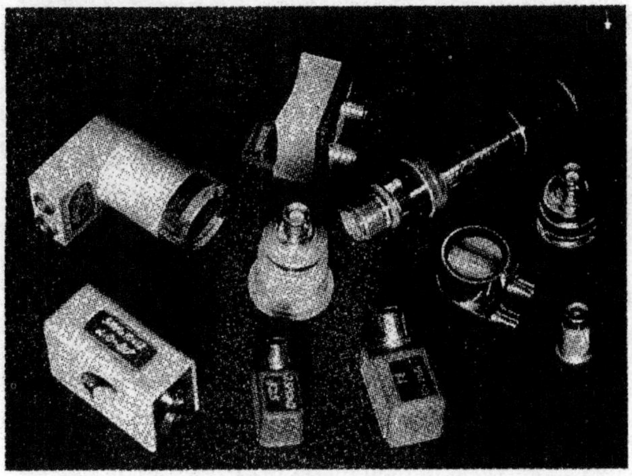

图 4-13 各种形式的探头

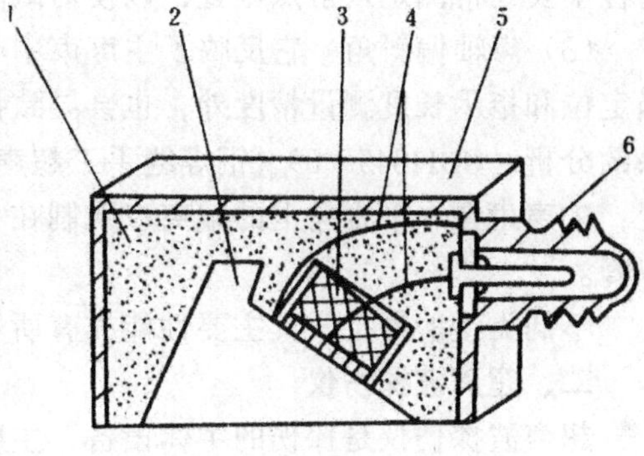

图 4-14 斜探头结构

1—吸收块 2—斜楔块 3—压电晶片 4—内部电源线 5—外壳 6—接头

在焊缝探伤中常采用下面介绍的几种探头。

（1）直探头 声束垂直于被探工件表面入射的探头称为直探头，可发射和接收纵波。典型结构参见图 4-1。

（2）斜探头 利用透声斜楔块使声束倾斜于工件表面射入工件的探头称为斜探头，典型结构见图 4-14。图中斜楔块 2 用有机玻璃制作，它与工件组成固定倾角的异质界面，使压电晶片 3 发射的纵波通过波型转换，以折射横波在工件中传播。其它组成部分的材料和作用同直探头的相应部分。通常横波斜探头以钢中折射角标称：$\gamma = 40°$、45°、50°、60°；70°；有时也以折射角的正切值标称：$K = \text{tg}\gamma = 1.0$、1.5、2.0、2.5、3.0。

（3）水浸聚焦探头 基本结构见图 4-15。声透镜由环氧树脂浇铸成球形或圆柱形凹透镜，遵循折射定律可使声束会聚到一点或一条线，前者称点聚焦探头，后者称线聚焦探头。由于声束会聚区能量集中，声束尺寸小，因而可提高灵敏度和分辨力。

（4）双晶探头 双晶探头又称分割式 TR 探头，内含二个压电晶片，分别为发射、接收晶片，中间用隔声层隔开。主要用于近表面探伤和测厚。

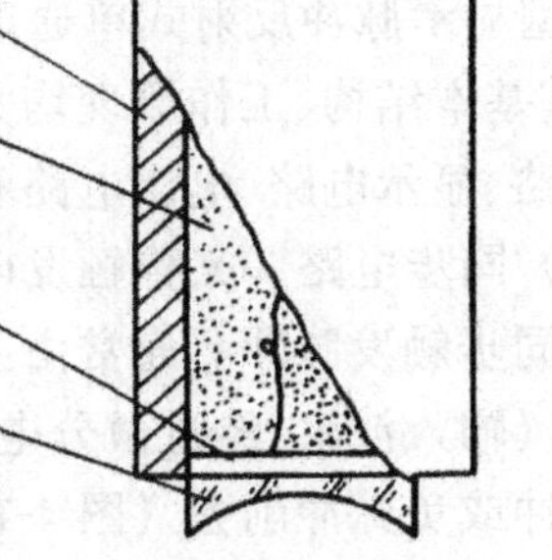

图 4-15 水浸聚焦探头基本结构

1—接头 2—外壳 3—阻尼块 4—压电晶片 5—声透镜

2. 探头主要性能

探头性能的好坏，直接影响着探伤结果的可靠性和准确性。因此，对其有关指标均有一定的要求（ZBY231—84 超声探伤用探头性能测试方法)，并需通过测试以保证产品质量。

这里仅介绍焊缝超声波探伤中常用的斜探头的主要性能。

(1) 折射角 γ（或探头 K 值） γ 或 K 值大小决定了声束入射于工件的方向和声波传播途径，是为缺陷定位计算提供的一个有用数据。因此探头使用磨损后均需测量 γ 或 K 值。

(2) 前沿长度 声束入射点至探头前端面的距离称前沿长度，又称接近长度。它反映了探头对焊缝可接近的程度。入射点是探头声束轴线与楔块底面的交点，探头在使用前和使用过程中要经常测定入射点位置，以便对缺陷准确定位。

(3) 声轴偏斜角 它反映了主声束中心轴线与晶片中心法线的重合程度，除直接影响缺陷定位和指示长度测量精度外，也会导致探伤者对缺陷方向性产生误判，从而影响对探伤结果的分析。GB11345—89《钢焊缝手工超声波探伤方法和探伤结果分级》（下略标准名称）规定：主声束在水平方向上的偏离应限制在2°范围内；主声束垂直方向的偏离，不应有明显的双峰。

不同类型的探头，其主要性能亦有所不同，同时，有些性能还受探伤仪影响。

二、超声波探伤仪

超声波探伤仪是探伤的主体设备，主要功能是产生超声频率电振荡，并以此来激励探头发射超声波。同时，它又将探头送回的电信号予以放大、处理，并通过一定方式显示出来。

1. 超声波探伤仪的分类

按超声波的连续性可将探伤仪分为脉冲波、连续波和调频波探伤仪三种。由于后二种探伤仪的探伤灵敏度低，缺陷测定有较大局限性，故在焊缝探伤中均不采用。

按缺陷显示方式，可将探伤仪分为 A 型显示、B 型显示、C 型显示和 3D 显示超声波探伤仪等，这些探伤仪基本探伤原理前面已作过介绍。

按超声波的通道数目又可将探伤仪分为单通道和多通道探伤仪二种。前者仪器由一个或一对探头单独工作；后者仪器则是由多个或多对探头交替工作，而每一通道相当于一台单通道探伤仪，适用于自动化探伤。例如，BCST-9 型双通道超声波探伤仪；CTS-20 型 80 通道超声波探伤仪（专为中厚钢板自动探伤设计的穿透式探伤仪器）等。

目前，焊缝探伤中广泛使用的超声波探伤仪，如 CTS-22、CTS-26（图 4-16）、JTS-5、JTSZ-1、CST-3、CST-7 等均是 A 型显示脉冲反射式单通道超声波探伤仪。

2. 超声波探伤仪的一般工作原理

A 型显示脉冲反射式单通道超声波探伤仪相当一种专用示波器，尽管型号、性能有所不同，但其基本结构、工作原理均大同小异。探伤仪电路主要由同步电路、扫描电路、发射电路、接收电路、显示电路、电源电路和辅助电路等单元电路组成。电路原理框图参见图 4-7。

(1) 同步电路 又称触发电路，仪器各部分的时序由它决定，即它产生使整个仪器协调工作的同步触发脉冲。通常由主控振荡器（例如，可调的多谐振荡器）产生周期性的矩形同步脉冲（输入波），经过微分电路产生微分波（正负脉冲），再经削波电路根据需要用二极管将正脉冲或负脉冲削去（图 4-17）。即可用此正或负脉冲去触发扫描电路和发射电路等，并使其同步工作。

触发脉冲的时间间隔称为触发周期，其倒数就是重复频率，一般为 50Hz ~ 10KHz。

(2) 扫描电路 又称时基电路。它产生锯齿波电压，使示波屏电子束能沿水平方向自左向右的匀速扫描。扫描光点的位移速度与加在示波管水平偏转板上的锯齿波电压有关。因此，

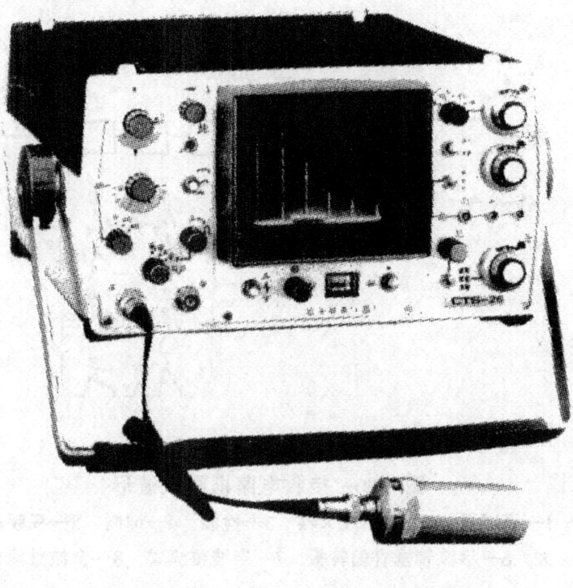

图 4-16　CTS-26 超声波探伤仪

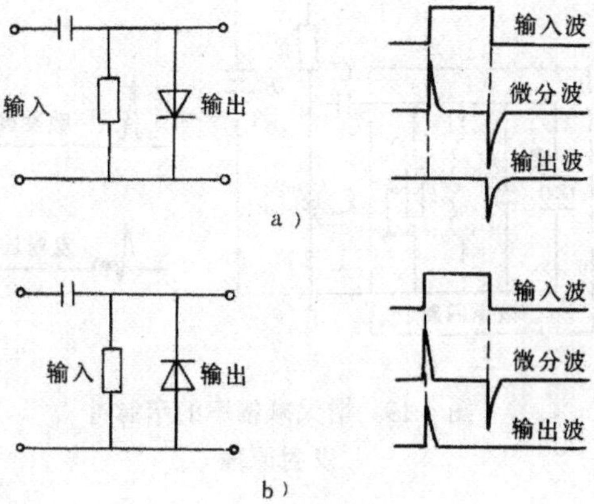

图 4-17　矩形同步脉冲的变换
a）负触发脉冲　b）正触发脉冲

只要控制锯齿波电压的斜率，就能控制扫描速度，使之与声波在介质中的传播时间相一致，从而达到调节探测范围的目的。探伤仪面板上的深度粗调、微调、扫描延迟旋钮，都是扫描电路的控制旋钮。扫描电路框图及其波形见图 4-18。

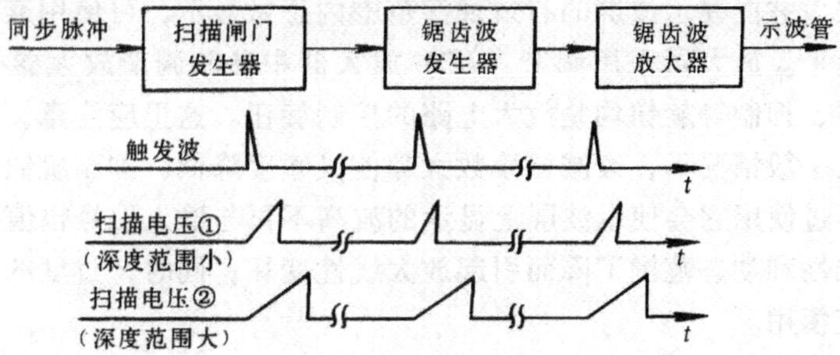

图 4-18　扫描电路方框图及其波形

扫描电路每秒钟内工作次数取决于同步脉冲的触发次数。

(3) 发射电路　为缩小盲区、提高探测精度，目前多采用窄脉冲发射电路。图 4-19 是增大减幅率窄脉冲发射原理电路，工作过程如下：稳态时，晶闸管不导电，电容器 C 充电（$E_{(+)}$→R→C→谐振回路→地）。当正触发脉冲加到晶闸管控制极使其导电时，电容器 C 通过晶闸管放电（$C_{(+)}$→晶闸管→地→谐振回路→$C_{(-)}$），在谐振回路内引起谐振 $f=1/\left(2\pi\sqrt{L_0C_0}\right)$。$C_0$ 为探头本身的电容和线圈 L_0 的分布电容及其它分布电容之和，L_0 为谐振线圈，有时它也装在探头内部（参见图 4-1 中的匹配电感）。R_0 称为阻尼电阻，用发射强度旋钮可改变其阻值，阻值大则发射强度高。同时，因 R_0 与探头并联，改变 R_0 同时也改变了

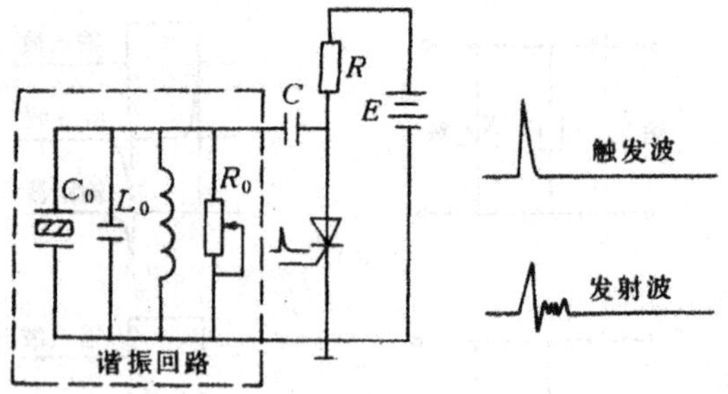

图 4-19 增大减幅率的窄脉冲发射原理

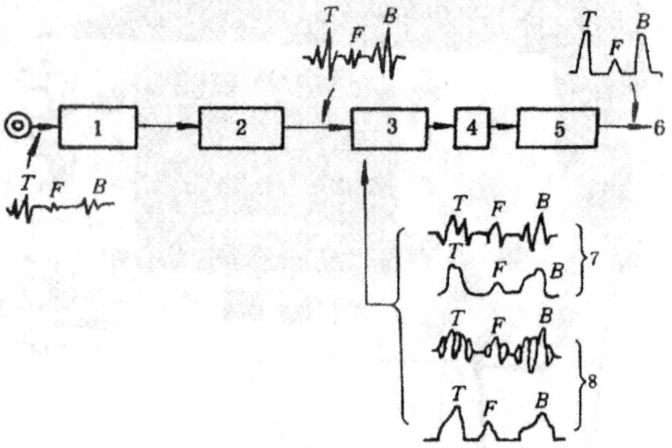

图 4-20 接收电路框图及波形

1—衰减器 2—高频放大器 3—检波 4—抑制 5—视频放大 6—示波管垂直偏转板 7—半波整流式 8—全波整流式

探头电阻尼大小，即影响探头分辨力。发射波可为几百伏至上千伏的高压负脉冲，加到探头晶片上，经过电—声转换，产生高频机械振荡，进入被检工件，形成脉冲超声波。

超声脉冲一般包括几个高频振荡周期。它有一定的频带宽度，其中心频率称为工作频率或标称频率。控制发射脉冲电压的高低或脉冲宽度，就能控制超声波的发射强度。

(4) 接收电路　由衰减器、高频放大器、检波器和视频放大器等组成（图 4-20)。

由于来自探头的回波信号电压很微弱（一般为毫伏级)，而示波管全调制所需电压要数十伏，所以接收电路应具有 10^5 放大能力（即 100dB)。同时，为使缺陷回波信号电压能在放大器内得到正常放大并能在示波屏的有效观察范围内正常显示，可使用衰减器来改变输入到某级放大器信号电平。放大器采用调谐（*LC*）放大器中参差调谐放大器电路，探伤仪面板上的增益、衰减器、抑制等旋钮均是放大电路的控制旋钮。这里应注意，增益数值大，则探伤灵敏度高，而在一般情况下，衰减器读数大却使灵敏度降低；抑制旋钮的作用可抑制草状杂波（图 4-21）不过使用它会使示波屏上显示的波高不再与输入信号幅值成正比。这是因为它使仪器的垂直线性和动态范围下降而引起放大线性变坏；同时，过度的抑制还有失去有用信号的危险，故应慎用。

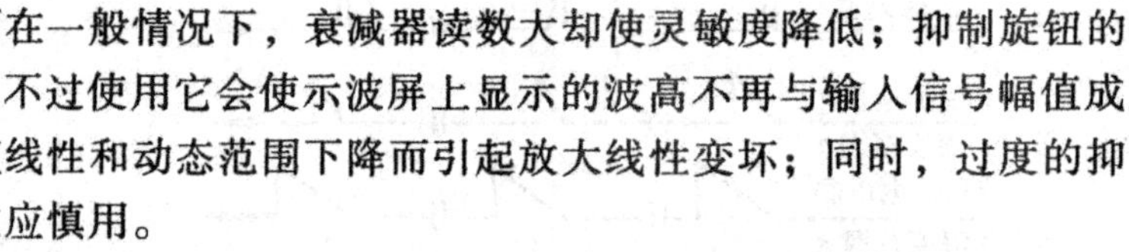

图 4-21 放大部分中抑制旋钮的作用

a) 原有波形(m 为杂波) b) 加抑制 (n 为抑制电平) c) 加抑制后的波形

(5) 显示电路　主要由示波管及外围电路组成。当示波管中电子枪发射的聚焦电子高速轰击示波屏时，使荧光物质发光形成亮点。当接收电路送来的信号电压加在垂直（*Y* 轴）偏转板上，而作为时间轴的扫描电压则加在水平（*X* 轴）偏转板上时，电子束则按所加电压发生偏转，显示出波形。因为一秒钟内能重复描出几十甚至几千次相互重叠的相同图象，所以看上去图象是不动的。示波管前装有刻度板，可以读出回波位置及高度，也有将刻度直接画在示波管显示部分上的，以减小读数误差。

(6) 电源　一般仪器均使用市电（≈220V），仪器内部有供各单元电路使用的变压、整流及稳压电路等。携带式探伤仪亦可用 Ni-Cd 蓄电池供电，用充电器给蓄电池充电。

(7) 辅助电路　除上述基本单元电路外，探伤仪还有各种辅助电路，如 DAC 电路、闸门电路、延迟电路以及标距电路等。

1）DAC 电路　又称深度补偿电路。众所周知，超声波传播时由于衰减，将使远处反射回来的回波信号比近处反射回来的信号弱（在同样的缺陷时）。DAC 电路可使发射后瞬间的增益降低到一定值，然后随时间（即探测深度）的推移增益逐渐升高，到一定时间后增益恢复正常（图 4-22）。这样，远处回波信号到来时放大器处在高增益状态，实现了距离—增益补偿，使位于不同深度而相同尺寸的缺陷回波高度差异减小。

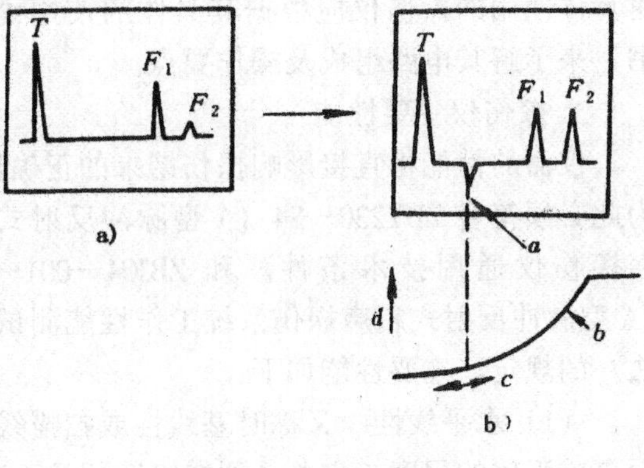

图 4-22　DAC 电路作用
a）无 DAC　b）有 DAC
a—DAC 起始工作位置　*b*—斜率可调
c—起点可调　*d*—灵敏度

DAC 电路举例见图 4-23。VT_6 双栅极场效应管的增益在一定范围内随栅极 G_2 的偏压升高而升高。因此加在 G_2 的补偿信号满足上述要求就能实现距离—增益补偿。具体工作如下：与时钟同步的正向方波经由 R_{11} 送至微分电路 C_6、R_{12}，微分后的负尖脉冲由限幅二极管 VD_3 削去，正向尖脉冲加至 VT_3 的基极使其迅速导通，导通电流对电容 C_7 充电。尖脉冲结束后，电容通过 R_{13} 及 VT_4 的发射结放电。该放电电压经射极跟随器 VT_4 的发射极送至下一级放大，放大后的电压信号经过电阻 R_{18} 送至 VT_6 的 G_2 起增益补偿作用。

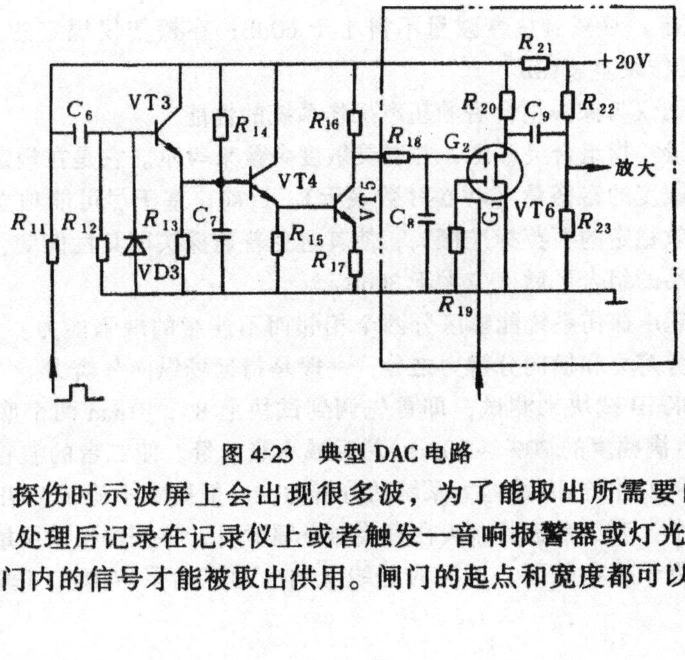

图 4-23　典型 DAC 电路

2）闸门电路　探伤时示波屏上会出现很多波，为了能取出所需要的波，经电子电路（如数据采集系统）处理后记录在记录仪上或者触发—音响报警器或灯光指示器，常采用此电路。即只有在闸门内的信号才能被取出供用。闸门的起点和宽度都可以用旋钮调整，同时还可通过调整称为门限值的旋钮，来确定能够被取出的回波最小高度。

闸门电路的作用示意图见图 4-24。

探伤仪的整机工作过程请参见 § 4-1 三、1。

应该指出，上面仅是按一般认为较标准的A型显示脉冲反射式超声波探伤仪予以介绍，对具体使用的探伤仪应根据其具体的使用说明书，来了解其电路组成及操作要点。

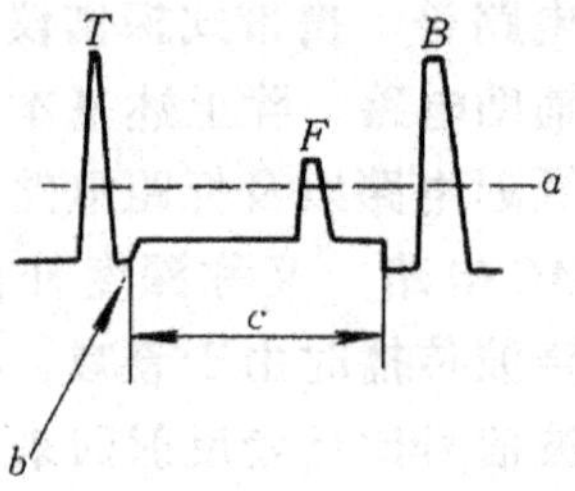

图 4-24 闸门示意图

a—门限值（可调） *b*—闸门起点（可调） *c*—闸门宽度（可调）

3. 探伤仪主要性能

仪器的性能将直接影响探伤结果的正确性。为此必须符合 ZBY230—84《A 型脉冲反射式超声探伤仪通用技术条件》和 ZBJ04—001—87《A 型脉冲反射式超声探伤系统工作性能测试方法》的规定。主要性能如下：

（1）水平线性 又称时基线性或扫描线性。是指扫描线上显示的反射波距离与反射体距离成正比的程度，它关系到缺陷定位是否准确。

ZBY230—84 规定，合格仪器其水平线性误差 $\Delta L \leqslant 2\%$。

（2）垂直线性 又称放大线性。是指示波屏反射波幅与接收回波信号电压成正比关系的程度，它关系到缺陷定量是否准确。

ZBY230—84 规定，合格仪器其垂直线性误差 $\Delta e \leqslant 8\%$。

（3）动态范围 是示波屏上回波高度从满幅（100%）降至消失时仪器衰减器的变化范围，其值越大可检出缺陷越小。

ZBY230—84 规定，动态范围应≥26dB。

（4）衰减器精度 是衰减器上 dB 刻度指示脉冲下降幅度的正确程度，以及组成衰减器各同量级间可换性能。

ZBY230—84 规定，衰减器总衰减量不得小于 60dB；在探伤仪规定的工作频率范围内，衰减器每 12dB 的工作误差≤1dB。

下述性能为探伤仪与探头组合后的超声探伤系统的性能：

（5）灵敏度余量 指组合灵敏度，并以灵敏度余量来表示。它是在规定条件下的探伤灵敏度至仪器最大灵敏度的富裕量（以 ΔdB 数表示）。目前，基于尽可能独立地检验仪器本身的性能，特引入时效稳定的石英标准探头，使其避免普通探头因其性能变化而造成的影响。

按规定，合格品的组合灵敏度应大于 30dB。

（6）分辨力 超声探伤系统能够区分两个相邻而不连续的缺陷能力。它有近场分辨力、远场分辨力、纵向分辨力和横向分辨力之分，一般是指远场纵向分辨力。

分辨力可用 CSK-IB 试块来测试，即首先调到试块上 85、91mm 两个底面回波高 $B85 = B91$，并约等于垂直满幅度的 20% ~ 30%，然后减小衰减量，使二者的波谷上升到原来波峰的高度。这时衰减器变化的 dB 数即为系统的分辨力，一般要求不低于 15dB。

（7）电噪声电平 表示系统的探头在直接对空辐射时，将探伤仪的灵敏度和扫描范围调至最大，在避免外界干扰条件下，读取时基线上的电噪声的平均幅度与垂直满幅度的百分比，即

$$E = \frac{\text{电噪声幅度}}{\text{垂直满幅度}} \times 100\% \tag{4-8}$$

E 值越小越好，一般应 $E \leqslant 8\%$ 。

（8）盲区　是在规定探伤灵敏度下从探伤面至能够测出缺陷的最小距离。亦是仪器和探头的组合性能。表征着系统的近距离分辨能力，它是由于始脉冲具有一定宽度和放大器的阻塞现象造成的。随着探伤灵敏度的提高，盲区也随之增大。

几种典型超声波探伤仪主要性能见表 4-4。

表 4-4　探伤仪主要性能

型号 \ 性能	水平线性误差（%）	垂直线性误差（%）	动态范围（dB）	衰减器（dB）	灵敏度余量（dB）	分辨力（dB）	电噪声电平（%）	盲区（mm）	工作频率（MHz）	重量（kg）
CTS-22	≤1	≤5	≥30	80	≥46	≥30	<15	<3	0.5~10	4.5
CTS-26	≤1	≤5	≥30	90	≥40			≈4	0.5~20	5.8
XCTY-11	≤1	≤3	≥30	108	≥50	≥30	<10	<10		4.3
JTS-5	≤2	≤6	≥30	80	≥46	>26		<14	1~15	9.5
JTSZ-1	<1	<5	≥30	80					1~50	5.6
CST-7	<1	<3	≥30	108	≥56	≥30	4	<10	0.5~16	4.1

三、试块

按一定用途设计制作的具有简单形状人工反射体的试件，称试块，它是探伤标准的一个组成部分，是判定探伤对象质量的重要尺度。根据使用目的和要求，通常将试块分成以下两大类：标准试块和对比试块。

1．标准试块

由法定机构对材质、形状、尺寸、性能等作出规定和检定的试块称标准试块。GB11345-89 规定 CSK-IB 试块（图 4-25）为焊缝探伤用标准试块。

CSK-IB 试块是 ISO-2400 标准试块（即ⅡW-Ⅰ型试块）的改变型，其主要用途：

（1）利用 $R100$ 圆弧面测定斜探头入射点和前沿长度，利用 ϕ50mm 孔的反射波测定斜探头折射角（K 值）。

（2）校验探伤仪水平线性和垂直线性。

（3）利用 ϕ1.5mm 横孔的反射波调整探伤灵敏度。利用 $R100$ 圆弧面调整探测范围。

（4）利用 $\phi50$ 圆孔估测直探头盲区和斜探头前后扫查声束特性。

（5）采用测试回波幅度或反射波宽度的方法可测定远场分辨力。

2．对比试块

对比试块又称参考试块，它是由各专业部门按某些具体探伤对象规定的试块。GB11345—89 规定 RB-1（适用 8~25mm 板厚）、RB-2（图 4-26，适用 8~100mm 板厚）和 RB-3（适用 8~150mm 板厚）为焊缝探伤用对比试块。

RB 试块组主要用于绘制距离—波幅曲线、调整探测范围和扫描速度、确定探伤灵敏度和评定缺陷大小，它是对工件进行评级判废的依据。

试块的具体用法这里不作详细介绍。

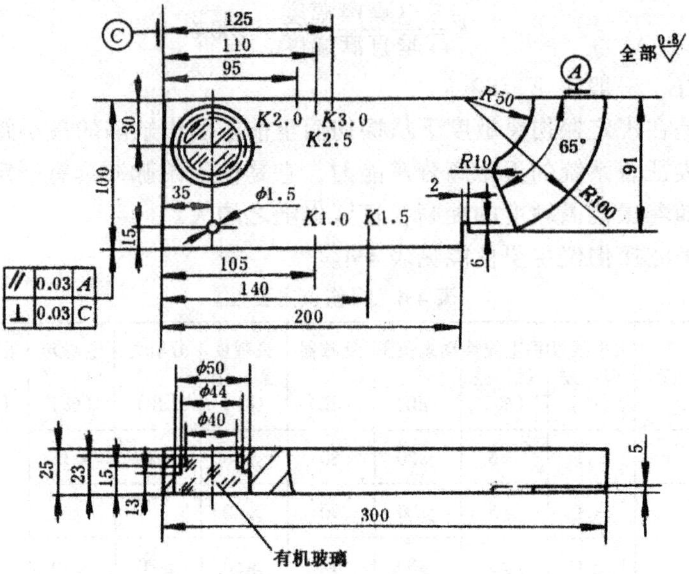

图 4-25 CSK-IB 试块

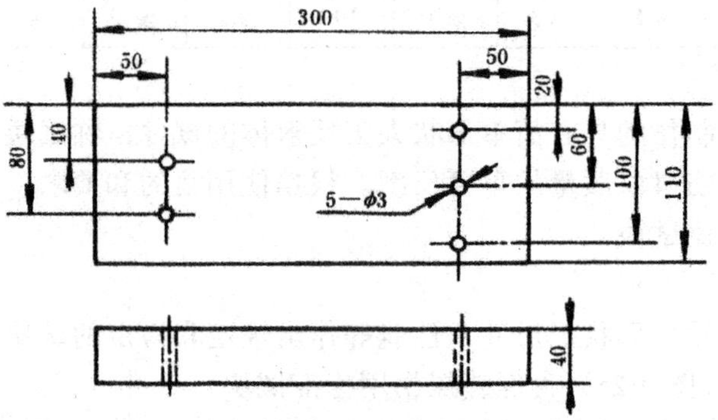

图 4-26 RB-2 试块

§4-3 直接接触法超声波探伤

直接接触法超声波探伤，由于探头和工件探伤面之间涂以很薄的耦合剂层，因此可看作二者直接接触，采用这种声耦合方式的超声波探伤方法称直接接触法。探伤中它主要采用 *A* 型显示脉冲反射法工作原理，由于操作方便、探伤图形简单、判断容易和探伤灵敏度高，在实际生产中得到最广泛地应用。对焊件探伤而言，该方法主要探伤标准为 *GB*11345—89《钢焊缝手工超声波探伤方法和探伤结果分级》。

一、垂直入射法与斜角探伤法

垂直入射法、斜角探伤法均是直接接触法超声波探伤的基本方法。

1. 垂直入射法

垂直入射法是采用直探头将声束垂直入射工件探伤面进行探伤的方法，简称垂直法，又称纵波法。其表现形式为：当直探头在探伤面上移动时，无缺陷处示波屏上只有始波 *T*、底波 *B*（图 4-27a）；若探头移到有缺陷处且缺陷反射面比声束小时，则示波屏上出现始波 *T*、缺陷波 *F* 和底波 *B*（图 4-27b）；当探头移到大缺陷处（缺陷比声束大）时，则示波屏上只出现始波 *T*、缺陷波 *F*（图 4-27c）。

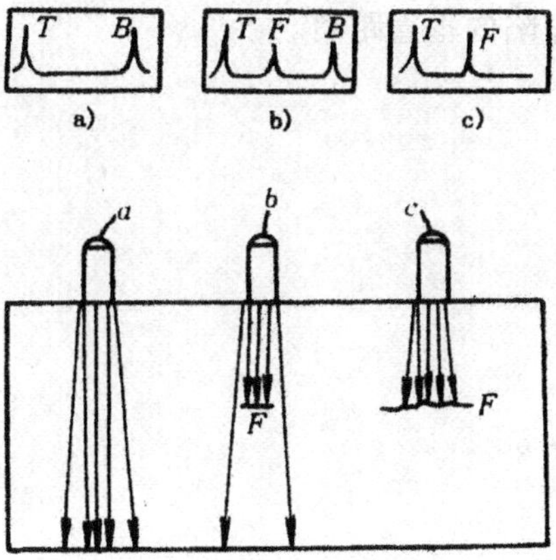

图 4-27　垂直法探伤

a）无缺陷　b）小缺陷　c）大缺陷

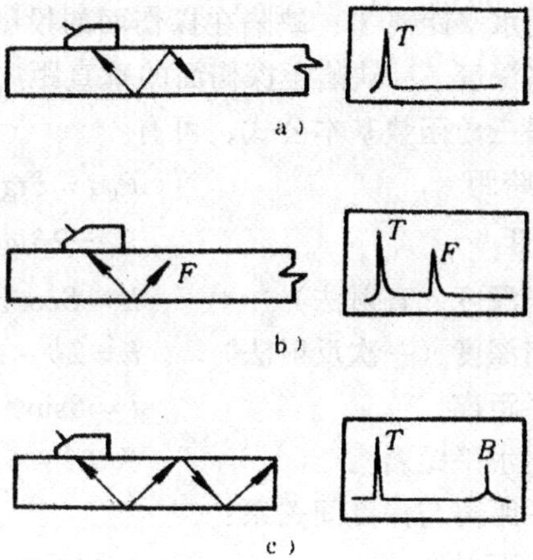

图 4-28　斜射法探伤

a）无缺陷　b）有缺陷　c）接近板端

显然，垂直法探伤能发现与探伤面平行或近于平行的缺陷。

2. 斜角探伤法

斜角探伤法是采用斜探头将声束倾斜入射工件探伤面进行探伤的方法，简称斜射法，又称横波法。其表现形式为：当斜探头在探伤面上移动时，无缺陷时示波屏上只有始波 *T*（图 4-28a），这是因为声束倾斜入射至底面产生反射后，在工件内以“*W*”形路径传播，故没有底波出现；当工件存在缺陷而缺陷与声束垂直或倾斜角很小时，声束会被反射回来，此时示波屏上将显示出始波 *T*、缺陷波 *F*（图 4-28b）；当斜探头接近板端时，声束将被端角反射回来，在示波屏上将出现始波 *T* 和端角波 *B′*（图 4-28c）。

在焊缝探伤中，必须熟悉斜角探伤法的几何关系，这样才有助于判断缺陷回波并进行有关缺陷位置参数的计算。图 4-29 标明了焊缝斜角探伤用语及相应的几何关系。

跨距点：声束中心线经底面反射后到达探伤面的一点，图 4-29 中的 *A* 点。

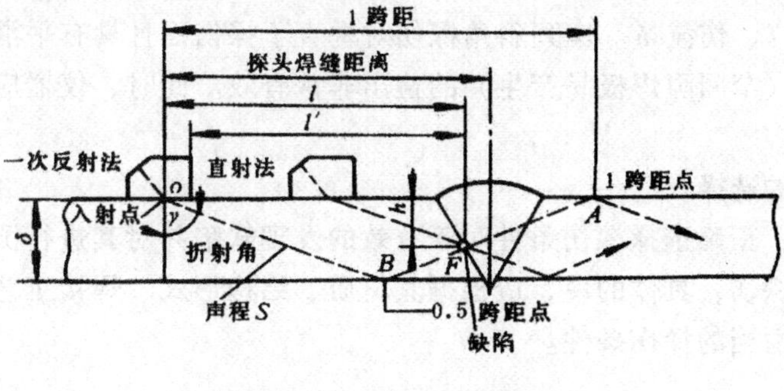

图 4-29　焊缝斜角探伤用语

跨距 P：探头入射点（o）至跨距点（A）的距离。

直射法：在0.5跨距的声程以内，超声波不经底面反射而直接对准缺陷的探伤方法，又称一次波法。

一次反射法：超声波只在底面反射一次而对准缺陷的探伤方法，又称二次波法。

缺陷水平距离 l：缺陷在探伤面的投影点至探头入射点的距离，又称探头缺陷距离。

简化水平距离 l'：缺陷在探伤面的投影点至探头前端的距离。

缺陷深度 h：缺陷距探伤面的垂直距离，又称缺陷的垂直距离。

根据三角函数基本公式，可有

0.5跨距 $$P_{0.5}=\delta\text{tg}\gamma \tag{4-9}$$

1跨距 $$P_1=2\delta\text{tg}\gamma \tag{4-10}$$

缺陷深度（直射法） $$h=S\cos\gamma \tag{4-11}$$

缺陷深度（一次反射法） $$h=2\delta-S\cos\gamma \tag{4-12}$$

水平距离 $$l=S\sin\gamma \tag{4-13}$$

简化水平距离 $$l'=l-b=S\sin\gamma-b \tag{4-14}$$

水平距离与深度间关系：

（1）直射法 $$l=h\text{tg}\gamma=kh \tag{4-15}$$

$$h=\frac{l}{\text{tg}\gamma}=\frac{l}{K} \tag{4-16}$$

（2）一次反射法

$$l=(2\delta-h)K \tag{4-17}$$

$$h=2\delta-\frac{l}{K} \tag{4-18}$$

式中 δ——工件厚度（mm）；

S——声程（mm）；

b——探头前沿长度（mm）；

K——探头 K 值；

γ——探头折射角（°）。

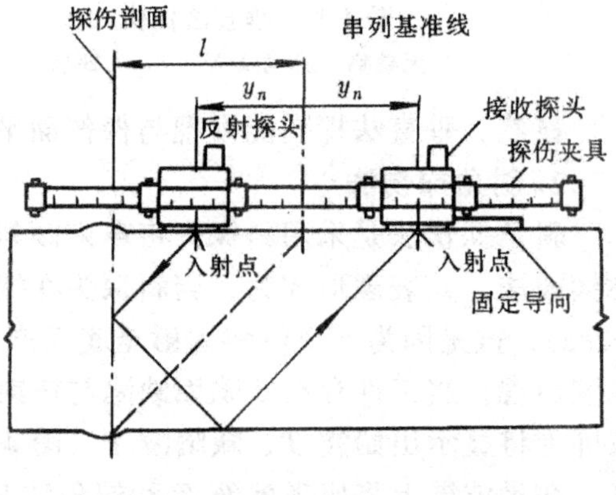

图4-30 串列斜角探伤

在焊缝探伤中，有时还要采用一发一收二个斜探头并由专用夹具固定成组，对焊缝进行所谓的串列式扫查（图4-30），称串列斜角探伤法。前边为发射探头，其发射声束遇到缺陷时产生的反射波会被后边的接收探头所接收，在示波屏上出现始波 T、伤波 F。串列斜角探伤对垂直于探伤面且具有平滑反射面的缺陷，例如焊缝边界未熔合（窄间隙焊极易产生）的检出非常有效。此时，仪器应处在一发一收工作状态。

二、探伤条件的选择

超声波探伤中，正确选择探伤条件对于有效的发现缺陷并对其进行测量和评定是至关重要的。对于焊缝的探伤，具体的说，应根据其材质、结构形式、焊接工艺、产品技术规程和检验标准等来选择适当的探伤条件。

1. 选择原则

（1）检验等级　GB11345—89规定，根据质量要求检验等级分为 A、B、C 三级。检验的完善程度 A 级最低，B 级一般，C 级最高。检验工作的难度系数按 A（1）、B（5~6）、C（10~12）顺序逐级增高。各检验等级的检验范围见表 4-5。

表 4-5 相应检验等级的主要检验项目汇总

检验等级 / 板厚(mm) / 项目	A	B①		C		备注
	δ≤50	δ≤100	δ>100	δ≤100	δ>100	
探头角度数量	1	1 或 2	2	2	2	
探伤面数量	1	1 或 2	2	1	2	
探伤侧数量	1	2	2	2	2	
串列扫查	0	0		0 或 2	2	
母材检验	0	0		1	1	
纵向缺陷探测方向与次数	1	2 或 4	4	≥6	10	
横向缺陷探测方向与次数	0	0 或 4	0 或 4	4	4	

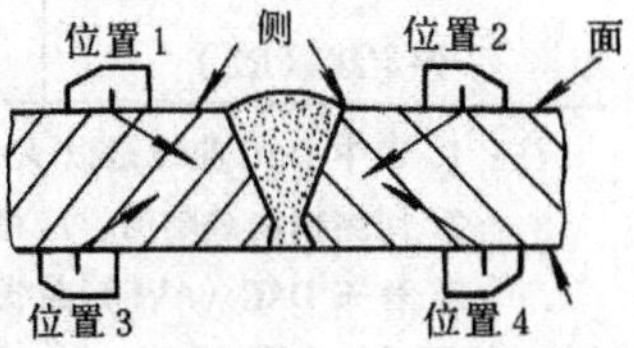

①B 级检验母材厚度 δ≥50mm 时，也推荐采用双面双侧一种角度探伤，或单面双侧两种角度探伤，这与原 JB1152—81 标准要求相一致。

应该注意，检验的完善程度与检验工作量、生产周期、检验成本等有直接关系，因此应根据产品的实际需要合理地选择检验等级。一般说来，A 级检验适用于普通钢结构，B 级检验适用于压力容器，C 级检验适用于核容器与管道等。

(2) 探伤灵敏度的选定　探伤灵敏度是指在确定的探测范围内的最大声程处发现规定大小缺陷的能力。它也是仪器和探头组合后的综合指标，因此可通过调节仪器上的“增益”、“衰减器”等灵敏度旋钮来实现。

焊接结构（件）的工作条件不同，对质量的要求也不一样，具体的探伤灵敏度可根据有关标准或技术要求来确定。例如，GB11345—89 规定：

距离—波幅曲线（图 4-31），由判废线（RL）、定量线（SL）和评定线（EL）组成，不同检验等级的各线灵敏度如表 4-6 所示。

应当注意，探伤灵敏度越高，发现缺陷的能力就越强。但当灵敏度过高时，由于多种原因会使信噪比下降，所以也不是越高越好。

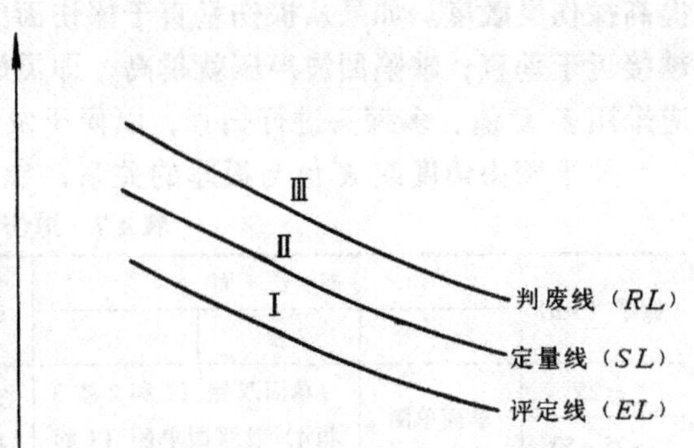

图 4-31　距离—波幅曲线示意图

判废线（RL）　定量线（SL）　评定线（EL）

Ⅰ—弱信号评定区　Ⅱ—长度评定区　Ⅲ—判废区

2. 探头的选择

(1) 探头型式的选择　根据工件的形状和可能出现缺陷的部位、方向等条件选择探头型式，原则上应尽量使声束轴线与缺陷反射面相垂直。一般说来。探测焊缝宜选择斜探头。

(2) 晶片尺寸选择　晶片尺寸增大，声束指向性好、声能集中，对探伤有利。但同时，近场区长度增大，对探伤不利。实际探伤中，大厚度工件或粗晶材料探伤宜采用大晶片探头，而较薄工件或表面曲率较大的工件探伤，宜选用小晶片探头。

(3) 频率选择　频率是制定探伤工艺的重要参数之一。频率高，探伤灵敏度和分辨力均

提高且指向性亦好，这些对探伤有利。但同时，频率高又使近场区长度增大、衰减大等，又

表 4-6 距离—波幅曲线的灵敏度（GB11345—89）

检验等级 / 板厚 δ（mm） / DAC（AVG）	A	B	C
	8～50	8～300	8～300
判废线（*RL*）	DAC	DAC-4dB	DAC-2dB
定量线（*SL*）	DAC-10dB	DAC-10dB	DAC-8dB
评定线（*RL*）	DAC-16dB	DAC-16dB	DAC-14dB

注：1. 表中 DAC 曲线是以 $\phi3$ 标准反射体绘制的距离一波幅曲线，即 DAC 基准线。

2. 探测横向缺陷时，应将各线灵敏度均提高 6dB。

3. 有关 DAC（AVG）曲线具体作法参见本节四、2、(1) 内容。

对探伤不利，据此，对于粗晶材料、厚大工件的探伤，宜选用较低频率；对于晶粒细小、薄壁工件的探伤，宜选用较高频率。焊缝探伤中由于危险性缺陷大都与声束轴线呈一定夹角，在这种情况下若频率过高，则缺陷反射波指向性很强，且声波在工件中衰减过大，探头反而不易收到缺陷回波。

焊缝探伤时，一般选用 2～5MHz 频率，推荐采用 2～2.5MHz。

(4) 探头角度或 *K* 值的选择　原则上应根据工件厚度和缺陷方向性选择，即尽可能探测到整个焊缝厚度并使声束尽可能垂直于主要缺陷。

焊缝探伤中，薄工件宜采用大 *K* 值探头，以拉开跨距，提高分辨能力和定位精度。大厚度的工件宜采用小 *K* 值探头，以减小修整面的宽度，有利于缩短声程，减小衰减损失，提高探伤灵敏度。如果从探伤垂直于探伤面的裂纹考虑，*K* 值越大，声束轴线与缺陷反射面越接近于垂直，缺陷回波声压就越高，即灵敏度越高。对有些要求比较严格的工件，探伤时应采用多 *K* 值，多探头进行扫查，以便于发现不同取向的缺陷。

关于探头角度或 *K* 值与板厚的关系，参见表 4-7。

表 4-7 探伤面及使用折射角

<table>
<tr><th rowspan="2">板厚（mm）</th><th colspan="3">探伤面</th><th rowspan="2">探伤方法</th><th rowspan="2">使用折射角 γ 或 K 值</th></tr>
<tr><th>A</th><th>B</th><th>C</th></tr>
<tr><td>≤25</td><td rowspan="2">单面单侧</td><td colspan="2" rowspan="3">单面双侧（1 和 2 或 3 和 4）或双面单侧（1 和 3 或 2 和 4）</td><td rowspan="2">直射法及一次反射法</td><td>70°（K2.5，K2.0）</td></tr>
<tr><td>>25～50</td><td>70°或 60°（K2.5，K2.0，K1.5）</td></tr>
<tr><td>>50～100</td><td rowspan="2">无 A 级</td><td rowspan="2">直射法</td><td>45°或 60°；45°和 60°；45°和 70°并用（K1 或 K1.5；K1 和 K1.5，K1 和 K2.0 并用）</td></tr>
<tr><td>>100</td><td colspan="2">双面双侧</td><td>45°和 60°并用（K1 和 K1.5 或 K2 并用）</td></tr>
</table>

3. 探伤仪的选择

探伤仪应按有关标准和规程要求去选用并应考虑以下情况：

(1) 对于定位要求高的情况，应选择水平线性误差小的仪器。

(2) 对于定量要求高的情况，应选择垂直线性好、衰减器精度高的仪器。

(3) 对于大型工件的探伤，应选择灵敏度余量高、信噪比高、功率大的仪器。

(4) 为有效地发现近表面缺陷和区分相邻缺陷，应选择盲区小、分辨力好的仪器。

(5) 室外现场探伤，应选择重量轻、示波屏亮度好、抗干扰能力强的携带式仪器。

此外，探伤仪还应性能稳定、重复性好和可靠性高。

4. 耦合剂的选用

为使声束能较好的透过界面射入工件中，在探头与工件之间施加一层透声介质称耦合剂。其作用在于排除空气、填充间隙、减少探头磨损，便于探头移动。选择时应考虑以下要求：

（1）能润湿工件和探头表面，流动性、粘度和附着力适当，不难清洗。

（2）声阻抗要大，透声性能好。

（3）来源广，价格便宜。

（4）对工件无腐蚀，对人体无害，不污染环境。

（5）性能稳定、不易变质，能长期保存。

常用的耦合剂，有机油、变压器油、甘油、化学浆糊、水及水玻璃等。焊缝探伤中多采用化学浆糊和甘油。

常用耦合剂声学特性参见表 4-2。

5. 探伤面的选择与准备。

根据不同的检验等级和板厚来选择探伤面（参见表 4-5、表 4-7 的规定）。同时，探伤前必须对探头需要接触的焊缝两侧表面，进行以清除飞溅、浮起的氧化皮和锈蚀等为目的的修整，修整后表面粗糙度应不大于 $R_a 6.3\mu m$。

要求去除余高的焊缝，应将余高打磨到与邻近母材平齐。而保留余高的焊缝，如焊缝表面有咬边、较大的隆起和凹陷等，也应进行适当的修磨并作圆滑过渡，以免影响检验结果的评定。

6. 探伤方法的选择

应考虑工件的结构特征，并以所采用的焊接方式容易生成的缺陷为主要探测目标，结合有关标准来选择，参见表 4-7。

7. 补偿

在探伤实践中，对表面粗糙度差异（指工件与试块之间表面粗糙度的差异）和与曲面接触两种情况，均需采取补偿措施，以保证必要的灵敏度要求。

三、焊接接头的探伤

由于焊接接头的超声波探伤受焊缝余高的限制，同时又有缺陷方向性的要求，主要采用斜角探伤法，但在某些场合也辅以垂直入射法探伤（如 T 型接头腹板和翼板间未焊透等的探伤）。这里介绍的焊接接头探伤，读者应牢记以下二点：其一，上面介绍的探伤条件选择是焊接接头探伤应遵循的通用技术要点；其二，下面介绍的平板对接接头的探伤中已经行之有效的各种方法，应为其它焊接接头探伤中尽可能加以借鉴和采用。

1. 平板对接接头的探伤

（1）按不同检验等级和板厚范围选择探伤面、探伤方法和斜探头折射角或 K 值，见表 4-7。

（2）检验区域的宽度应是焊缝本身再加上焊缝两侧各相当于母材厚度 30% 的一段区域，这个区域宽度最小 10mm，最大 20mm，见图 4-32。

（3）探头移动区 l 的确定　为保证声束能扫查到整个焊缝截面，则探头必须在探伤面上作前后左右的移动扫查，移动区宽度 l 应：

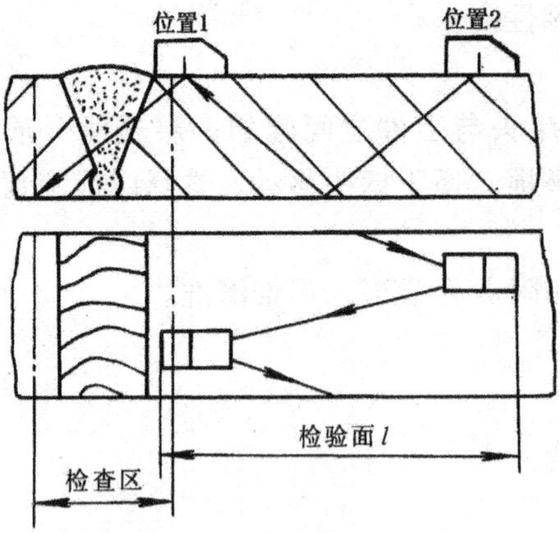

图 4-32　检验区域

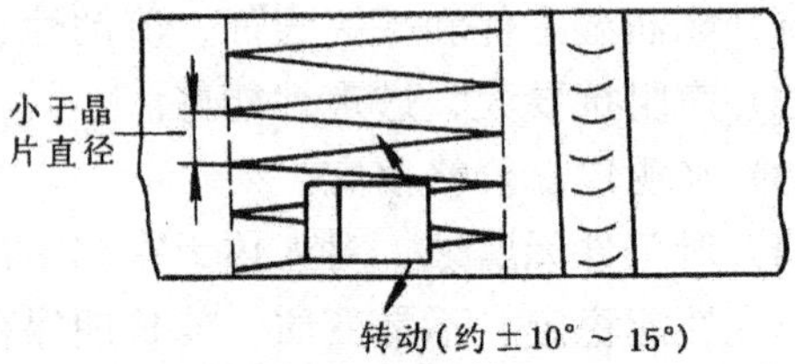

图 4-33　锯齿形扫查

$$l > 1.25P \tag{4-19}$$

$$l > 0.75P \tag{4-20}$$

式中　P——跨距（mm）。

式（4-19）适用于一次反射法或串列式扫查探伤，式（4-20）适用于直射法探伤。

（4）单探头扫查方式

1）锯齿形扫查　通常以锯齿形轨迹作往复移动扫查，同时探头还应在垂直于焊缝中心线位置上作 ± 10° ~ 15°的左右转动（图 4-33）。该扫查方法常用于焊缝粗探伤。

2）基本扫查　基本扫查方式有四种（图 4-34）。其中，转角扫查的特点是探头作定点转动，用于确定缺陷方向并可区分点、条状缺陷。同时，转角扫查的动态波形特征有助于对裂纹的判断；环绕扫查的特点是以缺陷为中心，变换探头位置，主要估判缺陷形状，尤其是对点状缺陷的判断；左右扫查的特点是平行于焊缝或缺陷方向作左右移动，用于估判缺陷形状，特别是可区分点、条状缺陷，在定量法中常用来测定缺陷指示长度；前后扫查的特点是探头垂直于焊缝前后移动、常用于估判缺陷形状和估计缺陷高度。

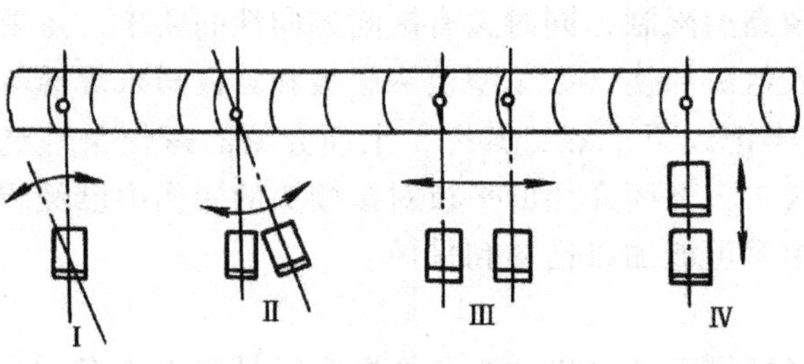

图 4-34　斜探头基本扫查法

Ⅰ—转角扫查　Ⅱ—环绕扫查　Ⅲ—左右扫查　Ⅳ—前后扫查

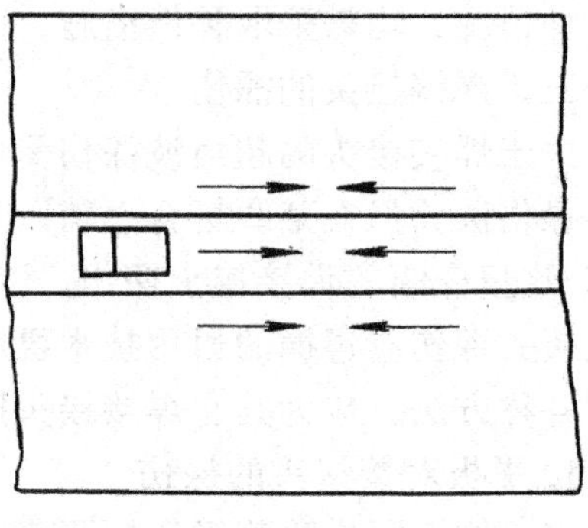

图 4-35　平行扫查

3）平行扫查　其特点是在焊缝边缘或焊缝上（C 级检验，焊缝余高已磨平）作平行于焊缝的移动扫查（图 4-35），可探测焊缝及热影响区的横向缺陷（如横向裂纹）。

4）斜平行扫查　其特点是探头与焊缝方向成一定角度（$\alpha \approx 10° \sim 45°$）的平行扫查（图

4-36)，有助于发现焊缝及热影响区的横向裂纹和与焊缝方向成倾斜角度的缺陷。为保证夹角 α 及与焊缝相对位置 y 的稳定不变，需要使用扫查工具。

在电渣焊接头的探伤中，增加 $\alpha \approx 45°$ 的斜平行扫查，可避免焊缝中"八"字形裂纹的漏检。

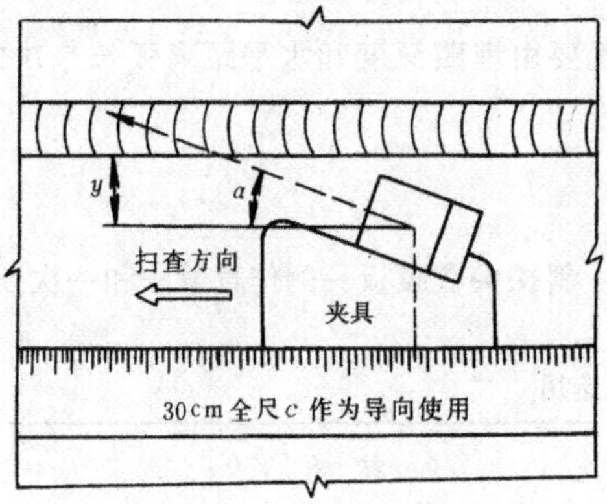

图 4-36　斜平行扫查和扫查夹具

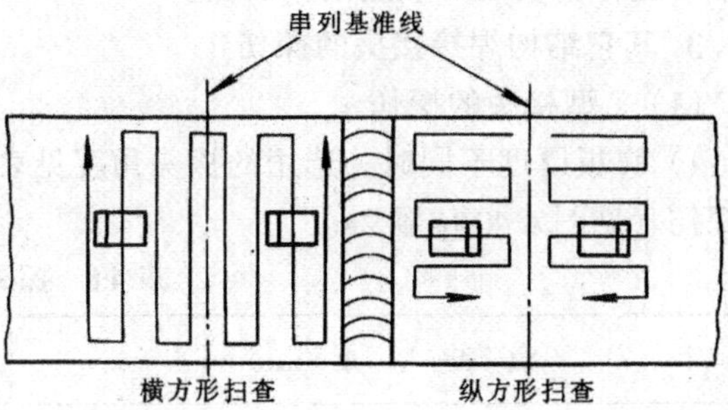

图 4-37　横方形扫查及纵方形扫查

（5）双探头扫查方式

1）串列扫查　其特点为二个斜探头垂直于焊缝前后布置（有时也采用几组探头串列布置的方式——组合式串列探头，可同时扫查整个超厚焊缝截面），进行横方形扫查或纵方形扫查（图 4-37）。主要用于探测厚焊缝中垂直于表面的竖直面状缺陷，特别是反射面较光滑的缺陷（如窄间隙焊中的未熔合）。

2）交叉扫查　其特点为两个探头置于焊缝的同侧或二侧且成 60°～90°布置（图 4-38），用于探测焊缝中的横向或纵向面状缺陷。

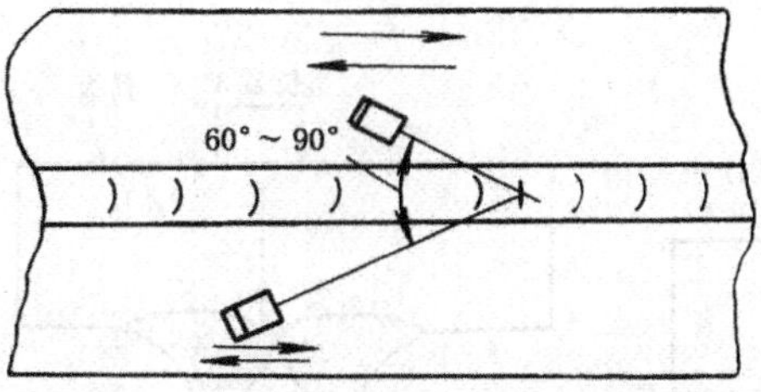

图 4-38　交叉扫查

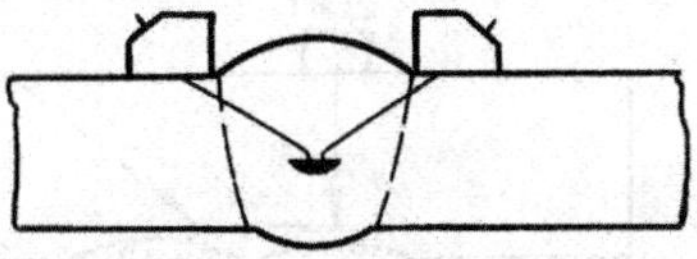

图 4-39　V 形扫查

3）V 形扫查　其特点为两个探头置于焊缝的两侧且垂直于焊缝对向布置（图 4-39），可探测与探伤面平行的面状缺陷，如多层焊中的层间未熔合。

2. 曲面工件对接接头的探伤

（1）探伤面曲率半径 $R > \frac{W^2}{4}$（W—探头接触面宽度，环缝检验时为探头宽度，纵缝检验时为探头长度）时，曲面工件对接接头（环缝或纵缝）探伤同平板对接接头的探伤。

（2）探伤面曲率半径 $R \leqslant \frac{W^2}{4}$ 时

1）纵缝探伤采用与 R 相同的对比试块（二者之差应小于 10%），环缝探伤其对比试块曲率半径可为（0.9～1.5）R。

2）探头楔块应修磨成与 R 相一致。

3）根据曲面工件 R 和厚度选择探头角度，并考虑几何临界角的限制，确保声束能扫查到整个焊缝厚度。

4）定位修正。由于工件曲率的影响，缺陷位置要由埋藏深度和水平距离弧长来决定，如不修正将会使定位产生很大误差。

3. 其它结构焊接接头的探伤

（1）T 型接头的探伤

1）腹板厚度不同时，选用的探头角度见表 4-8。斜探头在腹板一侧作直射法和一次反射法探伤（见图 4-40 位置 2）。

表 4-8　探头角度选用

腹板厚度（mm）	折射角 γ（°）
<25	70°（K2.5）
25～50	60°（K2.5，K2.0）
>50	45°（K1，K1.5）

2）采用直探头（图 4-40 位置 1）或斜探头（图 4-41 位置 3）在翼板外侧探伤，或采用折射角 45°（K1）斜探头在翼板内侧（图 4-40 位置 3）作一次反射法探伤，可探测腹板和翼板间未焊透和翼板侧焊缝下层状撕裂等缺陷。

3）通常采用 $\gamma=45°$（K1）探头在腹板一侧作直射法和一次反射法探测焊缝及腹板侧热影响区的裂纹（图 4-41 位置 1、2）。这是考虑 T 形角焊缝多采用对称船形埋弧自动焊，缺陷特征一般与焊缝表面垂直的缘故。

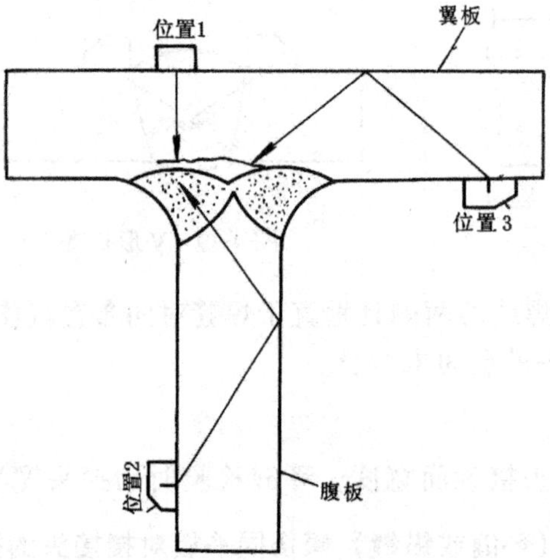

图 4-40　T 型接头的探伤（Ⅰ）

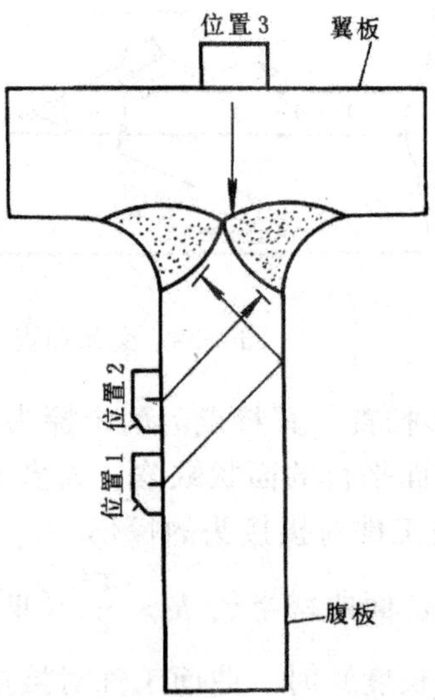

图 4-41　T 型接头的探伤（Ⅱ）

4）直探头、斜探头的频率通常选用 2.5MHz。

（2）角接接头的探伤　角接接头探伤面及折射角一般按图 4-42 和表 4-8 选择。

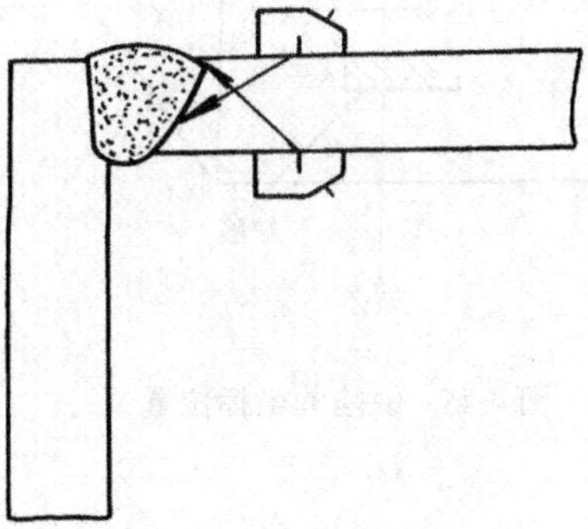

图 4-42　角接接头的探伤

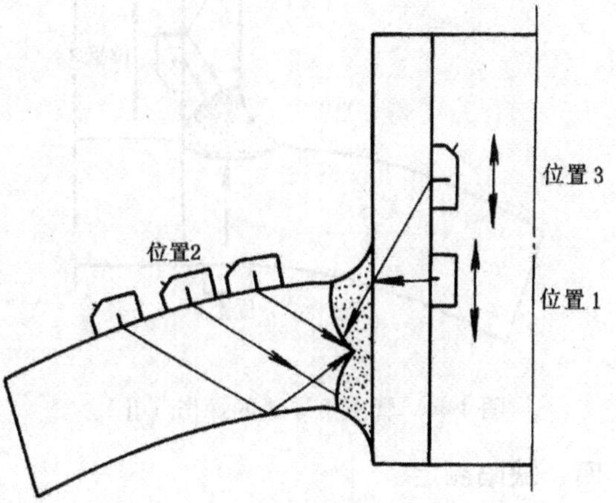

图 4-43　管座角焊缝的探伤（Ⅰ）

（3）管座角焊缝的探伤

1）根据焊缝结构形式，管座角焊缝的检验有以下五种探伤方式，可选择其中一种或几种方式组合实施探伤。探伤方式的选择应由合同双方商定，并重点考虑主要探伤对象和几何条件的限制。

①在接管内壁表面采用直探头探伤（图 4-43 位置 1）。

②在容器内表面用直探头探伤（图 4-44 位置 1）。

③在接管外表面采用斜探头探伤（图 4-44 位置 2）。

④在接管内表面采用斜探头探伤（图 4-43 位置 3，图 4-44 位置 3）。

⑤在容器外表面采用斜探头探伤（图 4-43 位置 2）。

2）管座角焊缝以直探头检验为主，对直探头扫查不到的区域或结构，以及缺陷方向性不适于采用直探头检验时，可采用斜探头检验，斜探头探伤应符合前面已介绍过的一般原则。

（4）直探头探伤规程

1）推荐采用频率 2.5MHz 直探头或双晶直探头，探头与工件接触面的尺寸 W 应小于 $2\sqrt{R}$。

2）灵敏度可在与工件同曲率的试块上调节，也可采用计算法或 DGS 曲线法[⊖]以工件底面回波调节。其检验等级评定见表 4-9。

表 4-9　直探头检验等级评定

灵敏度 \ 检验等级	A	B	C
评定灵敏度	$\phi3$	$\phi2$	$\phi2$
定量灵敏度	$\phi4$	$\phi3$	$\phi3$
判废灵敏度	$\phi6$	$\phi6$	$\phi4$

⊖ DGS（Distance 距离、Gain 增益、Size 大小）曲线又称 DGS 图或 AVG 图，是一种用于描述缺陷距离、缺陷波高（幅度或声压）及缺陷大小三者之间相互关系的曲线图。

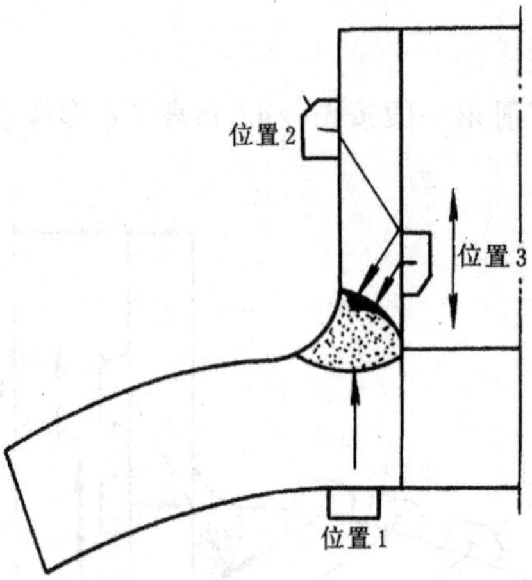

图 4-44　管座角焊缝的探伤（Ⅱ）

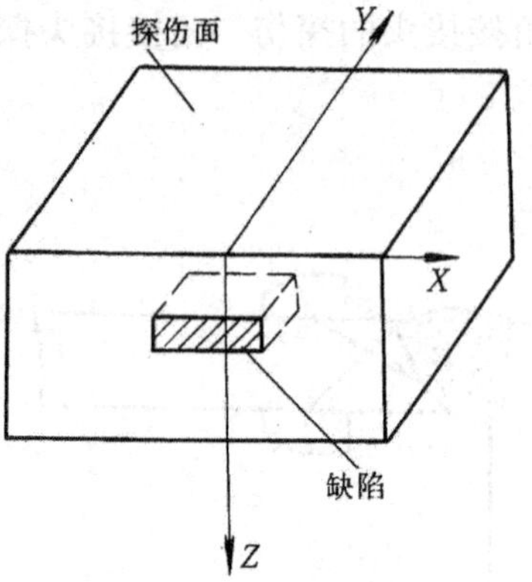

图 4-45　缺陷的坐标位置

四、缺陷测定

1. 缺陷位置的确定

测定缺陷在工件或焊接接头中的位置称之为定位。一般可根据示波屏上缺陷波的水平刻度值与扫描速度来对缺陷定位。

（1）垂直入射法时缺陷定位　显然，缺陷的 x、y 坐标由探头在探伤面上的 X 轴和 Y 轴的投影位置容易确定（图 4-45），这里主要需测定沿工件 Z 轴（深度方向）的坐标。

探伤仪按 1∶n 调节纵波扫描速度（具体作法是：利用已知尺寸的试块或工件上的两次不同底面反射波的前沿，分别对准示波屏上相应的水平刻度值来实现）。则有

$$Z_f = n\tau_f \tag{4-21}$$

式中　Z_f——缺陷深度（mm）；

n——调节比例系数；

τ_f——缺陷波前沿所对水平刻度值。

示例　仪器按 1:2 调节纵波扫描速度，探伤中示波屏上水平刻度 75 处出现一缺陷波，求缺陷至探头的距离 Z_f?

解　　$Z_f = n\tau_f = 2\times 75\text{mm} = 150\ (\text{mm})$

（2）斜角探伤时缺陷定位　探伤仪横波扫描速度可有声程、水平、深度三种调节方法。在焊缝探伤中推荐；厚板（$\delta \geqslant 32$mm）焊缝探伤应采用深度调节法；中薄板（$\delta \leqslant 24$mm）焊缝探伤应采用水平调节法。

1）深度 1:1 调节法定位

①利用 CSK-IB 标准试块，先计算 $R50$、$R100$ 圆弧反射波 B_1、B_2 对应的深度 Z_1、Z_2；

$$\left.\begin{aligned} Z_1 &= \frac{50}{\sqrt{1+K^2}} \\ Z_2 &= \frac{100}{\sqrt{1+K^2}} = 2Z_1 \end{aligned}\right\} \tag{4-22}$$

式中　K——斜探头 K 值（实测值）。

②探头入射点对准圆心。

③调节探伤仪（例如，水平、微调旋钮）使 B_1、B_2 前沿分别对准示波屏上相应水平刻度值，注意 $Z_1=2Z_2$，此时深度 1:1 即调好。则有

$$\left.\begin{aligned} l_f &= Kn\tau_f \\ Z_f &= n\tau_f \end{aligned}\right\} \tag{4-23}$$

式中 l_f——一次波探伤时，缺陷在工件中的水平距离（mm）；

Z_f——一次波探伤时，缺陷在工件中的深度（mm）。

$$\left.\begin{aligned} l'_f &= Kn\tau_f \\ Z'_f &= 2\delta-\tau_f \end{aligned}\right\} \tag{4-24}$$

式中 l'_f——二次波探伤时，缺陷在工件中的水平距离（mm）；

Z'_f——二次波探伤时，缺陷在工件中的深度（mm）。

如果探头给的是折射角 γ，则有 $K=\text{tg}\gamma$。

示例 用 $K1.5$ 横波斜探头探伤厚度 $\delta=30$mm 的钢板焊缝，仪器按深度 1:1 调节横波扫描速度，探伤中在水平刻度 $\tau_f=40$ 处出现一缺陷波，求此缺陷位置？

解 由于 $\delta<\tau_f<2\delta$，可以判定缺陷是二次波发现的，因此

$$l'_f=Kn\tau_f=1.5\times1\times40\text{mm}=60\text{mm}$$

$$Z'_f=2\delta-n\tau_f=(2\times30-1\times40)\ \text{mm}=20\text{mm}$$

2）水平 1:1 调节法定位

①利用 CSK-IB 标准试块，先计算 $R50$、$R100$ 圆弧反射波 B_1、B_2 对应的水平距离 l_1、l_2：

$$\left.\begin{aligned} l_1 &= \frac{50K}{\sqrt{1+K^2}} \\ l_2 &= \frac{100K}{\sqrt{1+K^2}}=2l_1 \end{aligned}\right\} \tag{4-25}$$

②探头入射点对准圆心。

③调节探伤仪使 B_1、B_2 前沿分别对准示波屏上相应水平刻度值，注意 $l_1=2l_2$，此时水平距离 1:1 即调好。则有

$$\left.\begin{aligned} l_f &= n\tau_f \\ Z_f &= \frac{n\tau_f}{K} \\ l'_f &= n\tau_f \\ Z'_f &= 2\delta-\frac{n\tau_f}{K} \end{aligned}\right\} \tag{4-26}$$

示例 用 K_2 横波斜探头探伤厚度 $\delta=15$mm 的钢板焊缝，仪器按水平 1:1 调节横波扫描速度，探伤中在水平刻度 $\tau_f=45$ 处出现一缺陷波，求此缺陷位置？

解 由于 $K\delta=2\times15=30, 2K\delta=60, K\delta<\tau_f<2K\delta$，可以判定此缺陷是二次波发现的，因此

$$l'_f=n\tau_f=1\times45\text{mm}=45\text{mm}$$

$$Z'_f=2\delta-\frac{n\tau_f}{K}=\left(2\times15-\frac{1\times45}{2}\right)\text{mm}=7.5\text{mm}$$

2. 缺陷大小的测定

测定工件或焊接接头中缺陷的大小和数量称为缺陷定量。缺陷的大小，则包括缺陷的面积和长度。常用的定量方法有二种：当量法和探头移动法（又称扫描法或测长法）。值得注意的是，由于焊缝中自然缺陷的形态、位置、方向和性质等各不一样，要测定缺陷的实际尺寸，对超声波探伤来说是比较困难的，因此，上述二种定量法均有一定的局限性，其测得结果往往有较大出入，是需进一步加以解决的前沿课题。

(1) 当量法　当缺陷尺寸小于声束截面时，一般采用当量法来确定缺陷的大小。这里应注意如下概念：将已知形状和尺寸的人工缺陷（平底孔或横孔）回波与探测到的缺陷回波相比较，如二者的声程、回波相等，则这个已知的人工缺陷尺寸（平底孔或横孔直径）就是被探测到的缺陷的所谓缺陷当量。“当量”概念仅表示缺陷与该尺寸人工反射体对声波的反射能量相等，并不涉及缺陷尺寸与人工反射体尺寸相等的含义。当量法主要有当量曲线法、当量计算法等，这里仅介绍国内外焊缝探伤中最常用的当量曲线法。

当量曲线法即 DGS 法，是为现场探伤使用而预先制定的距离—波幅曲线。目前国内外焊缝探伤标准大都规定采用具有同一孔径、不同距离的横孔试块制作距离—波幅曲线（DAC 曲线）。依据 GB11345—89，按规定板厚 $8mm<\delta\leqslant100mm$ 时采用横通孔，用 RB-2 对比试块和深度调节定位法。具体叙述 dB—距离曲线的制作步骤和应用。

1）首先应进行探头入射点和折射角的测定，对时基轴进行调节。然后在试块上探测孔深为 $A_1=10mm$ 的 $\phi3$ 横通孔，使回波达到最高，再将其调到基准波高（一般为满刻度的 40%），并记下此时的 dB 读数 V_1（假定为 40dB）。根据 V_1，A_1 在等格坐标纸上作出点(1)(V_1，A_1)。

2）在试块上探测孔深为 $A_2=20mm$ 的 $\phi3$ 横通孔，使其回波达到最高。由于声程增加了，回波将有所下降，即低于基准波高。这时只动仪器的衰减器（-dB），将回波调至基准高度，记下这时的 dB 读数 V_2。根据 V_2，A_2 在坐标纸上作出点（2）（V_2，A_2）。

3）按上述方法依次探测孔深为 $A=30mm$、$40mm$、…的 ϕ3mm 横通孔，记下相应的 dB 读数 V_3、V_4…。在坐标纸上依次作出点（3）（V_3，A_3）、点（4）（V_4，A_4）等。

4）将上述各点连接起来，就得到 ϕ3 横通孔的 dB—距离曲线，如图 4-46 所示。实际上，它就是对所用探头，对 ϕ3 横通孔，用于焊缝探伤的实用 DAC（AVG）曲线。

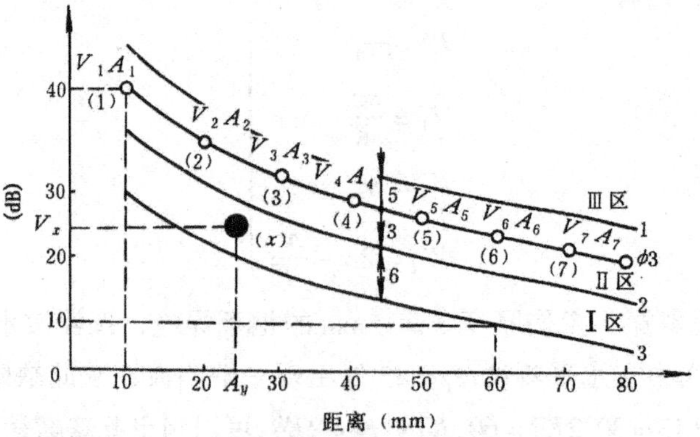

图 4-46　dB—距离曲线

1—判废线　2—定量线　3—评定线

5）按照 GB11345—89 规定的灵敏度要求（表 4-6），在坐标纸上再作出判废线 1、定量线 2 和评定线 3。

6）探伤灵敏度调节。根据本标准规定，不得低于定量线。若探测焊缝板厚 $\delta=30$mm，则查得二倍板厚（$2\delta=60$mm）时定量线的 dB 数为 12，把仪器调到 12dB 即可进行探伤。若考虑到表面光洁度和材质补偿，则探伤灵敏度还应提高一个补偿 dB 数。例如表面、材质补偿量为 4dB，则灵敏度再提高 4dB。为了方便起见，在制作判废线、评定线和定量线时，就将这个补偿 dB 数考虑进去，即三条线同时向下平移 4dB（图 4-46 中未予考虑）。

7）若探伤中在深度 $A_y=24$mm 处有一缺陷回波，应将其先调到最高，再调到基准高度。此时 dB 读数为 $V_x=25$dB，这时过 $A=24$mm 和纵坐标 $V_x=25$dB 分别作相应座标的垂线，交于图 4-46 中（x）点。据此，可以求得该缺陷的区域和当量。

同样利用 RB-2 对比试块，还可以制作面板曲线。

（2）探头移动法　对于尺寸或面积大于声束直径或断面的缺陷，一般用探头移动法来测定其指示长度或范围，这就是所谓“测长”问题。

GB11345—89 规定，缺陷指示长度 Δl 的测定推荐采用以下二种方法。

1）当缺陷反射波只有一个高点时，用降低 6dB 相对灵敏度法测长，原理见图 4-47。

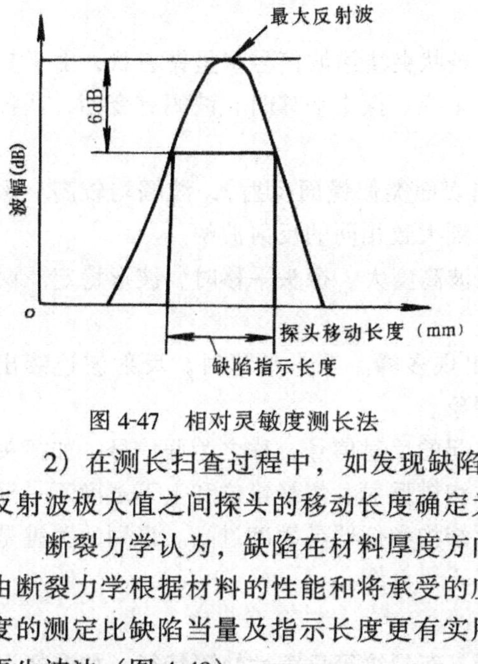

图 4-47　相对灵敏度测长法

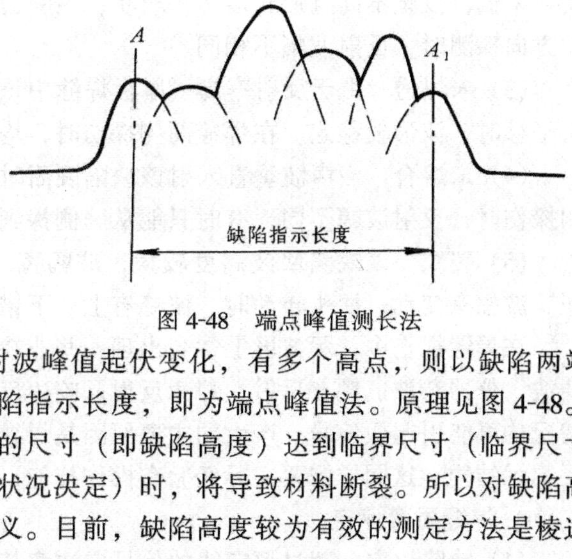

图 4-48　端点峰值测长法

2）在测长扫查过程中，如发现缺陷反射波峰值起伏变化，有多个高点，则以缺陷两端反射波极大值之间探头的移动长度确定为缺陷指示长度，即为端点峰值法。原理见图 4-48。

断裂力学认为，缺陷在材料厚度方向上的尺寸（即缺陷高度）达到临界尺寸（临界尺寸由断裂力学根据材料的性能和将承受的应力状况决定）时，将导致材料断裂。所以对缺陷高度的测定比缺陷当量及指示长度更有实用意义。目前，缺陷高度较为有效的测定方法是棱边再生波法（图 4-49）。

棱边再生波是由于缺陷高度方向上的两个端部一般尺寸较小（例如，焊缝中的裂纹），在入射声波的激发下会形成一个新的声源向外辐射球面波，该波能量较低，在常规的探伤灵敏度下超声探头难以接收到这一微弱信号。但当探伤灵敏度提高到一定程度时，在探头前后移动过程中，即会在缺陷反射回波 F 的前后显示一个小信号 f，即是棱边再生波信号。在测定棱边再生波时，一般采用 $K1$ 探头，前后移动测得反射回波最大幅度并按测得数据（棱边波的时基线刻度值）换算成声程（或深度和水平距离）后进行计算，获得缺陷高度尺寸。

3．缺陷性质的估判和假信号的识别

焊缝中缺陷的性质与其产生的部位、大小和分布情况有关。因此，可根据缺陷波的大小、位置、探头运动时波幅的变化特点（即所谓静态波形特征和动态波形包络线特征），并

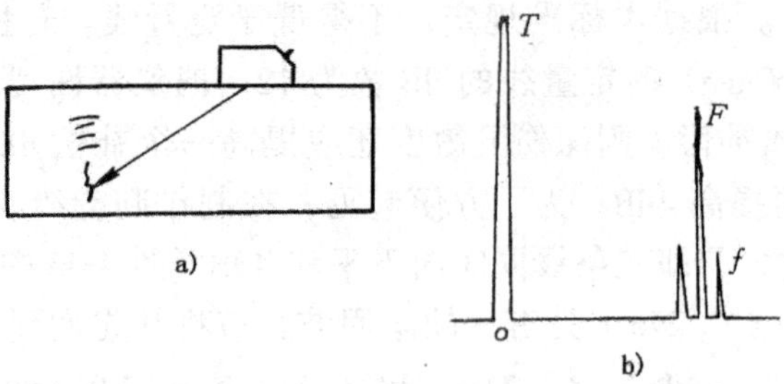

图 4-49　棱边再生波法原理
a）棱边再生波产生　b）棱边再生波接收
F—缺陷反射回波　f—棱边再生波

结合焊接工艺情况对缺陷性质进行综合判断。但这在很大程度上要依靠检验人员的实际经验和操作技能，因而较难掌握。这里仅作简单介绍：

（1）气孔　单个点状气孔回波高度低，波形为单峰，较稳定。从各个方向探测，反射波的高大致相同，但稍一移动探头就消失；密集气孔会出现一簇反射波，其波高随气孔大小而不同，当探头作定点转动时，会出现此起彼落现象。

（2）夹渣　点状夹渣回波信号与点状气孔相似；条状夹渣回波信号多呈锯齿状，由于其反射率低，波幅不高且形状多呈树枝状，主峰边上有小峰。探头平移时，波幅有变动，从各个方向探测时，反射波幅不相同。

（3）未焊透　由于反射率高（厚板焊缝中该缺陷表面类似镜面反射），波幅均较高。探头平移时，波形较稳定。在焊缝两侧探伤时，均能得到大致相同的反射波幅。

（4）未熔合　当声波垂直入射该缺陷表面时，回波高度大。探头平移时，波形稳定。两侧探伤时，反射波幅不同，有时只能从一侧探到。

（5）裂纹　该缺陷回波高度较大，波幅宽，会出现多峰。探头平移时，反射波连续出现，波幅有变动；探头转动时，波峰有上、下错动现象。

在焊缝探伤中，示波屏上常会出现一些非缺陷引起的反射信号，称之为假信号。如探头杂波、仪器杂波、耦合反射、焊角反射、咬边反射、沟槽反射、焊缝错位和上下宽度不一等情况均可能引起假信号。产生的主要原因是焊缝成形结构和仪器灵敏度过高。识别的关键是要熟悉结构，这同样需要实际经验和操作技能，这里不予介绍。

4. 焊缝质量评定

（1）缺陷评定　超过评定线的信号应注意其是否具有裂纹等危害性缺陷特征。如有怀疑时，应采取改变探头角度、增加探伤面、观察动态波形、结合结构工艺特征作判定。如对波形不能准确判断时，应辅以其他探伤方法（例如射线照相法）作综合判定。

（2）检验结果的等级分类

1）最大反射波幅位于Ⅱ区（参见图 4-31）的缺陷，根据缺陷的指示长度按表 4-10 的规定予以评级。

2）最大反射波幅不超过评定线的缺陷，均评为Ⅰ级。

3）最大反射波幅超过评定线的缺陷，检验者判定为裂纹等危害性缺陷时，无论其波幅和尺寸如何，均评为Ⅳ级。

4）反射波幅位于Ⅰ区的非裂纹性缺陷，均评为Ⅰ级。

5）反射波幅位于Ⅲ区的缺陷，无论其指示长度如何，均评定为Ⅳ级。

表 4-10 缺陷的等级分类

评定等级 \ 检验等级	A	B	C
板厚（mm）	8～50	8～300	8～300
Ⅰ	$\frac{2}{3}\delta$；最小 12	$\frac{\delta}{3}$；最小 10，最大 30	$\frac{\delta}{3}$；最小 10，最大 20
Ⅱ	$\frac{3}{4}\delta$；最小 12	$\frac{2}{3}\delta$；最小 12，最大 50	$\frac{\delta}{2}$；最小 10，最大 30
Ⅲ	$<\delta$；最小 20	$\frac{3}{4}\delta$；最小 16，最大 75	$\frac{2}{3}\delta$；最小 12，最大 50
Ⅳ	超过Ⅲ级者		

注：1. δ 为坡口加工侧母材板厚，母材板厚不同时，以较薄侧板厚为准。

2. 管座角焊缝 δ 为焊缝截面中心线高度。

五、焊缝超声波探伤的一般程序

焊缝超声波探伤的一般流程见图 4-50，这里仅对前面尚未提到的某些术语和程序作一简要解释。

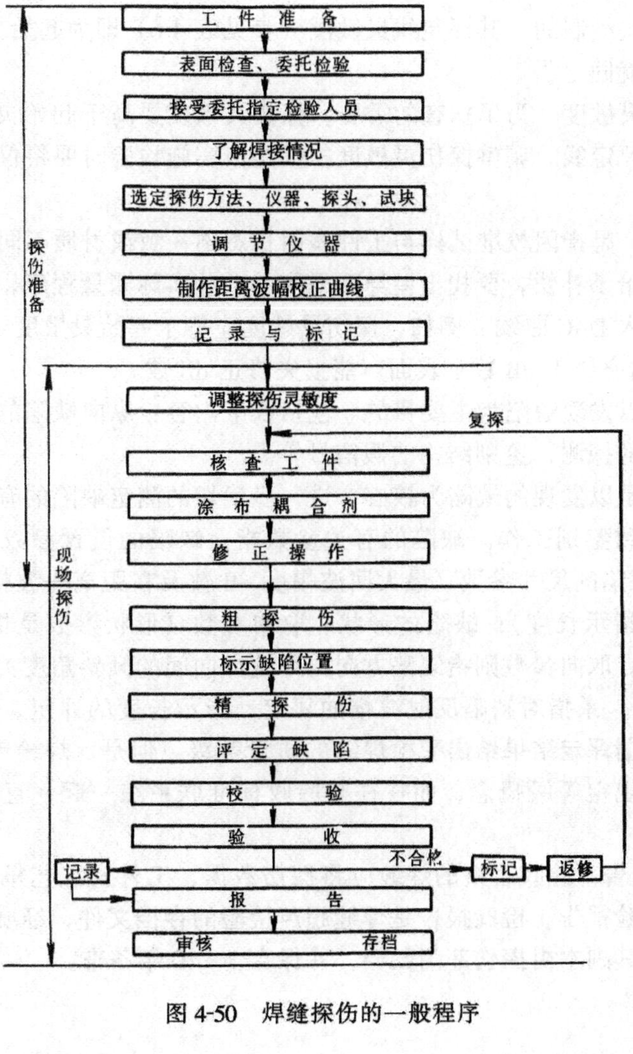

图 4-50 焊缝探伤的一般程序

（1）工件准备　该程序主要指探伤面的选择、表面准备和探头移动区的确定等，修磨好的焊缝应打上探伤部位编号作为缺陷定位和记录的参考依据。

（2）委托检验　委托单内容应有工件编号、材料、尺寸、规格、焊接种类、坡口形式等，同时也应注明探伤部位、探伤百分比、验收标准、级别或质量等级，并附有工件简图。

（3）指定检验人员　焊缝超声探伤一般安排二人同时工作，并由于超声检验通常要当即给出检验结果，故至少应有一名Ⅱ级人员担任主探。

（4）了解焊接情况　是探伤前的一项重要准备工作。探伤人员了解工件和焊接工艺情况，以便根据材质和工艺特征，预先清楚可能出现的缺陷及分布规律。同时，向焊工了解在焊接过程中偶然出现的一些问题及修补等详细情况，可有助于对可疑信号的分析和判断。

（5）调节仪器　调节仪器前首先应对选定的仪器和探头系统性能进行校验，要确保系统性能可满足检验对象和探伤标准要求。在使用斜探头探伤之前还应先测定入射点，从而校验探头的前沿长度和 K 值。仪器调节有二项主要内容：其一，探伤范围和扫描速度调节，探伤范围的选择应以尽量扩大示波屏的观察视野为原则，一般受检工件最大探测距离的反射信号位置应不小于刻度范围的 2/3，扫描速度调节见前述；其二，灵敏度调整。调整方法依 GB11345—89 规定，可采用距离—波幅曲线图，该曲线图是根据焊件板厚采用 RB 型对比试块或其等效形式试块绘制的。其评定线灵敏度（参见表 4-6）即为起始灵敏度，它确定之后，探伤系统的灵敏度就固定了。

（6）调整探伤灵敏度　为了扫查的需要，探伤灵敏度要高于起始灵敏度。一般应提高 6～12dB，即不低于评定线。调整探伤灵敏度，就是指实施检验时要将仪器各主要旋钮置于探伤灵敏度位置。

（7）修正操作　是指因校准试样与工件表面状态不一致或材质不同而造成耦合损耗差异或衰减损失。为了给予补偿，要找出差异而采取的一些实际测量程序，即称为修正操作。所获得的修正量应计入 DAC 曲线。例如，探伤灵敏度应等于起始灵敏度 + 预增加 dB 数 + 材质衰减修正 dB 数 + 曲率修正 dB 数 + 表面声能损失修正 dB 数。

（8）粗探伤　以发现缺陷为主要目的。包括以下内容：纵向缺陷的探测；横向缺陷的探测；其它取向缺陷的探测；鉴别结构的假信号等。

（9）精探伤　是以发现的缺陷为核心，进一步确切的测定缺陷的有关参数，并包含部分对可疑部位的更细致鉴别工作。缺陷的有关参数指：缺陷的位置参数（纵向坐标、横向坐标、深度坐标）；缺陷的尺寸参数（最大回波幅度 dB 数及在距离—波幅曲线上分区的位置、缺陷的当量或缺陷指示长度）；缺陷的形状、取向参数（形状参数是指缺陷的长度、体积、面状及密集性概念。取向参数则指缺陷方向与焊缝方向间的倾斜角度关系）。

（10）评定缺陷　系指对缺陷反射波幅的评定、指示长度的评定、密集程度的评定及缺陷性质的估判。根据评定结果给出受检焊缝的质量等级。但是，焊缝超声探伤有其特殊性，有些评定项目并不规定等级概念，而往往与验收标准联系在一起，直接给出合格与否的结论。

（11）记录与报告　验收合格的焊缝应将探伤数据、工件及工艺概况归纳在探伤的原始记录中，并签发检验报告。检验报告是焊缝超声检验的存档文件，经质量管理人员审核后正本发送委托部门，其副本由探伤部门归档，并保存 7～10 年备查。

§4-4 液浸法超声波探伤

液浸法（immersion testing）是将工件和探头头部浸在耦合液体中，探头不接触工件的探伤方法。该法具有声波的发射和接收比较稳定、易于实现探伤过程自动化，并可显著提高检查速度等优点。常用于坯材和型材自动探伤㊀、某些特殊工件㊁探伤和焊缝的精密探伤（图4-51）。

液浸法主要缺点是，它需要一些辅助设备，如液槽、探头桥架、探头操纵器等。同时，还由于液体耦合层一般较厚而声能损失较大。

液浸法当用水（通常情况下均如此）作耦合介质时，称作水浸法。水浸探伤时，探头常采用聚焦探头，即是最常用的水浸聚焦超声波探伤。

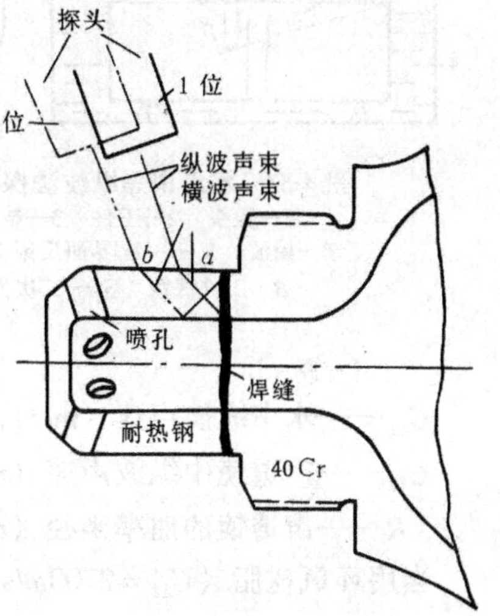

图 4-51 预燃室喷嘴摩擦焊缝水浸探伤

一、液浸法探伤分类

根据工件和探头浸没方式，可分为：全没液浸法、局部液浸法和喷流式局部液浸法等，其原理如图 4-52。

二、水浸聚焦超声波纵波法探伤

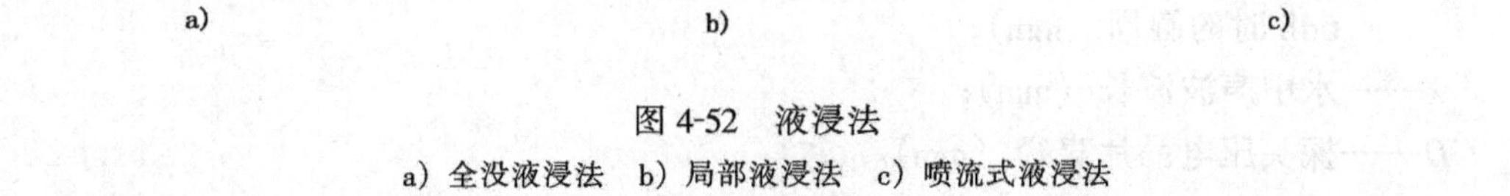

图 4-52 液浸法

a）全没液浸法 b）局部液浸法 c）喷流式液浸法

1—探头 2—耦合液 3—工件

水浸聚焦超声波纵波法探伤原理及波形见图 4-53。当聚焦直探头发射的聚焦声束透过传声介质水层时（图 4-54），则有：

$$f=\frac{C_{L2}}{C_{L2}-C_{L1}}R \qquad (4\text{-}27)$$

式中 f——凹球面声透镜水中焦距（又称探头焦距）(mm)；

㊀ 见 GB5777—86 无缝钢管超声波探伤方法；GB4163—84 不锈钢管超声波探伤方法；JB4008—85 液浸式超声纵波直射探伤方法。

㊁ 检查双金属的粘结层、复合材料等。

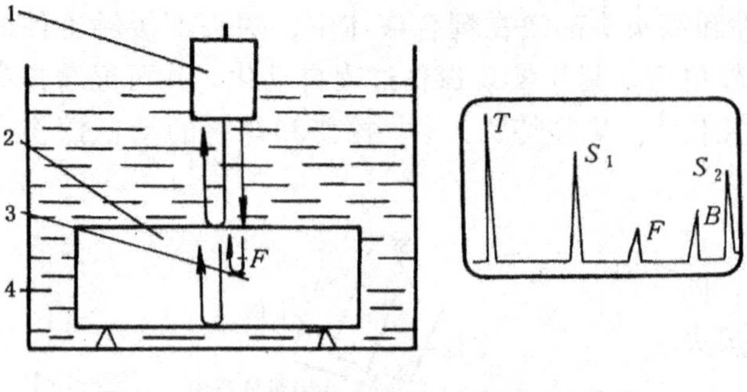

图 4-53 水浸聚焦纵波法探伤原理和波形
1—探头 2—工件 3—缺陷 4—水
T—始波 S_1—一次界面反射波 F—缺陷波
B—工件底波 S_2—二次界面反射波

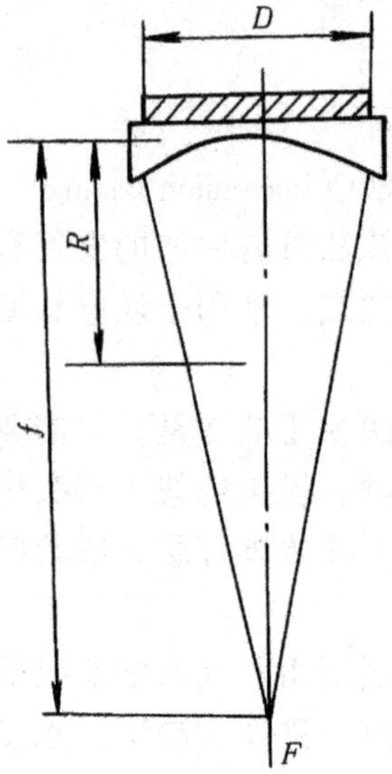

图 4-54 水中无工件时的声束聚焦

C_{L1}——水中纵波声速（m/s）；

C_{L2}——声透镜中纵波声速（m/s）；

R——声透镜的曲率半径（mm）。

当用环氧树脂（$C_{L2}=2700\text{m/s}$）作透镜材料时，则式（4-27）可简化为：

$$f\approx 2.2R \tag{4-28}$$

聚焦探头在水中焦点附近的声场为一圆柱形区域（图 4-55），称之为焦柱，其特征为

$$\phi=2\rho_{-6\text{dB}}\approx\lambda\frac{f}{D} \tag{4-29}$$

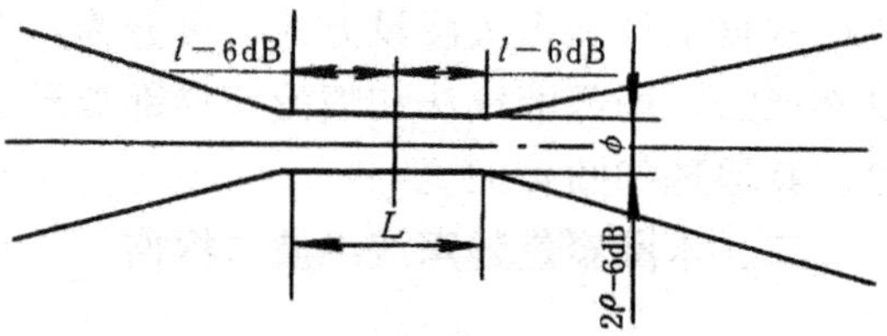

图 4-55 焦柱长度和直径

式中 ϕ——水中焦柱直径（$\rho_{-6\text{dB}}$为其半径），即焦平面上从焦点处算起小球反射声压下降6dB时的圆周（mm）；

λ——水中声波波长（mm）；

D——探头压电晶片直径（mm）。

$$L=2l_{-6\text{dB}}=4\lambda\left(\frac{f}{D}\right)^2 \tag{4-30}$$

式中 L——水中焦柱长度，即从焦点处算起，轴线上小球反射声压下降 6dB 时小球偏离焦点距离 $l_{-6\text{dB}}$的二倍。

由于聚焦声束中各声线（对水中焦点而言）是会聚的，在工件表面将产生折射现象。又由于工件材料（钢、铝等）的声速大于水中声速，所以聚焦声束在工件中折射后会进一步聚焦，并使焦距缩短（图 4-56）。工件中形成的新聚焦声场与水中聚焦声场间满足以下关系：

$$h\approx(f-H)\frac{C_{L1}}{C_{L3}} \tag{4-31}$$

式中　h——工件中焦点至工件表面距离（mm）；

H——水层厚度，又称水距（mm）；

C_{l3}——工件中纵波声速（m/s）。

$$\phi' = \phi \tag{4-32}$$

式中　ϕ'——工件中聚焦声场焦柱直径（mm）。

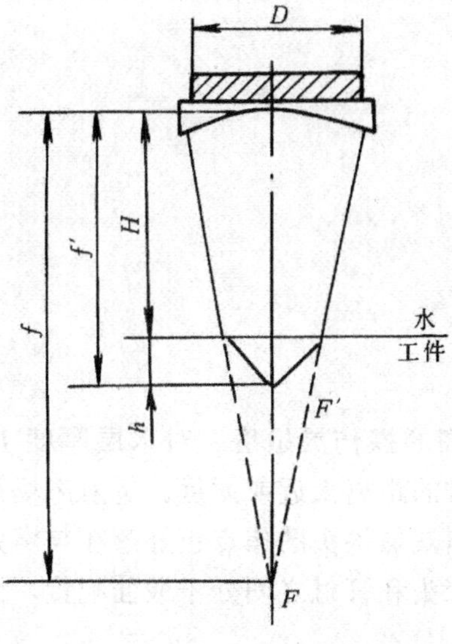

图 4-56　水中有工件时的声束聚焦

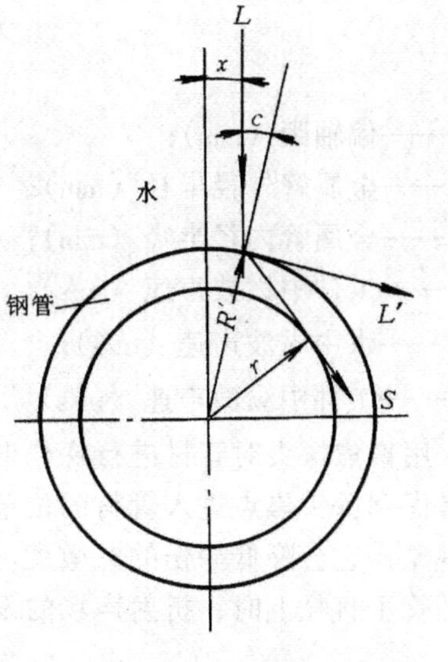

图 4-57　水浸聚焦横波法探伤原理

$$L' = \frac{C_{l1}}{C_{l3}} L \tag{4-33}$$

式中　L'——工件中聚焦声场焦柱长度（mm）。

焦距、焦柱直径和焦柱长度是三个非常重要和实用的概念。特别应该指出，焦柱区内声压没有突变现象。同时，为使第二次界面反射波 S_2 落在工件底波 B 之后（参见图 4-53），还应使

$$H \geqslant \frac{1}{3}\delta \tag{4-34}$$

式中　δ——工件厚度（mm）。

式（4-34）是根据水中和钢（或铝）中的纵波声速计算结果。

三、水浸聚焦超声波横波法探伤

水浸聚焦超声波横波法探伤原理见图 4-57。

当聚焦直探头偏离金属管中心轴线时，聚焦声束将透过传声介质水层倾斜入射金属管表面，这时在界面上将发生波形转换。适当调整偏轴距（即选择入射角），使折射波中只有横波，此横波在金属管内外壁之间沿圆周呈锯齿形传播。

要实现单一横波探伤，入射角 α 应大于第一临界角 α_1，由 $\sin\alpha_1 = \frac{C_{l1}}{C_{l3}}$ 得 $\sin\alpha \geqslant \frac{C_{l1}}{C_{l3}}$。而要使声束能探测至管内壁，横波折射角应符合 $\sin\gamma_s \leqslant \frac{\gamma}{R'}$，又 $\frac{\sin\alpha}{\sin\gamma_s} = \frac{C_{l1}}{C_{s3}}$，即 $\sin\alpha = \sin\gamma_s \frac{C_{l1}}{C_{s3}}$

$\leqslant \frac{\gamma}{R'}\frac{C_{L1}}{C_{s3}}$。所以同时满足单一横波探伤，且能探测至管内壁（即折射横波与管内壁相切）的条件为：$\frac{C_{L1}}{C_{L3}} \leqslant \sin\alpha \leqslant \frac{\gamma}{R'}\frac{C_{L1}}{C_{s3}}$，以 $\sin\alpha = \frac{x}{R'}$ 代入前式，则得偏轴距范围为

$$\frac{C_{L1}}{C_{L3}}R' \leqslant x \leqslant \frac{C_{L1}}{C_{s3}}r \tag{4-35}$$

式中 x——偏轴距（mm）；

R'——金属管外径半径（mm）；

r——金属管内径半径（mm）；

C_{s3}——工件中横波声速（m/s）；

C_{L1}——水中纵波声速（m/s）；

C_{L3}——工件中纵波声速（m/s）。

当采用聚焦探头对管材进行探伤时，为了得到最高的探伤灵敏度，对水层厚度 H 的选择还应考虑到探头焦点进入管材的位置。焦点进入管材的距离太近或太远，折射声场都会出现发散现象，它会降低探伤的灵敏度。从理论上讲，当聚焦探头的焦点正好落在与声束轴线相垂直的管子直径上时，折射声场的发散最小，这时探头和管材之间处于最佳配置。由此导出

$$H = f - \sqrt{R'^2 - x^2} \tag{4-36}$$

式中 H——最佳水层厚度（mm）；

f——探头焦距（mm）。

水浸聚焦超声波探伤技术与 C 扫描相配合已获得日益广泛的应用。

§4-5 计算机及数字信号处理技术在超声波探伤中的应用

随着现代工业检测的需要和计算机及数字信号处理技术在超声波探伤中的应用，无损检测领域中超声探伤获得了令人瞩目的发展。当然，这也是与超声波探伤方法本身具有的下述特点有关：其一，有大量可资利用的超声波波型；其二，在接收到的超声回波中有大量尚未经利用的有用信息，诸如回波频谱、回波包络、回波相位等。

一、数字化超声波探伤仪器设备

数字化超声波探伤仪器设备，又称计算机化超声波探伤仪器设备。

1. 数字化超声波探伤仪器设备特点

目前，数字化超声波探伤仪器设备基本有二类：数字化自动超声波探伤设备和数字化携带式超声波探伤仪。前者多是以传统超声波探伤仪（单通道或多通道）配置微机系统或外部计算机联机，直接对探伤条件进行数字控制，对探伤数据进行分析和处理，并打印输出探伤报告。同时，还可控制机械装置和工序流程，使生产过程自动化等。这就大大地提高了自动超声探伤的判伤能力、探伤速度，也解决了多通道的探伤条件的自动调整问题，简化了操

作。数字化自动超声波探伤设备主要用于管材、棒材、坯料和板材的自动化探伤。后者是以计算机为核心具有数据处理器的一体化超声波探伤仪，又称智能化电脑超声波探伤仪，可广泛用于工作现场和室外探伤，是当今超声波探伤仪器设备的发展主流。

数字化携带式超声波探伤仪，从其数据采集原理上可分为二类：其一为峰值单点取样式，又称峰值采样法。即用峰值检波器把脉冲回波幅度（某一峰点）以较高精度采集，并用计数器将声时记录下来，其特点是成本低，易于制作，但原始回波不可记录，丢失了大量有用信息，无法对回波进行信号处理，仪器因功能少，而使用局限性较大。其二，为全数字式又称全波采样法。它以提取超声回波的整体信息为目的，采用高速 *A/D* 和大容量的高速存储器来采集和存储全部回波信息，这类仪器除能实时提供缺陷的当量、位置等信息外，可显示、冻结、存储和回放存储的回波波形，并对回波进行逐点分析。而且为数字信号处理奠定了良好基础。全波采样法的问题是，当采样频率不够高时易产生最高峰值漏检，影响当量读数精度和信号处理。提高采样频率则将大幅度提高成本，因此有必要在适当地提高采样频率的同时采用合适的技术处理，以充分满足探伤要求。

目前，国内外着重发展了全数字式携带式智能超声波探伤仪，其代表产品有：USD-10德国 KRUTKRÄMER 公司)、EPOCH-2002（美国 PANAMETRIX 公司)、KS-1000 系列中的 KS-1010 和 KS-1020（图 4-58，中国科学院武汉物理所）等。

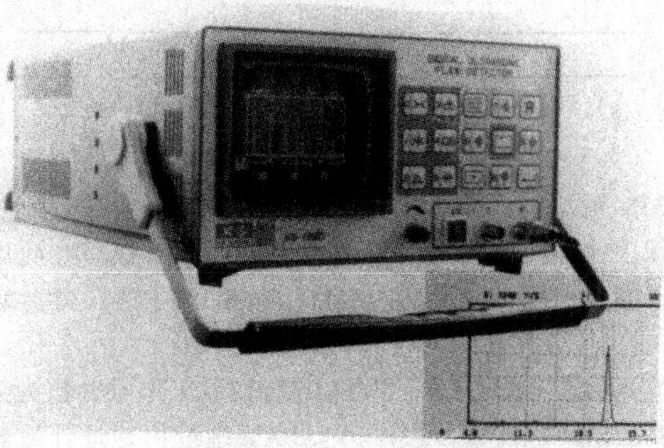

图 4-58　KS－1020 全数字式超声波探伤仪

2．高速数据采集系统基本原理

全波采样法的核心是如何将超声回波信号全貌数字化。根据实际探伤中所用超声波频率(0.5～10MHz)，必须采用高速数据采集系统。下面介绍一种采样频率可达 16MHz 的数据采集系统，它可满足常用的 2.5MHz 左右工作频率的超声波探伤。

图 4-59 为系统硬件原理图，整个硬件由二部分组成：A/D 转换及 RAM 写入电路；RAM 读出电路。

1）A/D 转换及 RAM 写入电路　CA3318 是一视频并行 A/D 转换器，在其相位控制端接地情况下工作时序如图 4-60 所示。

在一个时钟周期内，A/D 工作于二种状态。低电平期间 A/D 内部电容充电，高电平期间 A/D 内部 256 个高速运算放大器把输入的模拟信号与充电电平相比较，在高电平的下降沿，比较的结果被送到锁存器锁存，同时进行译码。在下一节拍的上升沿，译码结果被送到输出寄存器，通过控制 CE2 和 CE1 二个管脚可使输出三态门打开，寄存器内部数据可以输出到

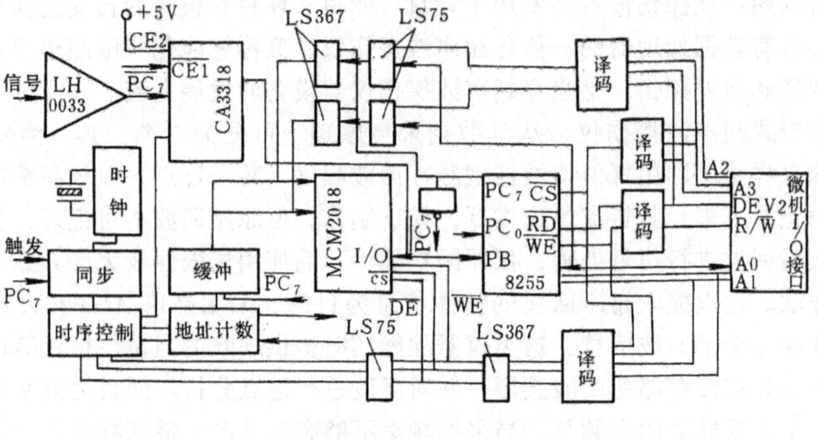

图 4-59 高速数据采集系统电原理图

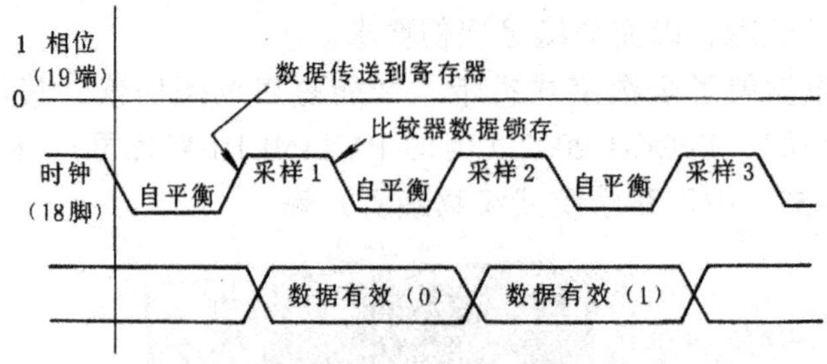

图 4-60 A/D 时序图

数据线上。由于 CA3318 输入电容较大，输入信号要加高功率运放进行驱动，这里选用 LH0033。信号在数据线上停留时间约为一个时钟周期，所以必须在此周期内将数据从数据线上取走且予以保存，为此利用一片高速 RAM（MCM2018-N35）来实现 A/D 转换后数据的存储。

图 4-61 为 MCM2018 的读写时序图。可用 A/D 转换器工作时钟作为片选信号（$\overline{CS}$）和写信号（$\overline{WE}$），在 A/D 转换期间，读信号可 +5V。RAM 地址由地址计数器电路提供，地址计数脉冲仍然利用 A/D 转换器工作脉冲。

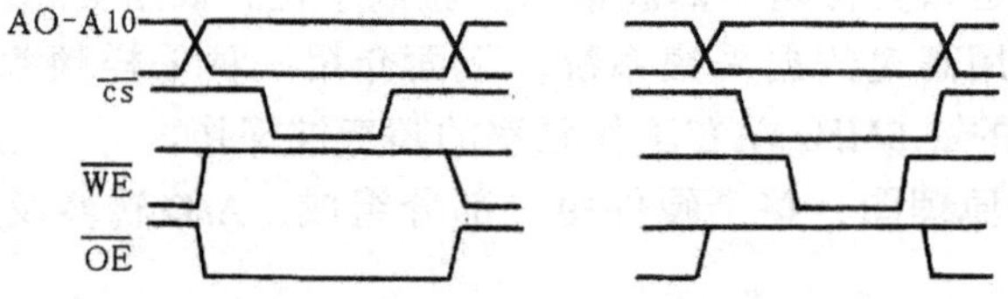

图 4-61 RAM 时序图

2）RAM 读出电路　外设 RAM 向计算机传送数据是通过 8255 芯片实现的。8255 工作于方式 0，其 B 口和 C 口下半部分被置为输入，A 口及 C 口上半部分被设置为输出，8255 与计算机内部 2 号外设插座相连。因此其内部四个寄存器地址为 C0A0、C0A1、C0A2、C0A3。在读 RAM 的过程中，其地址由锁存器提供，锁存器地址由 A2、A3 和插座选择信号 $\overline{DEV2}$ 译码产生，根据所设计电路，高 8 位地址是 C0A8，低 8 位地址是 C0A4。片选信号（$\overline{CS}$）由 8255 片选信号和 A0、A1 经逻辑运算产生，逻辑电路保证只有在计算机读 8255B 口时，RAM 的 $\overline{CS}$ 信号才有效，即为低电平。读写信号由 R/W 信号经逻辑译码产生。

计算机每次读 RAM 时，首先向锁存器送地址低 8 位，而后送高 8 位，最后执行一条读 8255B 口的命令，把相应地址单元的数据传送到计算机内存中。

图 4-62 为整个数据采集系统的时序图。

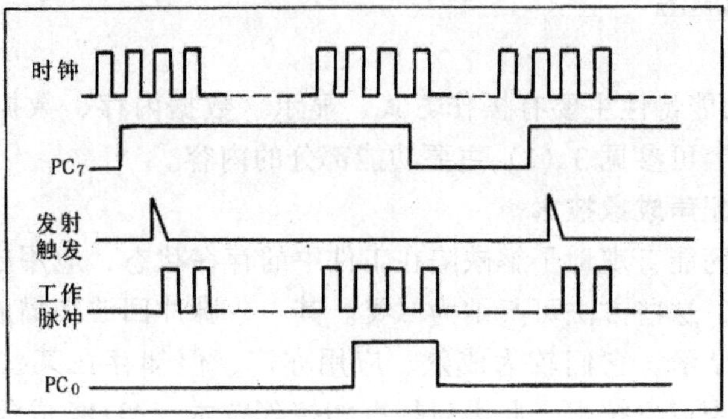

图 4-62　系统工作时序

系统接上电源后，晶振开始工作，发出 16MHz 的时钟信号。整个数据采集过程如下：首先进行 8255 的初始化，置 8255C 端口第 7 位（PC_7）为低电平，以对系统里的触发器和计数器进行清零。此后，计算机发出允许 A/D 转换命令，即将 PC_7 置为高电平，这时若有超声波发射触发信号（或用闸门信号也行）出现，则系统进入 A/D 转换过程。采样 1024 点后，计数器给 PC_0 置为高电平，计算机查询到此信号后，将 PC_7 置为低电平，其作用有二：一是使触发器、计数器清零，二是使计算机能够读 RAM。即使计算机发出的地址信号和 RAM 片选信号、读写信号能够通过缓冲器而作用到 RAM 上。整个 RAM 读完后，就可开始下一个采集周期。

根据硬件电路编制的数据采集及预处理程序，这里不作介绍。

3.KS-1000 系列全数字式超声波探伤仪简介

（1）主要功能及工作原理　该探伤仪采用全中文会话操作方式，除具有常规超声波探伤仪的基本性能外，可对回波进行检测、搜索、冻结和校准。可自动制作距离—波幅曲线，设置探伤标准和闸门。在探伤过程中能自动报警并确定伤的当量值和部位。能内存 28 组回波信号，并能快速回放伤回波和有关参数。能对多幅存储的回波信号进行比较、分析，并自动打印输出包括缺陷回波、缺陷在焊缝部位的剖面图和伤当量值在内的探伤报告。该探伤仪适用于室内、外探伤需要，并特别有利于主管人员对探伤结果的复查和审核。

KS-1000 系列探伤仪硬件组成见图 4-63。主要工作原理为：在机内计算机统一控制管理下，同步信号触发发射电路，形成发射脉冲激励探头发射脉冲超声波，其脉冲回波经接收电路放大检波后，A/D 对其进行全波采样。量化后的数字信号，在时序逻辑电路的控制下，经分析处理后进入图象处理系统形成显示矩阵，并将其视频信号送入监视器显示。

（2）主要性能（KS-1020）

1）技术参数（注意与表 4-4 比较）

垂直线性误差 < 5%

动态范围 30dB

衰减器 80dB

灵敏度余量 > 46dB

电噪声电平（本机）< 15%

工作频率 0.5～10MHz

重量 7.5kg

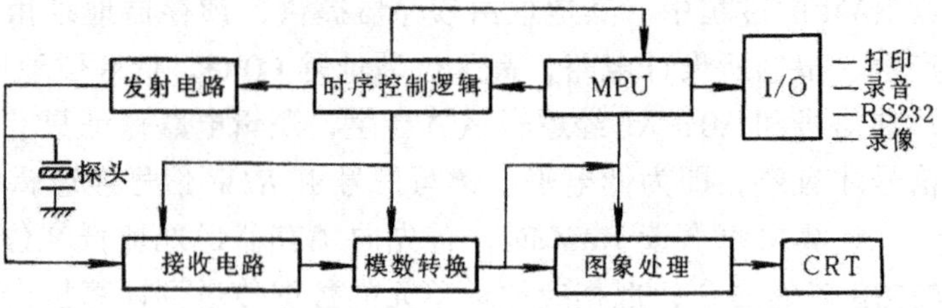

图 4-63　KS-1000 系列探伤仪硬件框图

2）功能特性　功能特性主要有操作方式、显示、数据内存、数据外存、数据输出及报警功能等项，具体内容可参见 3（1）主要功能部分的内容。

二、计算机辅助超声成象技术

在无损探伤中，为能直观地了解缺陷在工件中的存在状态，应用超声成象技术是一种较为完善的方法。目前，这些方法可归纳为二类。其一，脉冲回波扫描成象法，如前面已经介绍过的 B、C、3D 型显示。它们较为成熟，应用亦广，但却存在某些不足，缺陷检出率较低；其二，正面投影声成象技术，此类包括有相控阵技术、ALOK 成象法、合成孔径聚焦技术等，这是一些更为有力的、多信息量的新方法。这里仅介绍第二类。

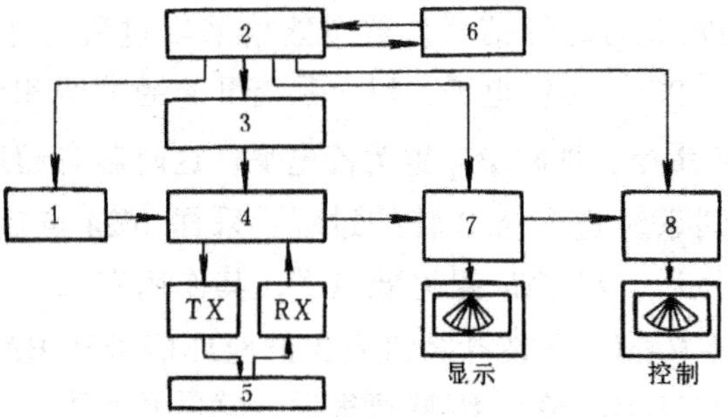

图 4-64　相控阵探伤系统框图

1—短脉冲群发生器　2—微处理机　3—多通道综合器　4—CCD 延迟装置　5—相控阵探头　6—终端　7—检波器扇形控制器　8—视频转换器储存

1. 相控阵技术

图 4-64 为一相控阵探伤系统，其工作原理如下。

电荷耦合器（CCD）用于延迟发射和接收脉冲，延迟时间是通过改变时钟频率来实现。每一个电荷耦合器有二个通道，第一个通道相应地延迟了正弦电脉冲群，经线性放大后激发每个相控单元；第二个通道延迟了前置放大后的回波信号，经综合器 3 后以 A 和 B 扫描方式显示。由综合器 3 产生时钟频率，微处理机 2 预置时钟频率并控制 x/y 显示时基。中心频率可在 0.5～5MHz 之间调节，脉冲长度也可在 1～20 周期间调整。通过适当地定相，可产生纵波、横波、表面波和爬行波。

相控阵探头阵列 5 有环形的、线性的和平面的三种。环形阵列优点是在相当长的距离范围内可较好的形成一个直径很小的焦束，而且在相对于声束的轴线上，该阵列声压分布对称；线性阵列特点是通过适当控制相位和振幅补偿，可操纵声束扫描和改变声束方向以及聚焦；平面阵列探头能形成三维声束。由于相控阵探头形成的电子波束，因此可显著地提高扫描速度，减少探头调整时间，在与 ALOK 技术结合后可以实现缺陷重建。然而不足之处是电子硬件系统复杂、投资巨大。

2. 合成孔径聚焦技术（SAFT）

合成孔径聚焦技术实质上是一种宽频带的回波衍射层析技术。从成象角度，在理论上可实现任意大的孔径，所以在任意深度上都有很高的横向分辨力。因为一个成象系统的横向分

辨力 $=1.22\lambda\frac{F}{D}$（式中 λ 为超声波在介质中的波长，F 为换能器到反射体的距离，D 为换能器的有效孔径）由此可见，对给定距离的反射体，提高横向分辨力只能是减小 λ 或是提高 D 值。而减小 λ 是受介质条件限制的，而加大换能器的物理尺寸也是受到很大限制的，但SAFT 法却能解决这一问题。因为在该法中可用一个点换能器（或等效于点换能器的短焦距聚焦换能器）在工件表面上移动，用数学方法合成一个任意大的孔径，从而提高横向分辨力。同时，它又是一个宽带系统，可以有很高的纵向分辨力（纵向分辨力可以很简单的用窄脉冲方法实现）。SAFT 技术可以在软件水平上实现缺陷重建，具有很高的灵活性。

图 4-65 为 SAFT 探伤过程原理。

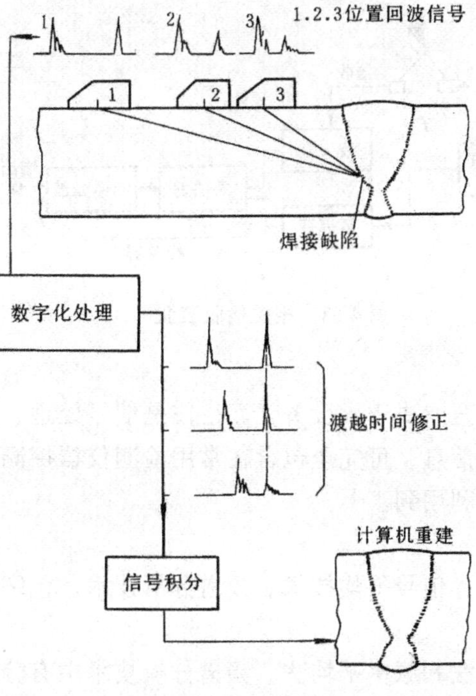

图 4-65 合成孔径聚焦技术

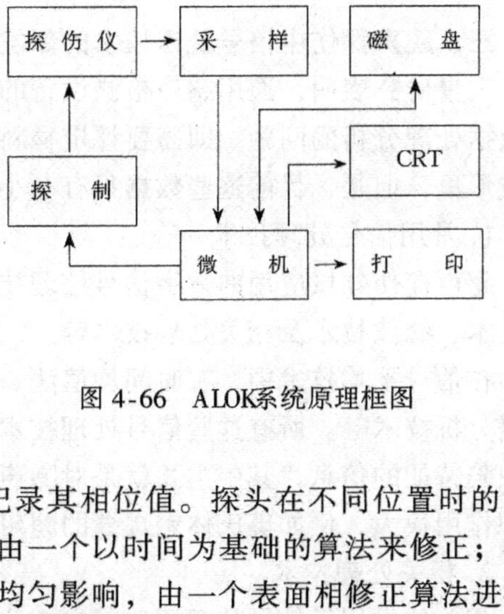

图 4-66 ALOK系统原理框图

SAFT 法使用脉冲超声波，既记录回波幅度又记录其相位值。探头在不同位置时的回波信号被数字化后储存。探头到缺陷的渡越时间，是由一个以时间为基础的算法来修正；场深的影响是由一个聚焦算法来修正；而材料表面的不均匀影响，由一个表面相修正算法进行修正。噪声的抑制，是通过对不同位置超声信号求平均来实现。

3.ALOK 成象技术

超声 ALOK 成象（Amplituden – und Laufzeit – orts Kurven）技术，即幅度、传播时间—位置曲线技术，首先于 80 年代初由德国 Fraunhofe – Institut fur Zerstorungsfreie Prufverfahren 开始进行系统的应用性研究，目前已研制出多通道实时超声 ALOK 数据采集装置，其中数据处理及缺陷成象部分仍离线在中型计算机上实行。整个超声 ALOK 系统，已开始试用于核电站的在役超声自动检测中。

如图 4-66、图 4-67 所示。探伤时探头沿探伤面作 A-A'移动，并接收回波信息。对各个

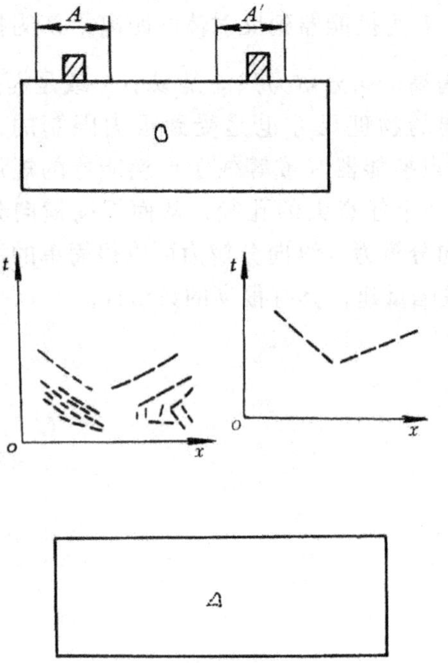

图 4-67 ALOK 技术探伤过程

测量位置上得到的信号均判别出回波峰值，以确定反射回波的传输时间及幅值，而后把回波峰值及其所对应的孔径（或缺陷）的坐标 x、传输时间 t 及回波幅值 A 以对应数组的形式存入内存，并绘出 $t-x$ 曲线。在图 4-67 中有二组 $t-x$ 曲线，前者未经软件分离缺陷和噪声，后者经过了去噪声处理。这里用软件区分缺陷和噪声的方法，是根据缺陷峰值 $t-x$ 轨迹为双曲线。对去除噪声的曲线进行拟合就能得到缺陷的 B 型图象。

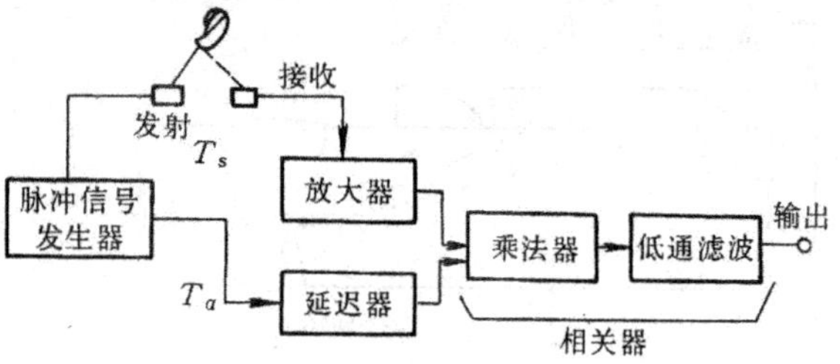

图 4-68 相关接收装置

三、超声探伤中信号处理技术的新发展

大量研究表明，通用超声检测设备的缺点不完全取决于硬设备，而往往是信号处理、成象数据处理分析的问题。即需要评定材料完整性的信息，可完全包含在常用检测仪器探测到的波形里，但是，目前这些数据只有一小部分可被利用到。

1. 常用信号处理技术

超声探伤领域应用的数字信号处理技术主要有：信号平均技术、频谱分析技术、包络识别技术、滤波技术及相关处理技术等。

在信号平均技术中，有时间均值法、空间均值法和频率平均法。频谱分析技术中有分离频谱分析技术等。所有这些信号处理技术的目的都是设法从探头接收到的回波中提取更多反映缺陷特征的信息，其中主要就是对噪声的抑制。因此信号处理技术在粗晶材料的超声波探伤中作用很大，例如奥氏体钢焊缝的超声探伤。

2. 相关处理技术

相关技术用于信号处理要比其它方法优越。首先是能够获得足够高的信噪比，对于确定相关系统来说，信噪比为

$$\frac{\text{SNR 输出}}{\text{SNR 输入}} = \alpha BT \tag{4-37}$$

式中 α——发射信号的开关比；

T——低通滤波器输出的等效积分时间；

B——发射脉冲的带宽。

典型的相关装置如图 4-68，工作原理如下：

缺陷回波信号经放大后与用延迟器延迟 T_a 的原来发射信号相关，相关器主要由乘法器

和低通滤波器组成。当延迟量 T_a 等于超声信号从探头到缺陷，又从缺陷返回到接收探头所需时间 T_s 时，参与信号和缺陷信号同时进入乘法器的二个输入端，于是相关器就产生自已的最大输出。若 $T_a - T_s \gg \frac{1}{\pi B}$ 时，信号进入相关器后将会显示出非相关，使得相关器输出逼近于零。

3. 频谱分析技术

频谱分析技术可为超声检测提供大量附加信息，在超声检测信息处理技术中占主要地位。

频谱分析的根据是，一个时间域里观察到的非周期性超声回波 $x(t)$（图 4-69）也能用很多正弦波的线性组合来加以解释。这样两个相等的信号表示法叫傅里叶变换对，其数学表达式如下：

$$x(t) = \frac{1}{2\pi}\int_{-\infty}^{\infty} x(f)e^{j2\pi ft}df \tag{4-38}$$

以及

$$x(f) = \int_{-\infty}^{\infty} x(t)\ e^{-j2\pi ft}dt = \int_{-\infty}^{\infty} x(t)[\cos(2\pi ft) - j\sin(2\pi ft)]\,dt \tag{4-39}$$

这里 f——频率；

$j = \sqrt{-1}$；

$x(f)$ ——频率域信号（图 4-70）。

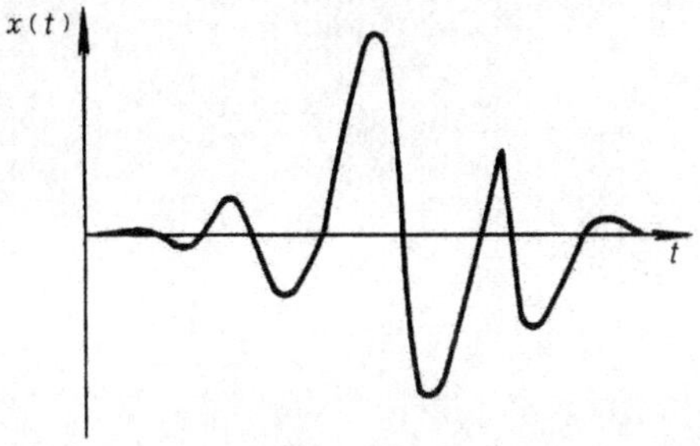

图 4-69　时域里的超声信号

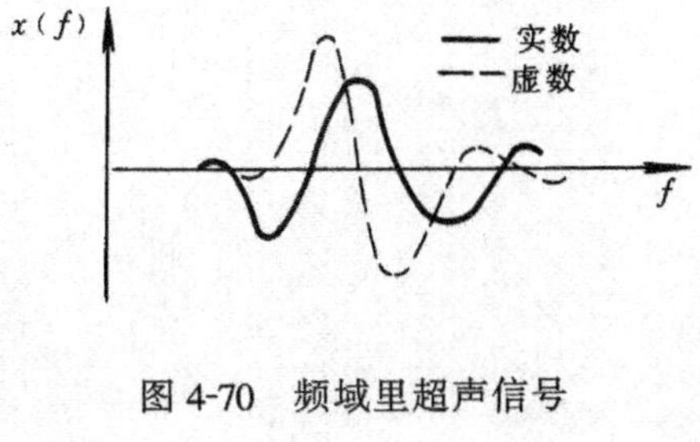

图 4-70　频域里超声信号

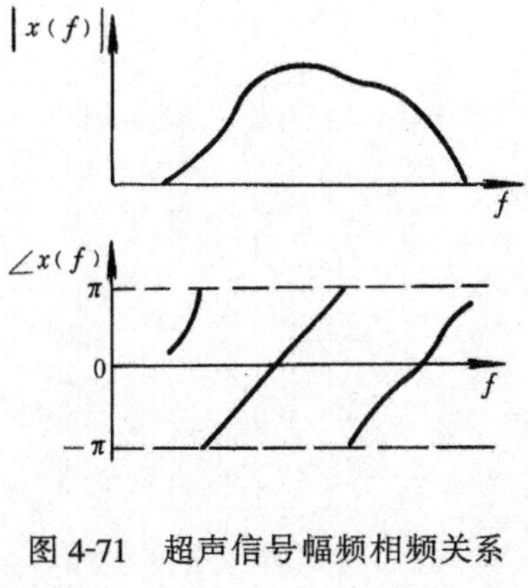

图 4-71　超声信号幅频相频关系

在频域内信号同样地能用它的总幅度大小以及一些参考点的脉冲相位角来表示，在各种情况下避免了虚数的使用：

幅度大小　$|x(f)| = \{Re[x(f)]^2 + I_m[x(f)]^2\}^{1/2}$　(4-40)

相位角　$\angle x(f) = \mathrm{arctg}\left(\frac{I_m[x(f)]}{Re[x(f)]}\right)$　(4-41)

其波形如图 4-71。

在频域内研究的优点之一，是缺陷的回波 $F(f)$ 能容易地和第二种回波 $T(f)$ 相区别。如由许多小晶粒间界产生的干扰回波有时和缺陷波相模糊。然而这些干扰波形与象裂纹这样大的反射体相比有更高的频率，为了利用这个差别，射频信号可以通过兼备有数字滤波器的快速傅里叶分析分解成几个频带，在不同频带里晶粒噪声将根本不相关，因此它是能被识别的。

频谱分析技术在其它方面的许多应用研究也正在进行，现在已经应用于许多超声检测系统中。

第五章　磁力探伤与涡流探伤

磁力探伤是通过对铁磁材料进行磁化所产生的漏磁场，来发现其表面或近表面缺陷的无损检验法。磁力探伤包括磁粉法、磁敏探头法和录磁法。

涡流探伤是利用电磁感应原理，使金属材料在交变磁场作用下产生涡流，根据涡流的大小和分布来探测磁性和非磁性材料缺陷的无损检验法。

§5-1　磁力探伤原理

一、磁力探伤分类

当铁磁材料的表面存在着裂纹等缺陷时，在磁化状态下，裂纹周围会产生漏磁通。根据检测漏磁通所采用的方式的不同，磁力探伤可分为以下几类：

1. 磁粉法

在磁化后的工件表面上撒上磁粉，磁粉粒子便会吸附在缺陷区域，显示出缺陷的位置、磁痕的形状和大小。磁粉有干式磁粉和悬浮液类型的湿式磁粉。磁粉法可用于任何形状的被测件，但不能测出缺陷沿板厚方向的尺寸。磁粉法提供的缺陷分布和数量是直观的，并且可以用光电式照相法将其摄制下来，得到了广泛的应用。

2. 磁敏探头法

用合适的磁敏探头探测工件表面，把漏磁场转换成电信号，再经过放大、信号处理和储存，就可以用光电指示器加以显示。与磁粉法相比，用磁敏探头法所测得的漏磁大小与缺陷大小之间有着更明显的关系。因而可以对缺陷大小进行分类。常用的磁敏探头有以下几种形式：

(1) 磁感应线圈　对于交变的漏磁场，感应线圈上的感应电压等于单位时间内磁通的变化率。对于直流产生的漏磁场，由于磁通不变，为了测出直流磁场，必须让测量线圈与工件之间发生相对运动，使磁通发生变化。这样，感应电压的大小就与运动速度有关。如果使其作恒速运动，则可根据感应电动势的幅值来确定缺陷的深度。

(2) 磁敏元件　常用的磁敏元件有霍尔元件、磁敏二极管等。工作时，将磁敏元件通以工作电流，由于缺陷处漏磁场的作用使其电性能发生改变，并输出相应的电信号。这个输出信号反映了漏磁场的强弱及缺陷尺寸的大小。

磁敏元件通常适用于测量较强的漏磁场，根据其性能的不同，可用来测量直流磁场以及频率高达数百千赫的交流磁场。探测缺陷的灵敏度不受被测件的大小和扫描速度的影响，但随着检测元件与被探件表面距离的增加而急剧变小。此外，磁敏元件的测量信号与温度有关，在作精确测量时，必须采取温度补偿措施。

(3) 磁敏探针　由于磁敏探针的尺寸制作得很小（例如 1mm 左右），故能实现近似点状的测量。这种微型探头能测量大于 2×10^6Hz 的高频交变磁场，且灵敏度极高。

3. 录磁法

录磁探伤法也称中间存储漏磁检验法。其中以磁带记录方法为最主要的方法。将磁带覆盖在已磁化的工件上时，缺陷的漏磁场就在磁带上产生局部磁化作用，然后再用磁敏探头测出磁带录下的漏磁，从而确定焊缝表面缺陷的位置。其录磁过程和测量过程可以在不同的时间和地点分别进行，在焊缝质量检验中正得到推广和应用。

二、探伤基本原理

铁磁材料的工件被磁化后，在其表面和近表面的缺陷处磁力线发生变形，逸出工件表面形成漏磁场。用上述的方法将漏磁场检测出来，进而确定缺陷的位置（有时包括缺陷的形状、大小和深度），这就是磁力探伤的基本原理。

1. 漏磁场

当磁通量从一种介质进入另一种介质时，若两种介质的磁导率不同，在介面上磁力线的方向一般会发生突变。若工件表面或近表面存在着缺陷，经磁化后，缺陷处空气的磁导率（$\mu_r=1$）远远低于铁磁材料的磁导率（钢 $\mu_r=3000$），在介面上磁力线的方向将发生改变。这样，便有一部分磁通散布在缺陷周围（见图 5-1）。这种由于介质磁导率的变化而使磁通泄漏到缺陷附近的空气中所形成的磁场，称为漏磁场。

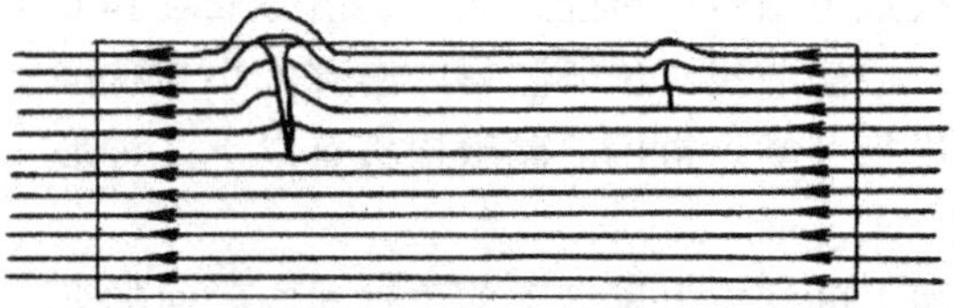

图 5-1　零件表面的漏磁场

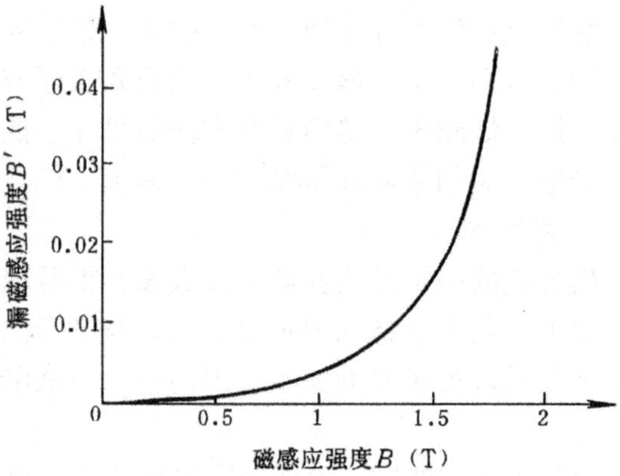

图 5-2　漏磁场与磁感应强度的关系

2. 影响漏磁场的因素

了解影响漏磁场的各种因素，对分析影响检出灵敏度的各种原因具有实际意义。

（1）外加磁场的影响　一般来说，缺陷漏磁通密度随着工件磁感应强度的增加而线性增加，当磁感应强度达到饱和值的 80% 左右时，漏磁场密度会急剧上升（见图 5-2）。这对正确选择磁化规范提供了依据。

（2）工件材料及状态的影响　钢材的磁化曲线是随合金成分、含碳量、加工状态及热处理状态而变化的。因此，材料的磁特性不同，缺陷处形成的漏磁场也不同。此外，若工件表面有覆盖层，则会导致漏磁场的下降。

（3）缺陷位置和形状的影响　同样的缺陷，位于表面时漏磁通增多；若位于距表面很深的地方，则几乎没有漏磁通泄漏于空间。缺陷的深宽比愈大，漏磁场愈强。缺陷垂直于工件表面时，漏磁场最强；若与工件表面平行，则几乎不产生漏磁通。

§5-2 磁粉探伤法

一、磁粉探伤器材和设备

1. 磁粉

磁粉是磁粉探伤的显示介质，由铁磁性金属微粒组成。这些微粒具有适当的大小，形状和较高的磁导率，其磁性、粒度、颜色和悬浮性等因素对工件表面磁粉痕迹的显示有着很大的影响。

(1) 磁粉种类和特点　磁粉分类见图5-3。此外，近年来国外还研制出一些特殊用途的磁粉，如高温磁粉等。

磁粉—
- 干法磁粉（含黑、红、蓝、白、黄、灰色）
- 湿法磁粉—
  - 荧光磁粉
  - 非荧光磁粉（含黑、红、蓝、白、黄、灰色）
  - —用水分散剂 / 用油分散剂 / 用水、油两用分散剂

图5-3　磁粉的分类

磁粉由工业纯铁粉、羰基铁粉或磁性氧化铁粉（Fe_2O_3 或 Fe_3O_4）制成。若在其上包覆一层荧光物质或其它颜料就构成荧光磁粉或有色磁粉。用干磁粉进行探伤的方法叫干法。干法广泛地用于大型结构件和大型焊缝局部区域的磁粉探伤。湿磁粉是指磁粉按规定浓度悬浮在载液（油或水）中，通过流淌、喷雾或浇注的方法施加到被探工件表面（称为湿法）。湿法比干法具有更高的检测灵敏度，特别适用于探测表面微小缺陷，常用于大批量工件的探伤。荧光磁粉显示的缺陷清晰可见，在紫外线光的激发下呈黄绿色，色泽鲜明易于观察，一般用于湿法检验。若配上光电转换装置，可实现自动或半自动化探伤。有色磁粉可以增强磁粉的可见度，提高与被探件表面的衬度，使缺陷容易发现。

(2) 磁粉的性能　磁粉的性能包括磁性、粒度、颜色、悬浮性等。在钢制压力容器焊缝的磁粉探伤中，磁粉性能应满足以下要求：

1）磁粉应具有高磁导率和低剩磁性质，磁粉之间不应相互吸引。用磁性称重法检验时，磁粉的称量值应大于7g。

2）磁粉的粒度应不小于200目。

3）磁粉的颜色应与被检工件有最大的对比度。

探伤时，为保证检测灵敏度，应事先用灵敏度试片对干、湿磁粉进行性能和灵敏度试验。对干磁粉，使用前必须在60～70℃的温度下经过2h的烘干处理。

2. 磁悬液

将磁粉混合在液体介质中形成磁粉的悬浮液，简称磁悬液。用来悬浮磁粉的液体叫分散剂（或称载液）。在磁悬液中，磁粉和载液是按一定比例混合而成的。

根据采用的磁粉和载液的不同，可将磁悬液分为油磁悬液、水磁悬液和荧光磁悬液。表5-1列出了钢制压力容器焊缝磁粉探伤用的磁悬液种类、特点及技术要求。

3. 灵敏度试片

磁粉探伤灵敏度试片是用来定期检查系统的全面性能和灵敏度（如磁粉材料的组成，磁粉探伤设备，操作技术和磁场值等）的。在钢制压力容器焊缝的磁粉探伤中采用了以下三种

表 5-1　磁悬液种类、特点及技术要求

种　　类	特　　点	对载液的要求	湿磁粉浓度 (100mL 沉淀体积)	质量控制试验
油磁悬液	悬浮性好，对工件无锈蚀作用	1. 在 38℃时，最大粘度不超过 $5\times10^{-6}m^2/s$ 2. 最低闪点为 60℃ 3. 不起化学反应 4. 无臭味	1.2～2.4ml (若沉淀物显示出松散的聚集状态，应重新取样或报废)	用性能测试板定期检验其性能和灵敏度
水磁悬液	流动性好，使用安全，成本低，但悬浮性较差。	1. 良好的湿润性 2. 良好的可分散性 3. 无泡沫 4. 无腐蚀 5. 在 38℃时最大粘度不超过 $5\times10^{-6}m^2/s$ 6. 不起化学反应 7. 呈碱性，但 pH 值不超过 10.5 8. 无臭味		1. 同上油磁悬液 2. 对新使用的磁悬液(或定期对使用过的磁悬液)作湿润性能试验
荧光磁悬液：荧光油磁悬液	荧光磁粉能在紫外线光下呈黄绿色，色泽鲜明，易观察	要求油的固有荧光低，其余同油磁悬液对载液的要求	0.1～0.5ml (若沉淀物显示出松散的聚集状态，应重新取样或报废)	1. 定期对旧磁悬液与新准备的磁悬作荧光亮度对比试验 2. 用性能测试板定期作性能和灵敏度试验
荧光磁悬液：荧光水磁悬液		要求无荧光，其余同水磁悬液对载液的要求		1. 对新使用的磁悬液(或定期对使用过的磁悬液)作湿润性能试验 2. 荧光亮度对比试验和性能、灵敏度试验，如同荧光油磁悬液

试片。

(1) 性能测试板　性能测试板的材料应与被检材料相同，其形状和尺寸见图 5-4。试板上有 10 个不同深度的小槽，当用磁轭法和触头法磁化时，通过观察最浅的磁痕来比较和评定磁粉材料的灵敏度及设备性能。试板的厚度、宽度和长度可根据实际需要改变。

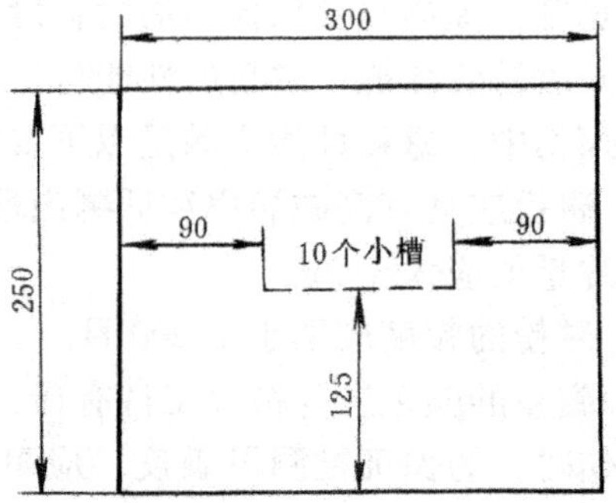

图 5-4　磁粉探伤系统性能测试板

(2) 试验环　带有人工缺陷的试验环用于评价中心导体法的磁粉材料和系统灵敏度。其形状和尺寸见图 5-5。测试时，使用全波整流电，通过直径为 32mm 的铜质中心导体来对试验环产生周向磁化。在试验环的外圆柱面上所显示的磁痕数量应达到表 5-2、表 5-3 中的规定值。否则，应对所使用的系统（磁粉、设备、方法等）加以检查和修正。

(3) 磁场指示器　磁场指示器（图 5-6）可反映试验工件表面场强和方向，但不能作为磁场强度或磁场分布的定量指示。当磁场指示器上没有形成磁痕或没有在所需的方向上形成磁痕时，应改变或校正磁化方法。只有当磁粉在磁化力的作用下，在指示器的表面形成清楚的规则磁痕时，才表明有适当的磁通或磁场强度，并可根据规则的横跨磁痕确定磁场方向。

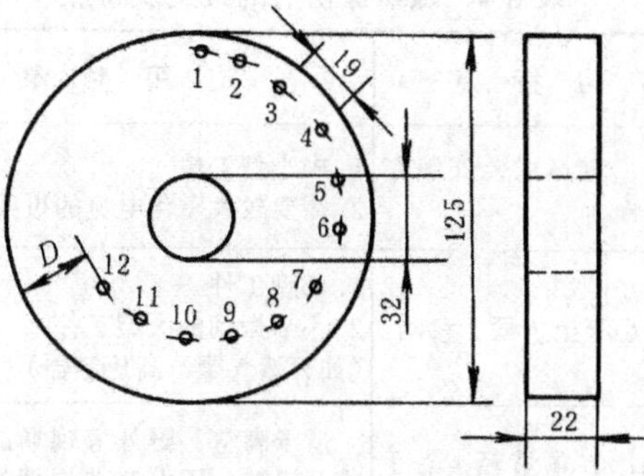

孔　　序	1	2	3	4	5	6	7	8	9	10	11	12
直　径　(mm)	0.7	0.7	0.7	0.7	0.7	0.7	0.7	0.7	0.7	0.7	0.7	0.7
$D\times25.4$　(mm)	0.07	0.14	0.21	0.28	0.35	0.42	0.49	0.56	0.63	0.70	0.77	0.84

图 5-5　带有人工近表面缺陷的试验环

表 5-2　湿磁粉环状试块磁痕显示

磁悬液的类型	磁化电流（A）（FWDC）①	所显示出近表面孔的最小数目
荧光或非荧光磁粉	1400	3
	2500	5
	3400	6

①FWDC 为全波整流直流电，

表 5-3　干磁粉法、环状试块磁痕显示

磁　化　电　流　（A）（FWDC）	所显示出近表面孔的最小数目
500	4
900	4
1400	4
2500	6
3400	7

4．磁粉探伤设备

磁粉探伤机的分类及探伤设备的组成分别见表 5-4、表 5-5。磁粉探伤机的选择应根据工作环境、试件的大小及工件表面缺陷的深浅程度、分布方向等因素来确定。同时应考虑到，直流电磁化设备所产生的磁化强度具有发现较深缺陷的能力，而交流磁粉探伤机对发现表面缺陷比较灵敏。图 5-7 为 CXX-1 型磁轭式旋转磁场探伤机，其技术参数列于表 5-6 中。

二、磁粉探伤技术

1．磁化与退磁

（1）磁化方法　磁粉探伤必须在被检工件内或在其周围建立一个磁场，磁场建立的过程

表 5-4 磁粉探伤机的分类及特点

分　　类	结 构 特 点	应 用 对 象	探 伤 方 法
固定式磁粉探伤机	尺寸、重量大，安装在固定场合	1. 中小型工件 2. 需要较大磁化电流的可移动工件	湿法检验，交、直流
移动式磁粉探伤机	置于小车上，便于移动	1. 小型工件 2. 不易搬动的大型工件（如天然气罐、高压容器）	干、湿法检验，交、直流
便携式磁粉探伤机	体积小，重量轻，易于搬动	适于高空、野外等现场的磁粉探伤及锅炉、压力容器焊缝的局部探伤	干、湿法检验，交、直流
磁轭式旋转磁场探伤机	由电源箱及磁头两部分组成，体积小，重量轻	1. 同便携式磁粉探伤机 2. 缺陷分布为任意方向的工件	干、湿法检验，交流

就是工件的磁化过程。根据建立磁场的方向不同，磁化方法可作如下分类：

1）周向磁化　给工件直接通电，或者使电流流过贯穿工件中心孔的导体，在工件中建立一个环绕工件并且与工件轴线垂直的闭合磁场（图 5-8）。周向磁化用于发现与工件轴线（或与电流方向）平行的缺陷。

2）纵向磁化　电流通过环绕工件的线圈，使工件中的磁力线平行于线圈的轴线（图 5-9）。纵向磁化用于发现与工件轴线相垂直的缺陷。利用电磁轭磁化使磁力线平行于工件纵轴亦属于这一类。

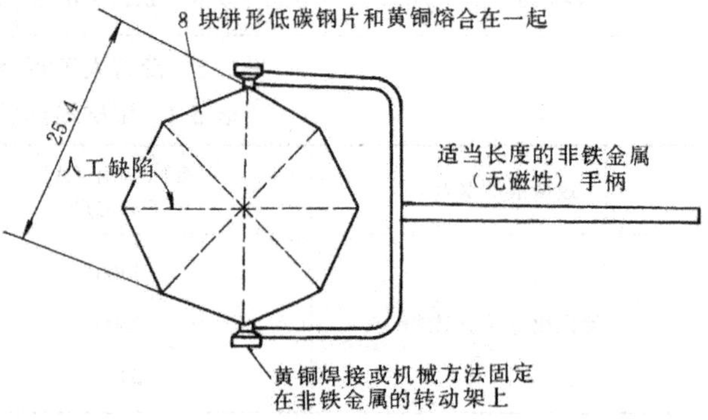

图 5-6　磁场指示器

3）复合磁化　将周向磁化和纵向磁化同时作用在工件上，使工件得到由两个互相垂直的磁力线的作用而产生的合成磁场，其指向构成扇形磁化场（见图 5-10）。

4）旋转磁化　将绕有激磁线圈的Ⅱ型磁铁交叉放置，各通以不同相位的交流电，产生

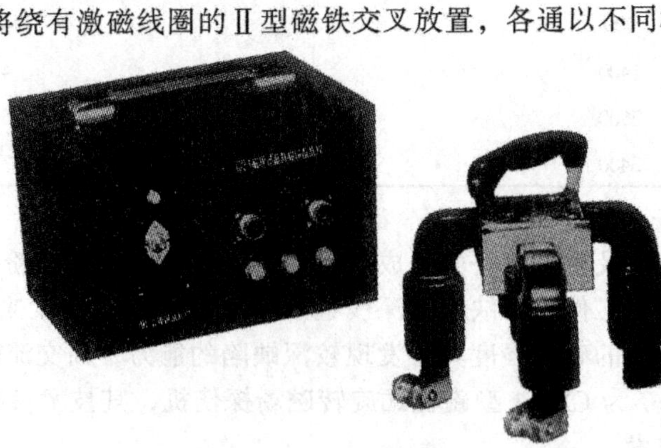

图 5-7　CXX-1 型磁轭式旋转磁场探伤机

表 5-5　磁粉探伤设备的组成及作用

磁粉探伤设备	组成		作用
磁粉探伤机	磁化装置		产生磁场，使工件磁化
	零件夹持装置		支撑被检工件，导通磁化电流
	磁悬液喷洒装置		将磁悬液均匀地喷洒在工件表面上
	观察照明装置		提供观察缺陷的照明光源
	控制部分		实现对磁化电流的调整、磁化方式的转换、夹头的移动、充磁控制和油泵启停控制
	退磁装置		消除工件检验后的剩磁
	磁轭		闭合磁力线，产生旋转磁场或某一确定方向的磁场
磁粉检验用的其它设备	断电相位控制器		用于交流剩磁法检验，使剩磁数值稳定，防止工件漏检
	测磁仪器	高斯计或磁场强度测定仪	通过对霍尔电势差的测量，得到工件表面、窄缝中，以及螺管线圈中的磁感应强度
		磁强计	测量漏磁场的强度
		剩磁测量仪	检查工件退磁后剩磁的大小
	质量控制仪器	照度计	检验工件区的白光强度
		紫外线强度计	测量距紫外灯一定距离的紫外辐射能
		磁性称量仪	测定磁粉磁性
		沉淀管	测定磁悬液浓度

表 5-6　CXX－1 型磁轭式旋转磁场探伤机的主要技术参数

型号	电源电压（V）	工作电压（V）	吸力（N）	激磁安匝数	工作周期	磁化有效范围（mm）	探伤速度（m/min）	灵敏度（用 CZ-4 型试片测试）
CXX-1	三相 380	36 ± 2.5	140	3000	工作 1min 休止 1min	ϕ100	6	能清晰显示 7/50、15/100 灵敏度试片圆槽

圆形或椭圆形磁场（即合成磁场的方向作圆形旋转运动）（见图 5-11）。旋转磁化能发现沿任意方向分布的缺陷。

（2）磁化磁场的方向与磁场强度　当磁化磁场的磁力线与缺陷断面垂直时，能在缺陷处获得最大的漏磁场。在焊缝磁粉探伤中，为得到较高的探测灵敏度，通常在被探件上至少使用两个近似相互垂直方向的磁化（包括使用旋转磁化的情况）。

为了保证探伤结果的准确性，磁化磁场必须有足够的强度，而且必须控制在适当的范围内（通常是 ± 25%）。由于影响磁场的因素众多，很难建立严格的磁场强度规则，其使用规范由相应标准或技术条件列出。对于新产品，应使用已知缺陷的工件进行试验来确定磁场强度。

（3）退磁　工件经磁粉探伤后所留下的剩磁，会影响安装在其周围的仪表、罗盘等计量装置的精度，或者吸引铁屑增加磨损。有时工件中的强剩磁场会干扰焊接过程，引起电弧的偏吹，或者影响以后进行的磁粉探伤。使工件的剩磁回零的过程叫退磁。当工件进行两个以

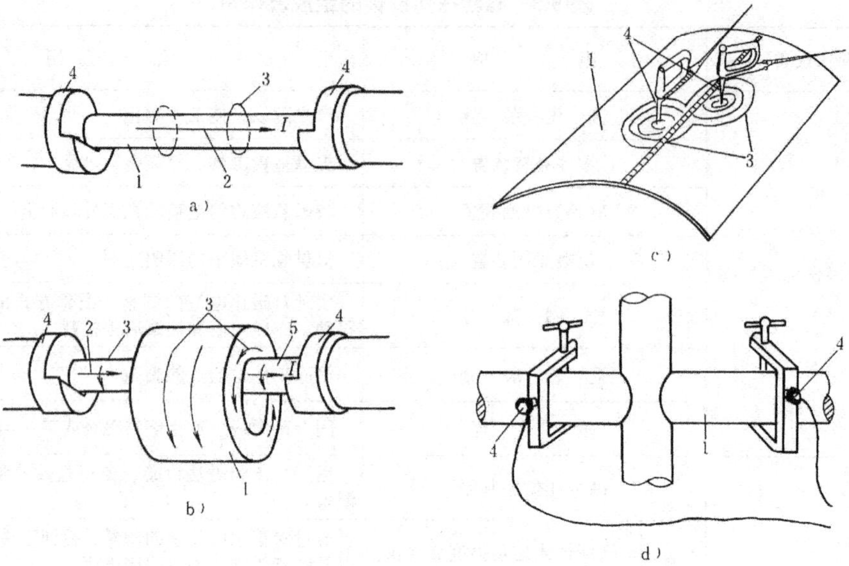

图 5-8 周向磁化法

a) 两端接触法 b) 中心导体感应磁化法 c) 触头法 d) 夹具通电法

1—工件 2—电流 3—磁力线 4—电极 5—心杆

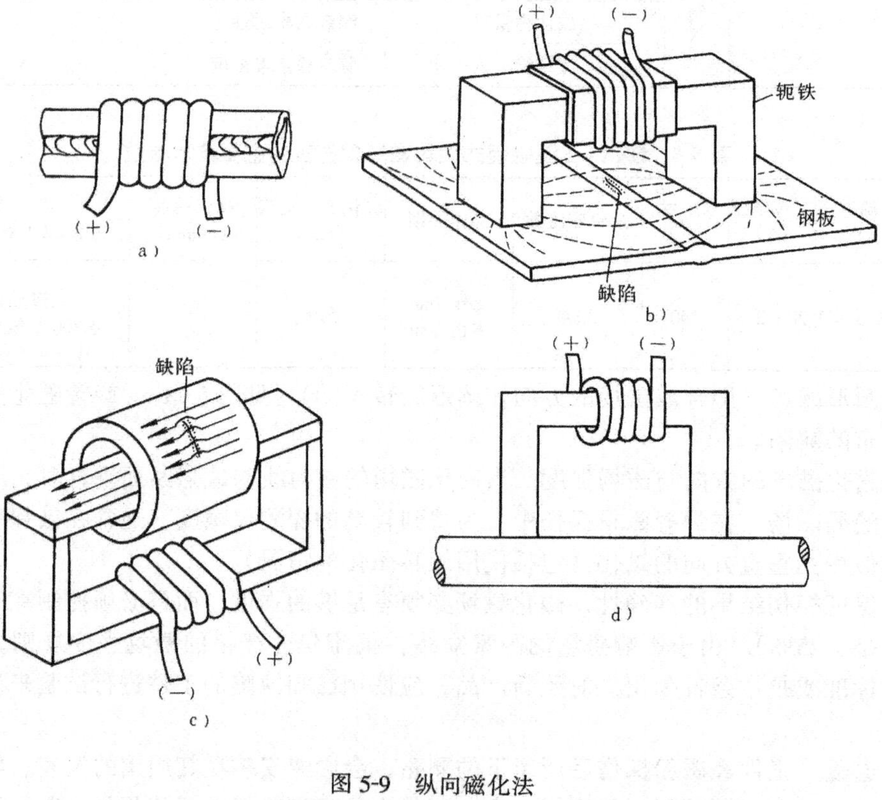

图 5-9 纵向磁化法

a) 绕电缆法 b) 磁轭法 c) 空心零件的磁化法 d) 长轴零件的磁轭法

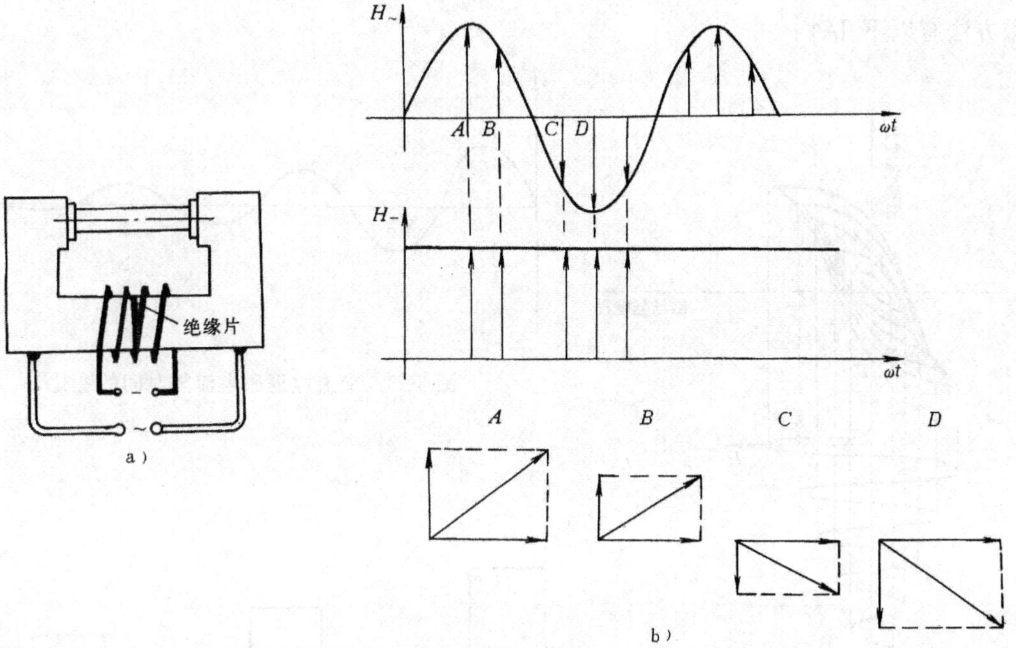

图 5-10　复合磁化法

a）示意图　b）复合磁场方向

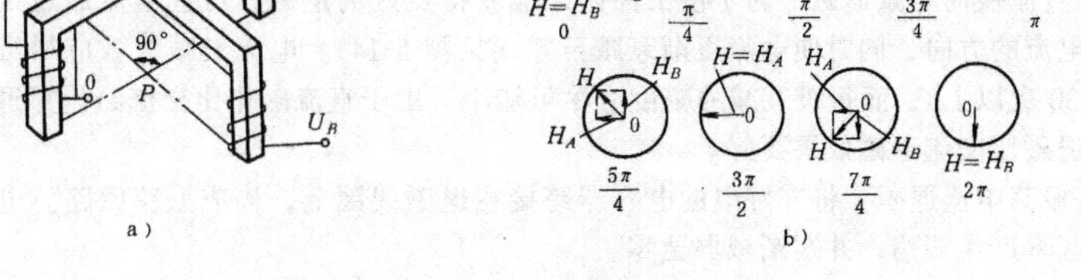

图 5-11　旋转磁化法

a）交叉磁轭的结构　b）旋转磁场的方向变化

上方向的磁化后，若后道工序不能克服前道工序剩磁影响时，应进行退磁处理。

根据图 5-12 的退磁磁滞回线，把工件放入磁场中（退磁的起始磁场强度大于或等于磁化时的磁场强度）然后不断改变磁场方向，同时使其逐渐减小到零，即可除去工件的剩磁，去磁方法有以下几种：

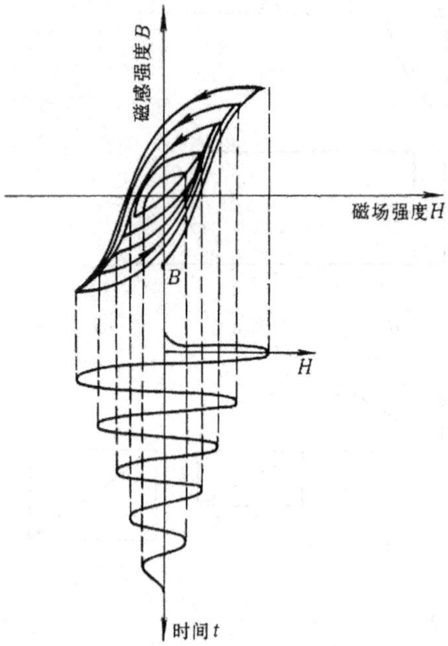

图 5-12 退磁磁滞回线

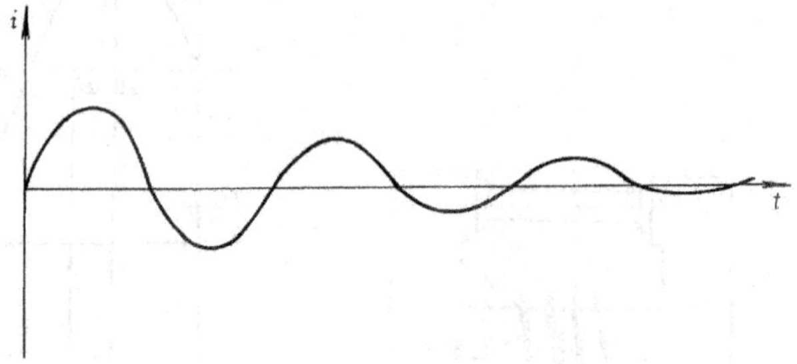

图 5-13 交流电退磁电流随时间的变化

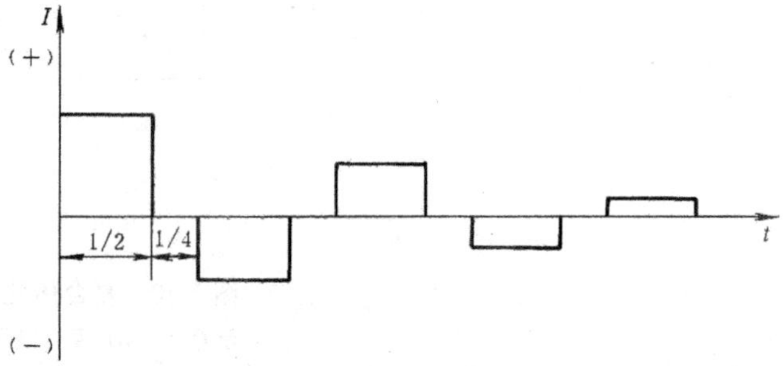

图 5-14 直流电退磁电流随时间的变化

1）将工件从交流磁化线圈中移开　把工件放在通有交变电流的磁化线圈中，然后缓慢地将工件从线圈中移出。推荐使用 5000～10000 安匝的线圈。对焊缝表面可采用磁轭作局部退磁，其方法是把磁极放在其表面上。围绕着该区移动，保持电磁轭处于激励状态，让焊缝表面缓慢移开。

2）减小交流电　把工件放入磁场中，其位置不变，逐渐减小交流电，把磁场降低到规定值。交流电流的波形见图 5-13，幅值逐减。

3）直流换向衰减退磁　为了使工件内部能获得良好的退磁，可让电流通过工件，并不断切换电流的方向，同时使电流逐渐衰减至零（见图 5-14）。电流衰减级数应尽可能大（一般要求 30 次以上），而每级衰减的幅度应尽可能小。由于直流磁化比交流磁化穿透得深，所以直流退磁比交流退磁效果要好。

4）振荡电流退磁　将充好电的电容器跨接在退磁线圈上，构成振荡回路。电路以固有的谐振频率产生振荡，并逐渐减弱至零。

此外，若将工件加热到居里点以上也可达到退磁的目的。

测量工件的剩磁可采用剩磁测量仪。有时也可用一小段未被磁化的钢丝、铁丝（如大针）去靠近零件的端部，若零件有剩磁、钢丝或铁丝将被吸附。

2. 磁粉探伤检验程序

根据被探件的材料、形状、尺寸及需检查缺陷的性质、部位、方向和形状等的不同，所采用的磁粉探伤方法也不尽相同，但其探伤步骤大体如下：

（1）探伤前的准备　校验探伤设备的灵敏度，除去被探件表面的油污、铁锈、氧化皮等。

（2）磁化

1）确定探伤方法　对高碳钢或经热处理（淬火、回火、渗碳、渗氮）的结构钢零件用剩磁法探伤；对低碳钢、软钢用连续法。

2）确定磁化方法。

3）确定磁化电流种类　一般直流电结合干磁粉、交流电结合湿磁粉效果较好。

4）确定磁化方向　应尽可能使磁场方向与缺陷分布方向垂直。

5）确定磁化电流　磁化电流的选择是影响磁粉检验灵敏度的关键因素。磁化电流的大小一般是根据磁化方式再由相应的标准或技术文件中给出。

6）确定磁化的通电时间　采用连续法时，应在施加磁粉工作结束后再切断磁化电流。一般是在磁悬液停止流动后必须再通几次电，每次时间为0.5～2s。采用剩磁法时，通电时间一般为0.2～1s。

（3）喷撒磁粉或磁悬液　采用干法检验时，应使干磁粉喷成雾状；湿法检验时，磁悬液需经过充分的搅拌，然后进行喷撒。

（4）对磁痕进行观察及评定　对钢制压力容器的磁粉探伤，必须用2～10倍放大镜观察磁痕。用于非荧光法检验的白色光强度应保证试件表面有足够的亮度。用荧光磁粉检验时，被检表面黑光强度应不少于970lx。若发现有裂纹、成排气孔或超标的线形或圆形显示，均判定为不合格。

（5）退磁

（6）清洗、干燥、防锈

（7）结果记录。

3. 压力容器焊缝的磁粉探伤

采用磁粉探伤法来检查铁磁性钢制压力容器焊缝的表面缺陷，具有探伤灵敏度高、检验速度快的特点，而且能探测一定深度下的缺陷。除了非磁性的奥氏体工件以及点状的表面缺陷用渗透法作替代或补充外，一般都采用磁粉探伤法来检查其焊缝内外表面的缺陷。下面以球罐为例，来说明磁粉探伤的方法和特点。

（1）缺陷分布　钢制球形储罐的结构如图5-15所示，根据开罐检查的结果发现：

焊接接头上裂纹多，母材上裂纹少；

球罐内表面裂纹多，外表面裂纹少；

环焊缝上裂纹多，纵焊缝上裂纹少；

焊缝上横向裂纹多，纵向裂纹非常少；

熔合线纵向裂纹多，横向裂纹较少。

根据日本对开罐检查结果的统计，裂纹的分布情况如下：

焊接接头区产生的裂纹占全部裂纹的72%；装配点焊位置上的裂纹占全部裂纹的26%；人孔及接管处的裂纹占全部裂纹的2%。

因此，缺陷产生的部位大多集中在焊缝及热影响区，而且压力容器上的支杆、弧板及吊

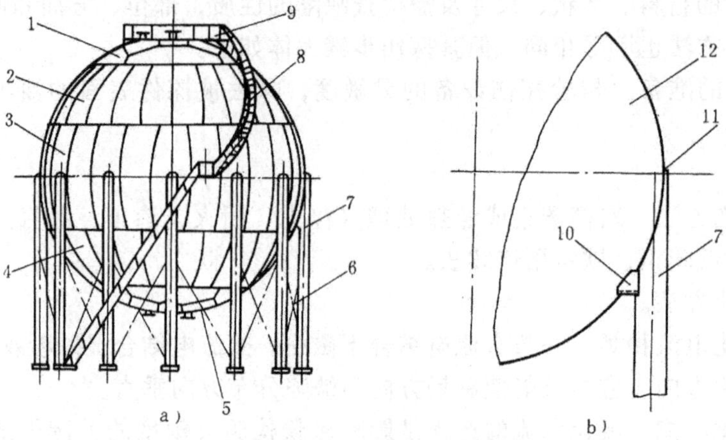

图 5-15 钢制球形储罐

a）球罐各部分名称 b）支柱与球壳的连接

1—上极 2—上温带 3—赤道带 4—下温带 5—下极 6—拉杆 7—支柱

8—扶梯 9—平台 10—托板 11—盖板 12—球壳

耳等工卡具焊痕也是磁粉探伤所不能忽视的部位。尤其是内表面焊痕处裂纹，直接与介质接触，将导致应力腐蚀，若有漏检，更容易造成严重后果。

（2）缺陷的探查

1）清理表面 用金属刷清除焊缝及热影响区、工卡具焊痕等要检查部位的污垢、锈蚀、氧化皮及油漆等，必要时可用碱性溶剂清洗。实验表明：如果有 1mm 厚的氧化皮，将导致 7～8mm 深的裂纹漏检。

2）校验灵敏度及设备性能 在用磁轭法和触头法磁化时，应使用性能测试板来判定探伤灵敏度和评估设备性能。

3）选择探伤设备、确定磁化方法 像球罐这样大型的焊接构件，无法用固定式磁粉探伤机，只能用便携式或磁轭式旋转磁场探伤机进行分段探伤。磁粉的选择应符合 §5-2 中磁粉性能的要求。为了安全、节油及清洁环境，磁悬液可采用水磁悬液，其性能要求和质量控制试验应符合表 5-1 中的规定。

采用的磁化方法有以下几种：

①磁轭法 按照 JB3965—85《钢制压力容器磁粉探伤》中的规定，为了检出各个方向上的缺陷，必须在同一部位至少作两次互相垂直的探伤。检验时应将焊缝划分为若干个受检段，并作出标记。磁极的间距应控制在 50～200mm 范围内，使探伤区域处在两磁极连线的两侧相当于$\frac{1}{4}$最大磁极间距的面积内，磁化区的重迭每次至少应有 25mm。为了检查在标定检验段上的横向缺陷，可按图 5-16 来安放磁轭，并在探伤过程中交替地改变其位置。检查纵向缺陷时，应将电磁轭跨在焊缝上，使两极的连线与焊缝相垂直，依次移动磁极，逐个检查每个受检段。探伤时应防止由于磁极配置不准确而造成的漏检。

通过电磁轭的磁场强度可以用测量其提升力来确定。当使用磁轭的最大间距时，交流电磁轭至少应有 44N 的提升力，直流电磁轭至少应有 177N 的提升力。

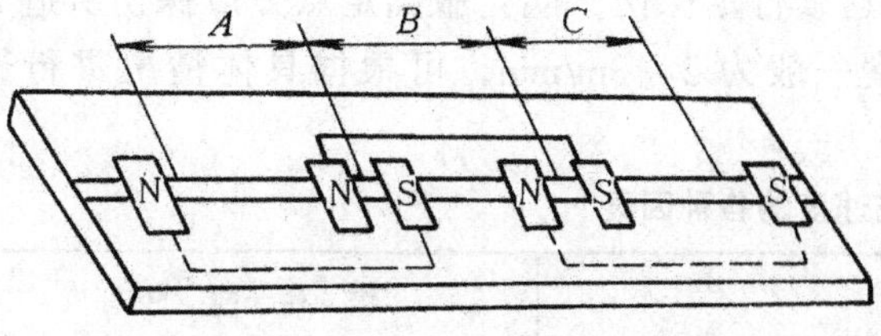

图 5-16　电磁轭分段检验焊缝

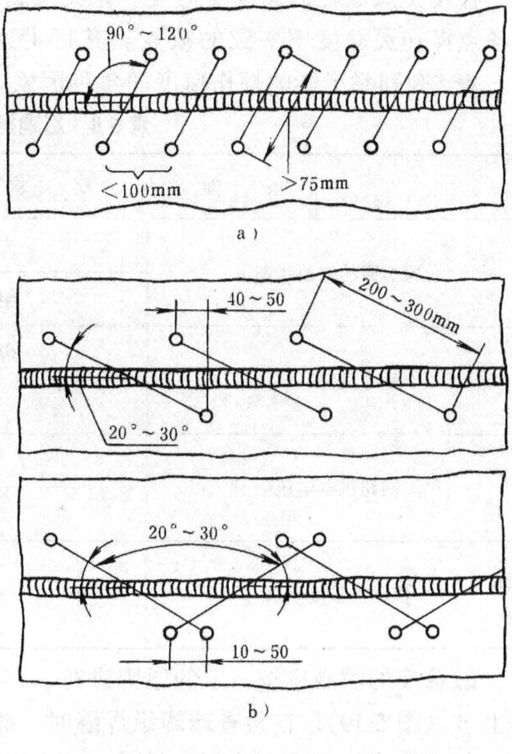

图 5-17　触点位置布置方法

a）触点法检验横向缺陷　b）触点法检验纵向缺陷

②触点法　触点法的优点是电极间距可以随意调节，根据探伤部位情况及灵敏度要求来确定电极间距和电流大小。同样地，在同一部位必须要进行两次以上互相垂直的探伤，并可采用图 5-17 的触点位置布置方法。一般电极间距应不大于 200mm，也不应小于 75mm，否则电极周围会吸附磁粉。此外，也应合理地分布电极位置，防止缺陷漏检。

如果采用直流电剩磁法探伤，必须注意在磁化焊缝的后一段时，不要造成前一段的退磁。为此，可以按图 5-18 所示的区域顺序（A→C）改变触点的位置。同时应注意不要将触点直接放在焊缝上，而应放在焊缝边缘。

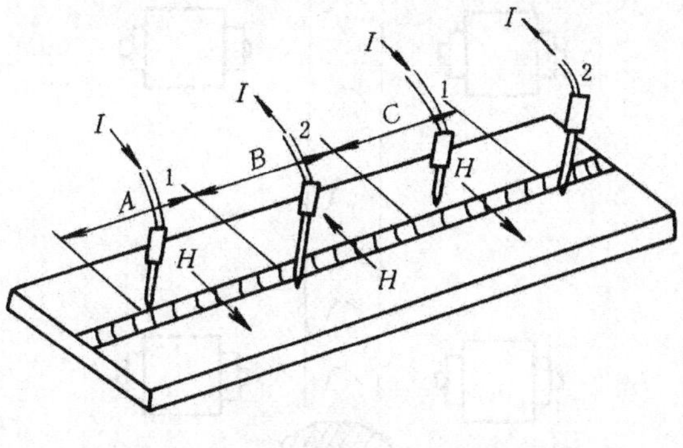

图 5-18　剩磁法检验焊缝的触点分布

使用触点法进行周向磁化时，磁场强度与电流成正比，但随电极间距和被检工件截面厚度变化而变化。磁化电流值推荐按表 5-7 选用。

采用触点法探伤时，应使工件表面与电极触头接触良好，以防止电火花产生。

③交叉磁轭旋转磁化　采用交叉磁轭旋转磁化的主要优点是灵敏度和探伤效率都很高，用来检验焊缝表层裂纹可以得到满意的效果，在压力容器焊缝检验中得到广泛的应用。探伤时，应注意以下问题：

表 5-7　触头法磁化电流值（交、直流）

材料厚度 δ （mm）	电流值 I〔A/mm（极间距）〕
<19	3.5~4.5
≥19	4~5

磁极端面与工件表面的间隙不宜过大，否则会消耗磁势而使线圈发热，同时在磁极端面产生探伤盲区，从而缩小有效宽度，一般认为，在保证移动的情况下使其间隙越小越好，通常不超过 1.5mm。

移动交叉磁轭的速度要适宜。让交叉磁轭连续行走探伤，能克服固定点分段探伤所造成的各点探伤灵敏度不一致的缺点。其行走速度一般为 2～3m/min，可根据具体情况进行选择。表 5-8 列举了影响探伤速度的各种因素。

表 5-8　影响探伤速度的各种因素

条件与要求		探伤速度
探伤面的表面状态	光滑	快
	粗糙	慢
磁悬液的载液	煤油	快
	水	慢
网路供电电压	高	快
	低	慢
探伤灵敏度要求	高	慢
	低	快

磁悬液的喷洒应按一定的原则进行。在检查球罐环焊缝时，磁悬液应喷洒在行走方向的前上方（图 5-19）；在检查球罐纵焊缝时，磁悬液应喷洒在行走方向的正前方（图 5-20）；为了避免磁悬液的流动而冲刷掉缺陷上已经形成的磁痕，应使磁粉有足够的时间聚集到缺陷处。

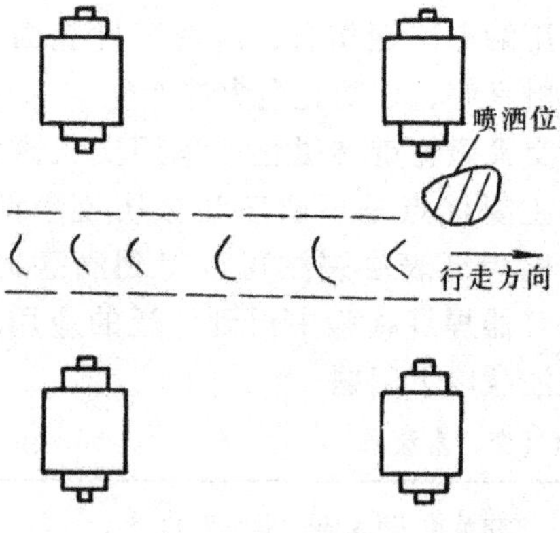

图 5-19　检查球罐环焊缝时磁悬液喷洒位置

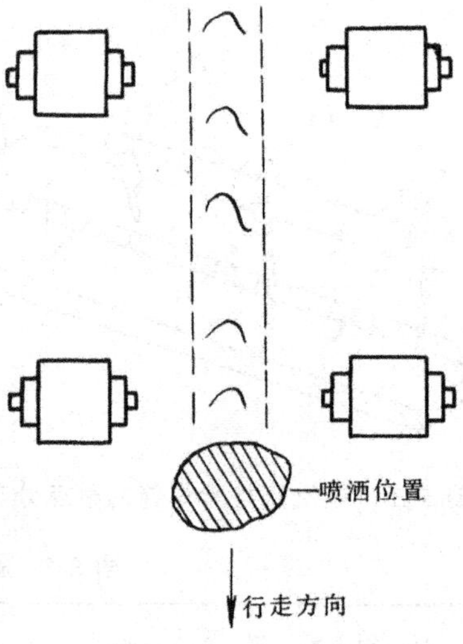

图 5-20　检查球罐纵焊缝时磁悬液喷洒位置

观察磁痕应在磁轭通过后尽快进行，以避免缺陷磁痕被践踏和破坏。

4）确定磁化时间　在上述①～③三种局部磁化方法中，若采用湿磁粉连续磁化，应在通电磁化的同时施加磁悬液。磁化电流每次持续时间为 0.5～2s，间歇时间不得超过 1s。在停止施加磁悬液 1s 之后方可停止磁化。

此外，对于其它类型的压力容器焊缝磁粉探伤，若需要采用中心导体磁化法或整体磁化法时，推荐按表 5-9 及表 5-10 选用磁化电流。

表 5-9　整体磁化法选择电流值

工件尺寸 D (mm)	电流值 I (A/mm)
$D \leqslant 125$	16～36
$125 < D < 375$	14～28
$D \geqslant 375$	4～12

注：1. 表中 D 表示直径或横截面上最大尺寸。

2. 检测表面缺陷时，若采用交流电则电流约为上述数值的一半。

表 5-10　中心导体法选择电流值

最大壁厚 (mm)	中心导体直径 (mm)			
	12.5	25	37.5	50
	电流值 (A，±10%)			
3.2	500	750	1000	1250
6.4	750	1000	1250	1500
9.6	1000	1250	1500	1750
12.8	1250	1500	1750	2000

注：对于圆筒形壁厚大于 12.8mm 的工件，壁厚每增加 3.2mm 电流值增加 250A（±10%）〔这些值适用于热处理后，抗拉强度达到 1.24MPa 或更高的材料。对于低于此值的材料，电流安培值必须实测确定〕。

(3) 缺陷的处理和修补后的检验　经磁粉探伤后，若发现的缺陷较浅，可用手砂轮或刮刀等工具进行清除。清除后的凹坑如不需补焊，则要将凹坑边缘打磨得平滑些，以免出现拐角而造成应力集中。对于比较深的缺陷，可以用小手砂轮或气刨来清除，清除后再进行磁粉探伤，直到确认表面缺陷已完全被挖掉为止。然后按焊接工艺进行补焊，补焊后的部位应按原探伤方法和工艺进行检验。

此外，象球罐这样直径达十几米的容器，对其外表面的探伤可考虑用类似云梯之类的机械装置，对内表面的探伤也可采用充水的方式，用橡皮船代替脚手架。由于是高空作业，应力求探伤装置的小型化。对储油罐，尤其要注意防止磁化过程中引起的电火花。

§5-3　磁敏探头法

一、探伤设备的组成

用磁敏探头扫查漏磁场的探伤设备一般由磁化装置、漏磁测量探头、操纵工件运动装置、信号鉴别单元、打缺陷标记和分选单元等部分组成。其中信号鉴别单元的作用是将来自探头的信号进行筛选，把所需要的缺陷信号与干扰信号分离开来。由于缺陷处漏磁通与缺陷深度之间存在着明显的关系，因此可用超过某一规定值的缺陷信号电平触发打印或使分选系统动作，从而实现对缺陷深度进行自动检验。有时采取并排放置多个探头的方法来提高检验速度。

二、探伤方法

1. 检验纵向缺陷的方法

图 5-21 是检验纵向缺陷的一个例子。探头装在 U 形磁轭的两脚之间，让被检工件旋转而检验系统不动，可检查管子表面的所有缺陷。

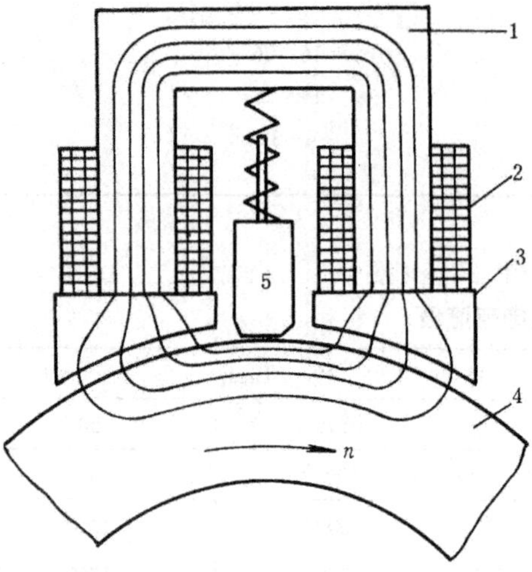

图 5-21 磁敏探头法检查焊管纵向缺陷
1—磁轭 2—励磁线圈 3—可换磁触头
4—被检验的物体（管材） 5—磁敏探头

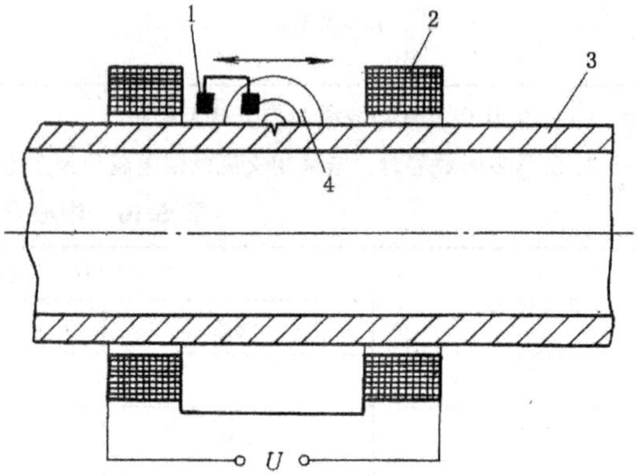

图 5-22 磁敏探头法检查焊管横向缺陷
1—差动探头 2—磁化线圈 3—工件 4—漏磁场

在检验直缝管时，为了检验沿焊缝方向的纵向缺陷，通常采取如下方法：在固定的磁轭内以垂直于焊缝的方向对焊管进行磁化，并使安装在圆周方向上的磁敏探头沿焊缝垂直方向来回摆动。这样，由于探头的摆动和焊管的纵向运动，能使探头扫查整个焊缝区，从而提高了检验速度。

2. 检验横向缺陷的方法

为了检查横向缺陷，磁化方向必须与管子轴向平行。在自动探伤设备中，常采用两只相串联的线圈进行磁化，磁敏探头放在两线圈之间的区域内。检验时探头沿管子轴向摆动，管子沿螺旋方向行走，管材表面的缺陷都能被检验出来（图 5-22）。

磁敏探头法主要应用于回转对称体，如棒材、直缝焊管等大批量零件的探伤，常在自动探伤设备中采用。

§5-4 录磁探伤法

录磁（magnetograph）探伤法主要用于焊缝及多边形棒材的表面质量检验。这一方法以“磁图”而著称，它采用磁带记录的原理贮存漏磁通，故有时简称磁带法。它是磁力探伤中一种较新的技术。

录磁法分为不连续式和连续式两种。对管子上的环焊缝探伤可用不连续法，即先将焊缝用磁带围住后通电磁化，然后再通过一个查询装置把磁带上所存的信号查找出来送到记录纸上显示。在连续式检验中，是使用了一种环形磁带设备（图 5-23）。环形磁带由一电动机驱动。焊缝在磁带下面均速推进。旋转的探头以垂直磁带的方向扫查，探头的测量信号经过鉴别单元传向打标记单元，微型喷枪在焊管表面有缺陷的位置上喷上标记。与此同时荧光屏10上显示缺陷信号，扫查后的磁带记录随即被消磁器抹掉。

被检件可用直流或交流磁场磁化。但应注意：直流磁化和交流磁化时贮存信息的方法是完全相反的。直流磁化时，漏磁场的磁信息输入到一个未经磁化（或已把原有的磁化信息抹掉）的磁带上；交流磁化时，磁信息输入到预先已被磁化到饱和程度的磁带上。也就是说，前者记录的是使磁带磁化的信息，而后者记录的是使磁带退磁的信息。

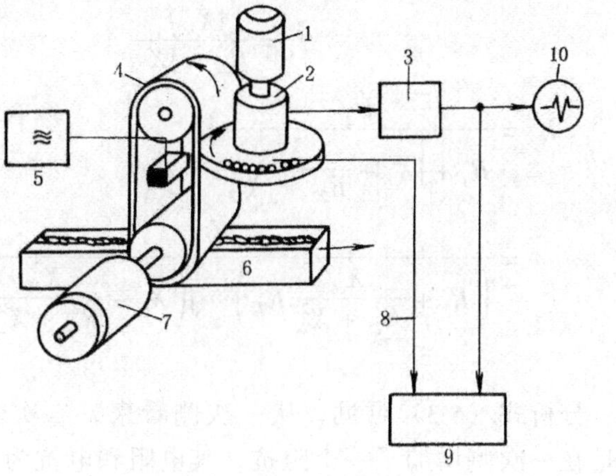

图 5-23　录磁法探伤示意图

1—电动机　2—无接触变压器　3—放大器　4—环形磁带　5—消磁振荡器　6—被检件　7—磁带驱动电动机　8—同步脉冲信号　9—缺陷喷涂单元　10—荧光屏

用录磁法测得的缺陷信号的幅度是缺陷深度的近似值，因此可预先确定门限值，按缺陷深度尺寸对工件进行分选，还可以根据缺陷信号的形式，区分缺陷是位于被检件表面或是深处，并且可用适当的筛选措施把深处的缺陷信号单独提取出来。其检测灵敏度和检测速度都很高。

§5-5　涡 流 探 伤

一、涡流探伤原理

1. 耦合线圈的阻抗

图 5-24 是具有互感 M 的空心线圈（或绕在非铁磁性材料制成的芯子上）所组成的电路。在正弦电压 $\dot{U}_1$ 的作用下，电流 $\dot{I}_1$、$\dot{I}_2$ 按正弦规律变化。根据电流和电压的参考方向及线圈的同名端，可写出如下方程：

$$\left.\begin{aligned} R_1\dot{I}_1 + j\omega L_1\dot{I}_1 - j\omega M\dot{I}_2 &= \dot{U}_1 \\ -j\omega M\dot{I}_1 + R_2\dot{I}_2 + j\omega L_2\dot{I}_2 + (R_z + jX_z)\dot{I}_2 &= 0 \end{aligned}\right\} \tag{5-1}$$

式中　R_1——一次侧线圈电阻（Ω）；

L_1——一次侧线圈电感（H）；

R_2——二次侧线圈电阻（Ω）；

L_2——二次侧线圈电感（H）；

R_z——负载阻抗的电阻（Ω）；

X_z——负载阻抗的电抗（Ω）。

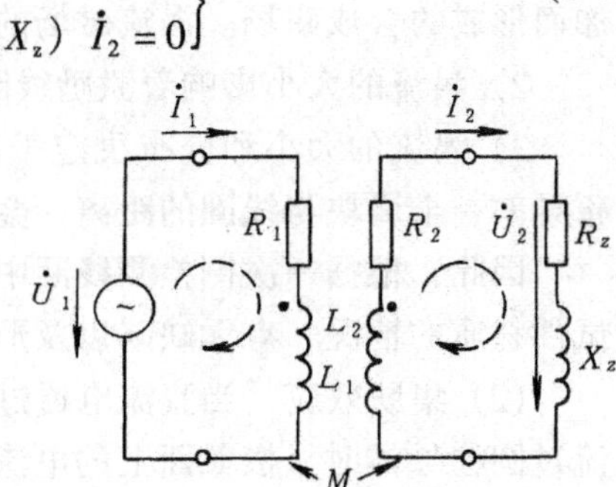

图 5-24　空心线圈组成的电路

令 $\omega L_1 = X_1$，$\omega L_2 = X_2$，$\omega M = X_M$，$R_{22} = R_2 + R_z$，$X_{22} = X_2 + X_z$，则式（5-1）可简化为：

$$\left.\begin{array}{l}(R_1+\mathrm{j}X_1)\dot{I}_1-\mathrm{j}X_M\dot{I}_2=\dot{U}_1\\-\mathrm{j}X_M\dot{I}_1+(R_{22}+\mathrm{j}X_{22})\dot{I}_2=0\end{array}\right\} \tag{5-2}$$

由式（5-2）可见，二次侧的电流可看作由电压为 $\mathrm{j}X_M\dot{I}_1$ 的电压源所激发，这个电源是提供二次侧能量来源的等效电源。由式（5-2）可解出。

$$\dot{I}_2=\frac{\mathrm{j}X_M\dot{I}_1}{R_{22}+\mathrm{j}X_{22}}$$

$$\dot{I}_1=\frac{\dot{U}_1}{R_1+\mathrm{j}X_1+\dfrac{X_M^2}{R_{22}+\mathrm{j}X_{22}}}=\frac{\dot{U}_1}{\left(R_1+\dfrac{X_M^2}{R_{22}^2+X_{22}^2}R_{22}\right)+\mathrm{j}\left(X_1-\dfrac{X_M^2}{R_{22}^2+X_{22}^2}X_{22}\right)} \tag{5-3}$$

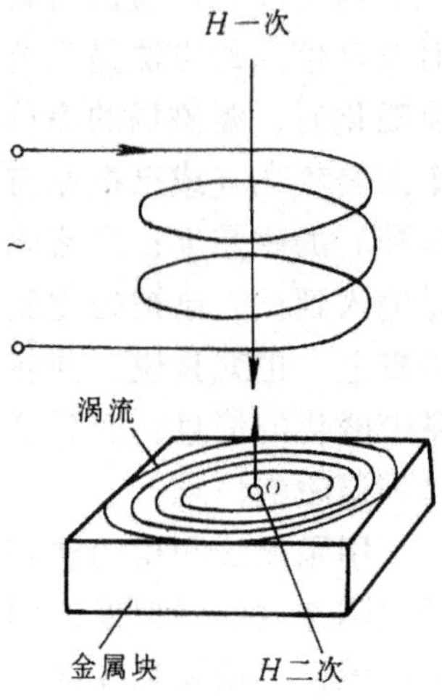

图 5-25 涡流的产生

分析式（5-3）可见，从一次侧看来，二次侧的作用可以看作是在一次侧增加了一个阻抗，其电阻和电抗为：

$$R'_1=\frac{X_M^2}{R_{22}^2+X_{22}^2}R_{22} \tag{5-4}$$

$$X'_1=\frac{X_M^2}{R_{22}^2+X_{22}^2}X_{22} \tag{5-5}$$

R'_1 和 X'_1 分别称为引入电阻和引入电抗。虽然一、二次没有直接的电的联接，但由于互感作用使闭合的二次侧电路中产生了二次侧电流，此电流又影响了一次侧电压和一次电流的关系。这种影响可以等效看成是一次线圈阻抗发生了变化。

2. 涡流及集肤效应

（1）涡流的产生　在图 5-25 中，若给线圈通以变化的交流电，根据电磁感应原理，穿过金属块中若干个同心圆截面的磁通量将发生变化，因而会在金属块内感应出交流电。由于这种电流的回路在金属块内呈旋涡形状，故称为涡流。

涡流是根据电磁感应原理产生的，所以涡流是交变的。同样，交变的涡流会在周围空间形成交变磁场，因此，需注意以下几点：

1）空间中某点的磁场不再是由一次电流产生的磁场，而是一次电流磁场和涡流磁场迭加而形成的合成磁场。涡流磁场的方向由楞次定律确定。

2）涡流的大小影响着激励线圈中的电流。

3）涡流的大小和分布决定于激励线圈的形状和尺寸、交流电频率、金属块的电导率、磁导率、金属块与线圈的距离、金属块表层缺陷等因素。

因此，根据一次侧检测线圈中的电流变化情况（或者是阻抗的变化），就可以取得关于试件材质的情况、有无缺陷以及形状尺寸的变化等信息。

（2）集肤效应　当直流电通过一圆柱导体时，导体截面上的电流密度均相同，而交流电流过圆柱导体时，横截面上的电流密度就不一样，表面的电流密度最大，越到圆柱体中心就越小，这种现象称为集肤效应。离导体表面某一深度处的电流密度是表面值的 $1/e$ 时，（即 36.8%），此深度称为透入深度 h：

$$h=\frac{1}{\sqrt{\pi f\mu\sigma}}$$

式中　f——交流电流频率（Hz）；

μ——材料的磁导率（H/m）；

σ——材料的电导率（1/（Ω·m））；

由于涡流是交流，同样具有集肤效应，所以金属内涡流的渗透深度与激励电流的频率、金属的电导率和磁导率有直接的关系。它表明涡流检验只能在金属材料的表面或近表面处进行，而对内部缺陷的检测则灵敏度太低。在涡流探伤中，应根据探伤深度的要求来选择试验频率。

3. 探伤基本原理

根据前面的分析，涡流的大小影响到激励线圈的电流使其发生变化。如果施加的交变电压不变，则这种影响可等效于激励线圈的阻抗发生了变化。设 Z_0 为没有试件时线圈的等效阻抗，Z_s 为有试件时反射到激励线圈去的附加阻抗，则线圈的阻抗 Z 可表示为：

无试件时，　$Z=Z_0=R_0+jX_0$

有试件时，　$Z=Z_0-Z_s=Z_0-(R_s+jX_s)$

式中　R_0——激励线圈的电阻（Ω）；

X_0——激励线圈的电抗（Ω）；

R_s——反射电阻（类似于式（5-4）中的引入电阻 R'_1）（Ω）；

X_s——反射电抗（类似于式（5-5）中的引入电抗 X'_1）（Ω）。

反射阻抗 Z_s 包含了试件的各种信息，当试件存在着缺陷时，涡流的流动发生了畸变，如果能检测出这种畸变的信息，就能判定试件中有关缺陷的情况。因此，必须合理地设计检验线圈和测试仪器，突出所要测试的信息，而将其它没有用的信息（称为干扰信息）抑制掉。在涡流探伤仪中的信号处理单元电路就是专门用来抑制干扰信息的。而有关缺陷的信息则能顺利地通过它，并被送去显示、记录、触发报警或实现分类控制等。

二、涡流探伤设备

涡流探伤设备主要由涡流检验线圈和涡流探伤仪等组成。

1. 涡流检验线圈

涡流探伤检验线圈的作用有两个：其一是在试件表面及近表面感生涡流；其二是测量涡流磁场或合成磁场的变化。检验线圈对缺陷的检出灵敏度及分辨率有很大的影响，是探伤仪的重要组成部分。

（1）涡流检验线圈的分类　实际应用的检验线圈形式多种多样，但常用的是按检验涡流的方式、检验线圈与试件的相互位置以及比较方式来分类（见表 5-11）。

（2）涡流检验线圈的形式及应用特点　不同形式的检验线圈有着不同的功能，表 5-12 列出了它们的形式及使用特点。

此外，近年来国外研制出各种旋转式探头，检验时，工件沿直线运动，检验线圈沿试件外表作高速旋转，能以每秒几十米的扫查速度检出管（棒）材的微小缺陷。

2. 涡流探伤仪

图 5-26 是自动涡流探伤仪的基本组成方框图，其中的主要单元为电桥电路及信号处理单元。各部分的功能及其工作过程如下：

表 5-11　涡流检验线圈的分类

	分类方式	分　类	说　　明
涡流检验线圈	相互位置	穿过式	试件穿过检验线圈
		内插式	检验线圈插在试件孔内或管材内壁
		探头式	检验线圈放置在试件表面
	检测方式	自感式	检验线圈既产生激励磁场，又检测涡流反作用磁场
		互感式	检验线圈有二个绕组，一个产生交变磁场，另一个检验涡流反作用磁场
	比较方式	自比式	检验线圈由二个相距很近（用于检验同一试件）的线圈组成
		他比式	检验线圈由两个参数完全相同的线圈组成，它们分别对标准试件和待测试件检测

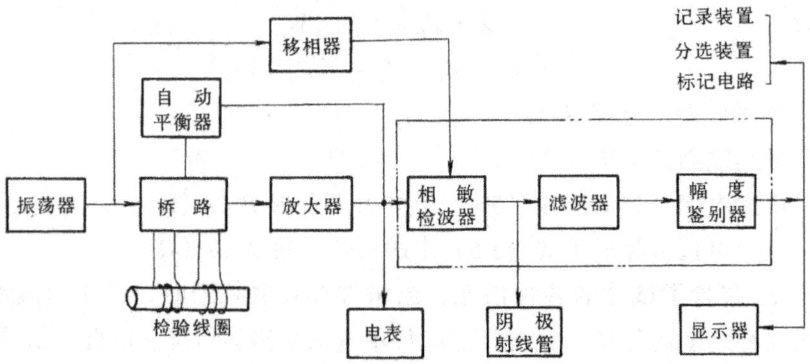

图 5-26　自动涡流探伤仪的基本结构

振荡器给电桥电路提供电源，作为电桥桥臂的检验线圈探测到试样表面缺陷时会输出电信号，这个微弱的电信号经放大器放大后，作为相敏检波器的输入（相敏检波器的控制电压由振荡器经移相器提供），经相敏检波器进行相位分析以后，再经滤波器进行频率分析，最后由幅度鉴别器完成振幅分析，去除了缺陷以外的大部分干扰信号。检出的缺陷信号可以送到显示器显示或控制分选装置等。另外，电表用来指示电桥的平衡情况；阴极射线管用来观察相敏检波器的输出电压；自动平衡器能使电桥电路实现自动调零，克服试件材质、形状和尺寸引起的检验线圈阻抗的变化。

图 5-27 是 ET-202 型焊管涡流探伤仪。该仪器专用于各种焊管在线或离线探伤，对裂纹、夹渣等缺陷较为敏感。该设备配有外穿过式探头，探头与钢管的间隙为 10mm，能防止焊管的毛刺损坏探头。其检测速度 0～1.2m/s，备有声光报警及输出接口。

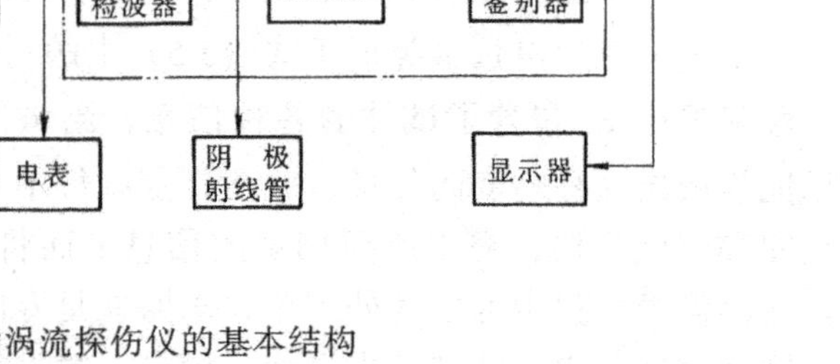

图 5-27　ET-202 型焊管涡流探伤仪

3. 对比试样

表 5-12　检验线圈的形式及使用特点

分类		形式	使用特点
穿过式		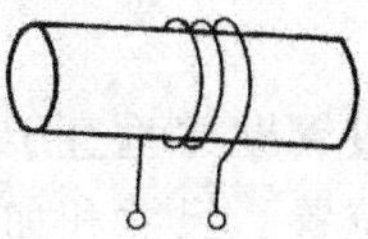	探伤速度快，广泛应用于管、棒、线材的自动探伤
内插式		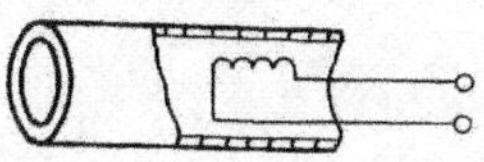	适用于管子内部及深孔部位的探伤，试件中心线应与线圈轴线重合
探头式		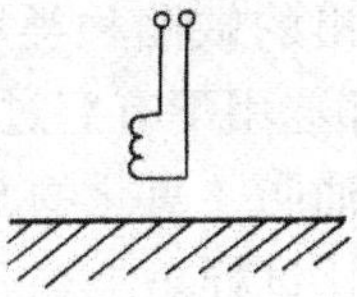	带有磁心，具有磁场聚焦性质，灵敏度高，但灵敏区小，适合于板材和大直径管材、棒材的表面探伤
自比式	自感式	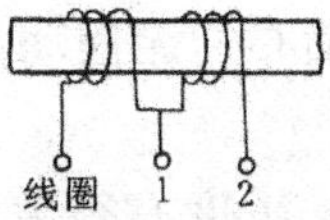	采用两个相邻很近的相同线圈，来检验同一试件两个部位的差异，能抑制试件中缓慢变化的信号，能检测缺陷的突然变化。检测时，试件传送时的振动及环境温度对其影响较小。但对试件上一条从头到尾的长裂纹（假定其深度相同）则无法探出
	互感式	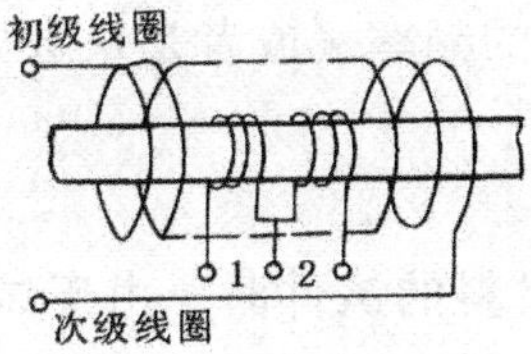	
他比式	自感式	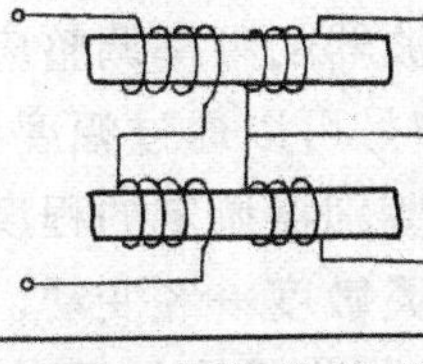	检出信号是标准试件与被测试件存在的差异，受试件材质、形状及尺寸变化的影响。但能检出从头到尾深度相等的裂纹，常与自比式线圈结合使用，以弥补其不足。穿过式、内插式、探头式线圈都能接成他比式
	互感式	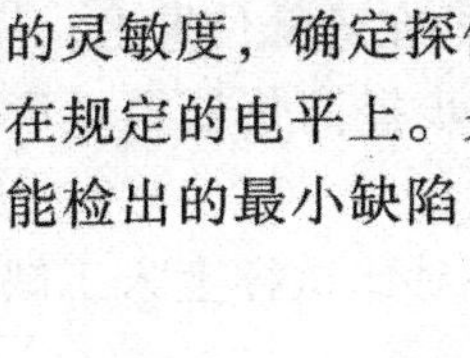	

（1）对比试样及其作用　对比试样是按照一定要求制作的具有人工缺陷的标准试样。用来设定（或调整）探伤装置的灵敏度，确定探伤仪上各旋钮的位置，或者用来定时地校核探伤装置的灵敏度，使其维持在规定的电平上。另外，还用作判废标准。但是对比试样上人工缺陷的大小不表示探伤仪可能检出的最小缺陷，所能检测到的最小缺陷能力取决于探伤装置的综合灵敏度。

(2) 对比试样的制备　用于制备对比试样的钢管应与被探件的公称尺寸相同，化学成分、表面状况及热处理状态相似，且具有相似的电磁特性。对比试样的表面，应无氧化皮等影响校准的缺陷。在 GB7735—87《钢管的涡流探伤方法》中规定：作对比试样的钢管，其弯曲度不应大于 1.5:1000。

一般对比试样的人工缺陷为两种，即穿过管壁并垂直于钢管表面的孔和平行于钢管纵轴且侧边平行的槽口。对比试样上人工缺陷的位置、尺寸和加工要求，应满足相应的标准或其它技术文件的要求。

三、涡流探伤技术

涡流探伤的基本方法和操作程序如下：

(1) 探伤前的准备工作

1) 根据试件的性质、形状、尺寸及欲检出的缺陷种类和大小选择检验方法及设备。对小直径、大批量焊管或棒材的表面探伤，大都选用配有穿过式自比线圈的自动探伤设备。

2) 对被探件进行预处理，除去其表面的油脂、氧化物及吸附的铁屑等杂物。

3) 根据相应的技术条件或标准来制备对比试样。

4) 对探伤装置进行预运行。探伤仪通电后，必须稳定地运行 10min 以上。

5) 调整传送装置，使试件通过线圈时无偏心、无摆动。

(2) 确定探伤规范

1) 选择探伤频率　探伤频率与缺陷检出灵敏度有很大的关系，直接影响到试件上涡流的大小、分布和相位。一般是根据透入深度以及缺陷的阻抗变化来选择。其方法是利用阻抗平面图找出由缺陷引起的阻抗变化最大处的频率（或者是缺陷与干扰因素阻抗变化之间相位差最大处的频率）作为探伤频率。

2) 确定工件的传送速度。

3) 调整磁饱和程度　在探测铁磁性材料的试件时，由于试件磁导率的不均匀性引起噪声，影响检验结果。为了减小磁导率不均匀性的影响，使被检部位置于直流磁场中，达到磁饱和状态的 80%左右。

4) 相位的调整　装有移相器的探伤仪，要调整其相位角使对比试样上的人工缺陷能够最明显地探测出来，而缺陷以外的杂乱信号应尽可能地排除掉。同时，相位的选择也应考虑到使缺陷的种类和位置尽可能地区分开。

5) 滤波器频率的确定　一般说来，由试件表面缺陷产生的信号频率是高频成分，且受缺陷大小、传送速度的影响。而试件尺寸、材质变化和传送振动所产生的干扰信号是低频。外来噪声及仪器本身的频率则更高。通常滤波器的频率调整应从实验中求得。

6) 幅度鉴别器的调整　振幅小的干扰信号可以通过幅度鉴别器消除，其调整应在相位、滤波器频率调定后进行。应注意，由于幅度鉴别器调定的程度不同，对同一缺陷会有不同的指示。为此，若仪器的相位、滤波器频率、灵敏度一经变动，则应重新调节幅度鉴别器。

7) 平衡电路的调定　桥路的平衡调整是指将没有缺陷的对比试样，通过检验线圈把桥路的输出调节到零。调节时仪器灵敏度应处在最低位置上，依次反复调节两个平衡旋钮直到电表或阴极射线管的输出等于零，然后逐步提高仪器灵敏度，再依次反复地调节这两个旋钮，直至到达所规定的灵敏度为止。

8) 灵敏度的调定　灵敏度调节是指将对比试样上人工缺陷信号的大小调节到所规定的

电平。仪器灵敏度的选择一般是将规定的人工缺陷在记录仪上的指示高度调整到记录仪满刻度的50%～60%。在调节灵敏度之前，必须先确定试件传送速度、磁饱和装置的磁化电流、检验频率和振荡器的输出，并且在相位、滤波器频率、幅度鉴别器的调节完成后进行。

（3）探伤　在选定的探伤规范下进行探伤，应尽量保持固定的传送速度，同时使线圈与试件的距离保持不变。在连续探伤过程中，应每隔2小时或在每批检验完毕后，用对比试样校验仪器。

（4）探伤结果分析　根据仪器的指示和记录器、报警器、缺陷标记器指示出来的缺陷，判断检验结果。如果对所得到的探伤结果产生疑点时，则应进行重新探伤或用目视、磁粉、渗透和破坏试验等方法加以验证。

（5）消磁　铁磁材料经饱和磁化后应进行退磁处理。

（6）结果评定　对钢管或焊管的探伤中，若缺陷显示信号小于对比试样人工缺陷信号时，应判定为该钢管或焊管经涡流探伤合格。缺陷显示信号大于或等于对比试样人工缺陷信号时，应认为该钢管或焊管为可疑品。对可疑品进行如下处理。

1）重新探伤。重新探伤时若缺陷信号小于人工缺陷信号，则判定为合格。

2）对探伤后暴露的可疑部分进行修磨，修磨后重新探伤，并按上述原则评判。

3）切去可疑部分或者判为不合格。

4）用其它方式的无损探伤方法检查。

（7）编写探伤报告　将探伤条件、探伤结果、人工缺陷级别和形状等编制成文。

§5-6　磁力探伤与涡流探伤新技术

一、磁粉探伤新技术

磁粉探伤技术在国外发展已半个多世纪，国内应用这门技术已有40年。随着计算机、电子技术、图象处理技术以及光电子技术的发展推动了磁粉探伤技术的进步，其主要表现有：

1. 用激光、电子束扫描的荧光磁粉探伤装置

在美国已成功地研制了一种利用激光扫描的荧光磁粉探伤装置。该装置由氦/镉激光器发出的蓝色光去激励荧光磁粉的色素，使缺陷表面聚集的荧光磁粉产生黄绿色的光。用一只光电检测器，让其焦距对准经激光诱发的发光点，实现对缺陷的检测。工作时，用滤光器滤去来自激光器的所有蓝色光，仅保留经激光诱发出来的荧光。此荧光由光电检测器转换成电信号，经放大后，在图象传送记录装置上显示出来。这种方法极大地提高了识别缺陷的能力。

此外，用电子束扫描一块接收有荧光磁粉图象的半导体光电板，能在电子束与缺陷信息相交时产生一个输出电信号，此信号经放大后可用来实现记录、打标记或者控制分选机构。

2. 自动化的磁粉探伤设备

近年来，采用单片机、PC机控制的多工位半自动化中小零件通用磁粉探伤机，实现了上料、磁化、喷液、下料、观察、退磁等工序的程控作业。安有机械手、电视成象、缺陷图象处理系统的成套设备，已用于汽车行业的全自动荧光磁粉探伤。还有用于海底石油开发300m深水作业的磁粉检验系统等。

为了检测核能装置上焊缝的缺陷，日本三菱公司成功地研制出干式磁粉自动探伤装置。该装置由磁化装置、检验系统、图象处理单元、划线装置及行走机构等组成（图5-28），具

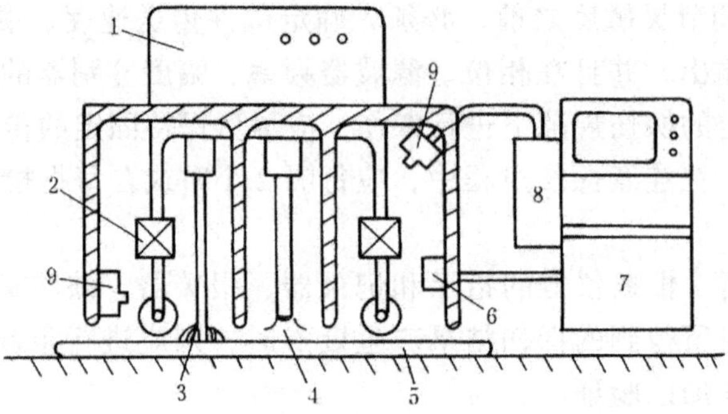

图 5-28 干式磁粉自动探伤系统的组成
1—操纵台 2—旋转磁化器 3—撒布磁粉 4—吹风 5—工件 6—照明 7—控制装置
8—磁带录象机 9—摄象机

有采集磁粉图象和自动辨别缺陷的图象处理功能。该装置使用干式非荧光磁粉，其有效检出范围的直径为200mm。裂纹检出能力为1mm，检测速度为2m/min。实现了压力容器焊缝磁粉探伤的自动化。

除此之外，在研究磁粉探伤的新材料、发展交流多向磁化工艺，以及利用计算机开发磁粉探伤的应用软件等方面都得到了很大的发展。

二、录磁探伤新技术

录磁探伤主要用于板材及管道焊缝检测。前苏联从50年代末到60年代初期推广使用录磁探伤方法，检验了数万条石油管道焊缝、城市气网及热网的焊口、数万米部件和结构板材的对接焊缝。其探伤灵敏度极高，能发现深度为壁厚4%～10%的缺陷。录磁探伤法比射线探伤法的生产效率高，且成本要比 X、γ 射线探伤法低数倍。其探伤装置携带方便、操作简单、安全可靠，对工件的表面、内部及内表面缺陷均能探测成象，而且重复性好、易保存，对环境适应能力强以及对工件表面处理要求不高等。因而，在国内外得到了广泛的应用。

随着现代科学技术的发展，录磁探伤中的数字化图象处理技术以及自动化连续探伤装置更趋完善。例如，国外在录磁探伤装置中采用模数转换的数字图象显示技术提供了高保真、高分辨力的图象，由微机将录磁探伤的各种信息进行参量的数据处理，将缺陷大小用八种不同的色调进行分级显示、同时打印，并可进行永久性的保存。美国已成功地研制出小口径管道纵向焊缝录磁探伤装置。原西德在此基础上开发了大口径钢管的纵向焊缝探伤设备，即采用了一种专用爬行器，自动地进行连续检测。原苏联研制了用于不同场合的励磁装置和满足不同规格的大口径薄壁管道、压力容器探伤的励磁头，以及具有很高记录频带和记录能力的MK-1、MK-2型专用磁带。此外，水下录磁探伤装置也相继问世。

近年来对焊缝的录磁探伤及其研究尤为突出。国外比较系统地研究了录磁探伤法在焊缝上检测的可能性，并研制了适合于检验圆滑过渡（焊缝余高的宽度与高度比值 $\psi \geqslant 7$）焊缝的探头，具有极好的探伤灵敏度，能成功地在 ϕ168～1020mm、壁厚16mm以下的输油管道焊缝及压力容器上有效地发现焊缝内部和根部的裂纹、未焊透、未熔合及条状夹渣等有害缺陷。在我国已有专业人员在从事技术研究和产品开发，并已取得一定的成果。

三、涡流探伤新技术

1. 多频涡流技术

采用单频涡流探测某些对象时，由于存在干扰参数，缺陷信号往往被干扰信号所掩盖，使测量结果难以解释。为了解决这类问题，Libby 于 1970 年首先提出了使用几个频率同时工作的方法，取得了单频涡流所不能得到的测试结果。

在涡流探伤中，改变激励电流的频率，也就改变了涡流在工件内的大小和分布。因而同一缺陷或干扰在不同的频率下会对涡流产生不同的反应，利用此点可以消除干扰的影响。

如果对某一确定的探测对象先选用一个最佳频率 f_1 作为主频率（这可按经验公式计算并通过试验修正确定），然后根据需要选定第二检测频率 f_2 作为副频，将两种频率作用下的检验结果送入混合器进行实时信号处理，使要抑制的干扰信号调整到在 f_1 和 f_2 作用下具有相同的幅值、相位以及尽可能一致的波形，然后使它们在减法器中互相抵消，仅保留有关缺陷的信息。这就是双频检验法所依据的基本原理。多频涡流探伤原理类似于上述双频检验法。

近年来，最具有代表性的多频涡流技术应用是核电站蒸汽发生器管子的检查。数千根热交换管因腐蚀、磨损、振动和挤压而失效，由于管子外部装有支撑板和管板，检验时必须采用多频混合来消除这些干扰因素。

在多频涡流探伤设备方面，早在 70 年代末，法国 Inlercointrö̈le 公司和美国 Zetec 公司相继推出了商品化的仪器。近年来，美国 ECT 公司也研制成 ECT-3000 多频涡流系统。在国内，近几年也开展了大量的研究工作，已有样机通过鉴定，相当于国外 80 年代初的水平。

2. 远场涡流技术

对铁磁材料进行涡流检验时，必须采取措施抑制试件磁导率和其它因素的影响，而仅仅利用涡流效应来反映试件有关缺陷的信息。这使得常规涡流探伤法在用于铁磁材料的探伤上有时受到一定的限制。利用漏磁检测和霍尔效应传感技术所测出的信号幅度在很大程度上取决于缺陷的体积，很难对缺陷作准确的定量，而且漏磁法的信号幅度还与检测速度有关。因此，为了寻找到一种能够迅速而准确地探测铁磁材料内部缺陷及壁厚变化的方法，国内外作了大量的研究工作，产生了远场涡流技术。

远场涡流技术是采用螺线管激励线圈和接收线圈，线圈的间距为几倍管直径（图 5-29）。给激励线圈施加交流电时，激励线圈和接收线圈之间的电磁耦合有两条路径。第一条路径是管内的直接耦合，直接耦合随着激励线圈与接收线圈的距离增加呈指数衰减；第二条路径是经过管壁的间接耦合，流过激励线圈的交变电流在其附近产生电磁能，电磁能扩散至管外壁

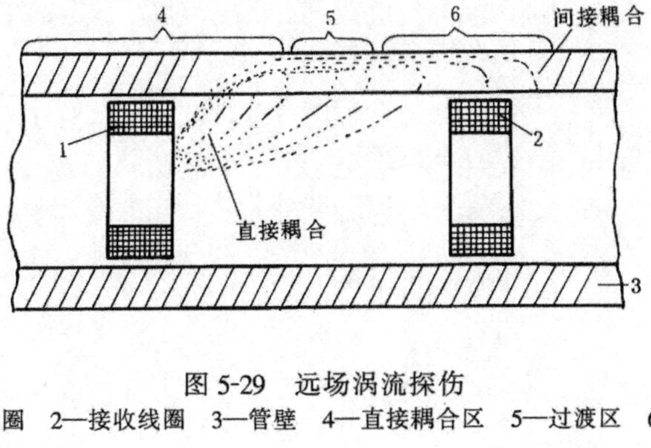

图 5-29 远场涡流探伤

1—激励线圈 2—接收线圈 3—管壁 4—直接耦合区 5—过渡区 6—远场区

并沿着管子作轴向传布，然后分散返回，当电磁场穿透管内壁时，随之衰减并产生相移。

两线圈之间有三个不同的相互作用区，即靠近激磁线圈的直接耦合区、既有直接耦合又有间接耦合的过渡区和几倍管径以外的远场区。由于沿管壁的间接耦合包含了全部管壁缺陷的信息，故接收线圈必须放在远场区。位于远场区的接收线圈所接收到的信号十分微弱（μV），必须将信号放大数百万倍才能在输出端得到要检测的信号，信号的相位与电磁场穿透深度成线性关系，因而与缺陷深度成正比，与缺陷的体积无关，这是远场涡流技术的主要优点。

远场涡流技术广泛用于油井和管道的探测，对诸如蚀坑、裂缝、磨损等内外壁缺陷具有相同的检测灵敏度，还可以用来检测铁磁性或非铁磁性管子的内部缺陷和壁厚减薄情况，其应用前景十分宽广。

除此之外，深层涡流技术、三维涡流技术在涡流检测中也都得到了广泛的应用。随着科学技术的发展，涡流探伤在现代工业生产中越来越发挥重要的作用。

第六章　渗 透 探 伤

渗透探伤是利用带有荧光染料（荧光法）或红色染料（着色法）渗透剂的渗透作用，显示缺陷痕迹的无损检验法。可用于各种金属材料和非金属材料构件表面开口缺陷的质量检验。

§6-1　渗透探伤原理

一、渗透探伤的理化基础

1. 毛细作用

(1) 圆柱形细管内液体的毛细现象　圆柱形细管内液体的毛细作用原理如图 6-1 所示。毛细管在润湿液体中，由于润湿的作用，靠近管壁的液面会上升而形成凹面。另一方面，由于表面张力的缘故，使弯曲的液面产生了附加压力（$F_上$），从而使液体表面向上收缩成平面。随后，管中靠近管壁的液体又在润湿作用下上升，重新形成凹面，而弯曲的液面又在附加压力 $F_上$ 的作用下，使其收缩成平面。如此往复，使毛细管内的液面逐渐上升，直至弯曲液面附加压力与毛细管内升高的液柱重量相等为止。

液面上升高度 h 可用下式计算；

$$h=\frac{2\alpha\cos\theta}{r\rho g} \tag{6-1}$$

式中　α——液体的表面张力系数；

θ——接触角（°）；

r——毛细管半径（mm）；

ρ——液体密度（kg/cm³）；

g——重力加速度（m/s²）。

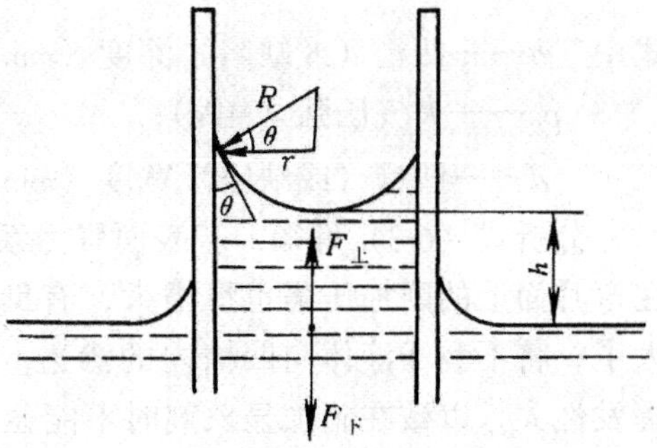

图 6-1　圆柱形毛细管中受力分析图

从式（6-1）可知，液体的表面张力系数越大，或者液体的密度、毛细管的半径越小时，则液面上升越高。

(2) 两平行板间的毛细现象　润湿液体在间隔距离很小的两平行板间也会产生毛细现象（图 6-2），其液面为圆柱状的凹形弯月面。与式（6-1）类似，润湿液体的上升高度 h' 恰好是直径为 d 的管内同样液体上升高度的二分之一，即；

$$h'=\frac{2\alpha\cos\theta}{d\rho g} \tag{6-2}$$

式中　d——板间距离（mm）。

在实际探伤中，渗透液对零件表面缺陷的渗透作用，本质上就是液体的毛细作用。对表面开口的点状缺陷（如气孔）的渗透，相当于渗透液在圆柱形管内的毛细作用；对表面条状缺陷（如裂纹、夹杂等）的渗透，相当于渗透液在间距很小的两平板间的毛细作用。

(3) 液体的渗透深度　图 6-3 为渗透液在凹槽内渗透时的受力情况。随着液体的渗透，

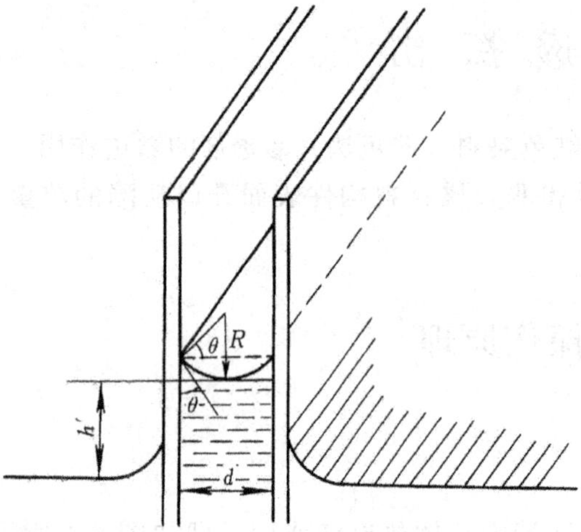

图 6-2　两平行平板间的毛细现象

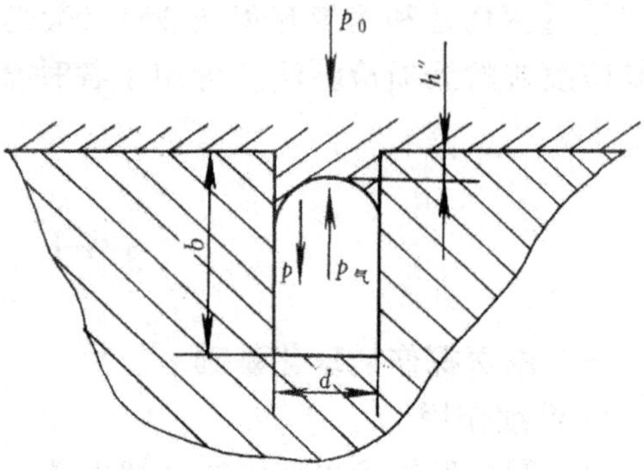

图 6-3　液体向槽内渗透时受力情况

被液体封闭在槽内的气体体积将越来越小，反压强则越来越大，直到渗透液达到某一深度 h''时，处于平衡状态，液体就不能再继续往下渗透，其渗透深度 h''为；

$$h''=\frac{2\alpha b\cos\theta}{2\alpha\cos\theta+dp_0}=\frac{2b}{2+\dfrac{dp_0}{\alpha\cos\theta}} \tag{6-3}$$

式中　b——凹槽（或缺陷）深度（mm）；

p_0——大气压强（MPa）；

d——凹槽（或缺陷）宽度（mm）。

分析式（6-3）可知，若表面张力系数 α 增大，渗透深度 h''也相应增大。同时，渗透液在弯月面上的附加压强也将增大，有助于提高渗透深度。但从液体受力角度分析，若 α 太大了，将不利于液体向凹槽内的渗透。当然，渗透液的 α 也不能取得太小，否则，液体的挥发性大，以致在施加显象剂时不能显示缺陷。

2. 乳化作用

(1) 乳化现象　众所周知，油和水互不相混，即使用力振荡也只能暂时混合，静止后又会分层。这是由于油和水的接触界面上存在着界面张力，起着互相排斥和尽量缩小其接触面积的作用。如果在油和水的混合液中加入少量的表面活性剂，油就会变成许多微小的颗粒分布于水中，静止后也就很难分层了。这种由于表面活性剂的作用，使本来不能混合在一起的两种液体能均匀地混合在一起的现象称为乳化现象。具有乳化作用的表面活性剂称为乳化剂。

(2) 乳化机理及表面活性剂的亲水性　表面活性剂的分子，一般总是由非极性的亲油疏水的碳氢链部分（亲油基）与有极性的亲水疏油的基团（简称亲水基）构成的。而且两部分分别处于两端，形成不对称结构。因此，表面活性剂分子是一种两亲分子，能吸附在油水界面上，降低油水界面的界面张力，使原来互不相混的油和水形成稳定的乳状液，完成乳化过程。

渗透探伤时，常用的表面活性剂为非离子型表面活性剂（即在水溶液中不电离），其亲

水基主要由具有一定数量的含氧基团（一般为醚基和羟基）构成。由于非离子型表面活性剂在水溶液中不电离，所以稳定性高，不易受无机盐、酸、碱的影响，与其它类型表面活性剂相容性好，并且在水以及有机溶剂中都有较好的溶解性能。

表面活性剂是否溶于水（即亲水性的大小）是项非常重要的指标。非离子型表面活性剂的亲水性大小用亲憎平衡值 $H.L.B$ 表示；

$$H.L.B=\frac{\text{亲水基部分的相对分子质量}}{\text{表面活性剂的相对分子质量}}\times\frac{100}{5} \tag{6-4}$$

例如；辛基酚聚氧乙烯醚的分子结构为：

亲水基部分的分子结构为：

$$(OCH_2CH_2)_{10}-OH$$

亲水基部分的相对分子质量为：

$$20C+41H+11O=457$$

亲油基部分的分子结构为：

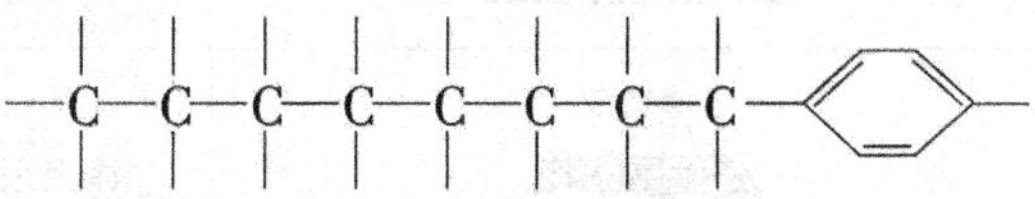

亲油基部分的相对分子质量为：

$$14C+21H=189$$

辛基酚聚氧乙烯醚的总相对分子质量为：

$$457+189=646$$

因此，$H.L.B=\frac{457}{646}\times\frac{100}{5}\approx14.1$

若几种不同 $H.L.B$ 值的表面活性剂按一定的比例混合在一起，即可得到一种新 $H.L.B$ 值的表面活性剂。混合后的 $H.L.B.$ 值按下式计算：

$$H.L.B=\frac{ax+by+cz+\cdots}{x+y+z+\cdots} \tag{6-5}$$

式中　a，b，c——混合前的几种表面活性剂的 $H.L.B$ 值；

x，y，z——混合前的几种表面活性剂的质量（g）。

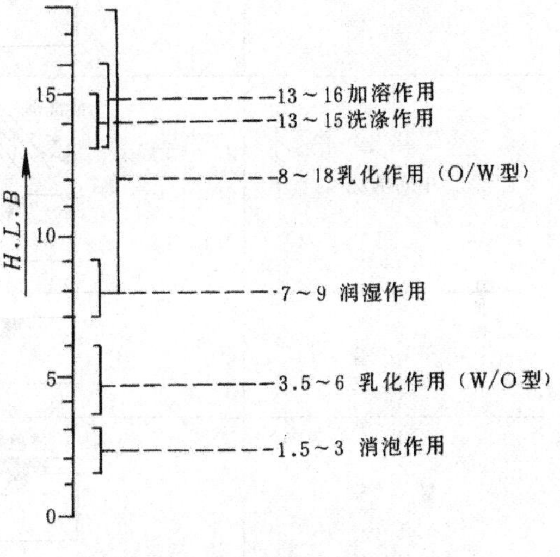

图 6-4　表面活性剂的 $H.L.B$ 值与作用的关系

表面活性剂的亲水性大小就决定着它所起的作用。根据 $H.L.B$ 值可使其具有润湿、洗涤、乳化、增溶、消泡等不同的作用（图 6-4）。

3. 荧光现象及机理

许多原来在白光下不发光的物质在紫外光的照射下能够发光，这种现象称为光致发光。光致发光的物质在外界光源移开后，立即停止发光的物质称为荧光物质。荧光渗透液中的荧光染料就是其中的一种。

当紫外光照射到荧光液时，荧光物质便吸收紫外线的光能量，使离原子核较近位于低能级轨道上的电子受激发而跳跃到离原子核较远的高能级轨道上，原子处于激发状态。处于激发状态的原子是很不稳定的，高能级轨道上的电子要自发地跳跃到原来失去电子的低能级轨道上。当电子由高能级跳到低能级时便发出光子，光子所具有的能量，是高低能级的能量差。不同荧光物质产生的荧光波长不完全一样，因此光的颜色也有差异。荧光颜色最好为黄绿色，因为这种颜色在暗处的衬度较高，人眼的感觉很敏锐。渗透探伤用的荧光液中的荧光染料吸收紫外线能量后，发出的光子波长为510～550nm，其颜色为黄绿色。

二、渗透探伤基本原理

渗透探伤包括六个基本操作步骤，即：预清洗、渗透、中间清洗、干燥、显象、观察，各过程的作用见表6-1。

表6-1　渗透探伤的基本操作步骤

工序名称	示　意　图	作　　用
预清洗	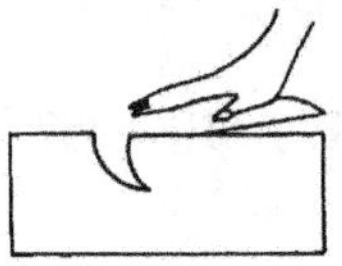	清除零件表面的铁屑、铁锈、毛刺、氧化皮，熔渣、油污等表面污染物
渗　透		涂上适当的渗透剂，通过毛细作用使表面开口的缺陷产生液体的渗透
中间清洗	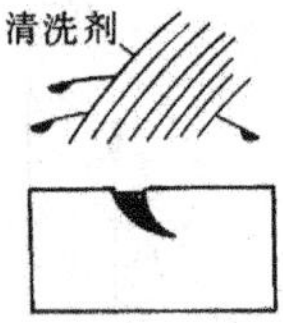	把零件表面多余的渗透剂从被测表面清除掉，但保留缺陷处的渗透液
干　燥		在显象之前必须使被测表面干燥（溶剂挥发很快，水则要较长时间），否则剩余的溶剂和水将影响显象剂的效果。
显　象		显象剂将缺陷处的渗透液吸附到零件表面，好似“流血”，显示的图形比真实的缺陷大
观　察		经过一段时间间隔再评判显示的缺陷。着色探伤用的照明光源为日光或白光；荧光探伤用的照明光源为黑光灯、紫外线灯

渗透探伤的基本原理是：在被检工件表面涂覆某些渗透力较强的渗透液，在毛细作用下，渗透液被渗入到工件表面开口的缺陷中，然后去除工件表面上多余的渗透液（保留渗透到表面缺陷中的渗透液），再在工件表面上涂上一层显象剂，缺陷中的渗透液在毛细作用下重新被吸到工件的表面，从而形成缺陷的痕迹。根据在黑光（荧光渗透液）或白光（着色渗透液）下观察到的缺陷显示痕迹，作出缺陷的评定。

§6-2 渗透探伤剂及设备

一、渗透探伤剂

渗透探伤剂由渗透剂、乳化剂、清洗剂和显象剂组成。其分类、特点及质量要求见表6-2。

表6-2 渗透探伤剂及质量要求

探伤剂	分类			基本组成	特点及应用	质量要求
渗透剂	着色渗透剂	水洗型	水基型	水、红色染料	不可燃，使用安全，不污染环境，价格低廉，但灵敏度欠佳	1. 渗透力强，渗透速度快 2. 着色液应有鲜艳的色泽 3. 清洗性好 4. 润湿显象剂的性能好，即容易从缺陷中吸附到显象剂表面 5. 无腐蚀性 6. 稳定性好，在光和热的作用下，材料成分和色泽能维持较长时间 7. 毒性小 8. 其密度、浓度及外观检验应符合 ZBJ04003—87《控制渗透探伤材料质量的方法》中的规定
			乳化型	油液、红色染料、乳化剂、溶剂	渗透性较好，容易吸收水分产生浑浊、沉淀等污染现象	
		后乳化型		油液、溶剂、红色染料	渗透力强，探伤灵敏度高，适合于检查浅而细微的表面缺陷，但不适合表面粗糙及不利于乳化的工件	
		溶剂去除型		油液、低粘度易挥发的溶剂、红色染料	具有很快的渗透速度，与快干式显象剂配合使用，可得到与荧光渗透检验相类似的灵敏度	
	荧光渗透剂	水洗型		油基渗透剂、互溶剂、荧光染料、乳化剂	乳化剂含量越高，则越易清洗，但灵敏度越低 荧光染料浓度越高，则亮度越大，但价格越贵 有高、中、低三种不同的灵敏度	1. 荧光性能应符合 ZBJ04005－87《渗透探伤法》附录三中的规定 2. 渗透液的密度、浓度及外观检验应符合 ZBJ04003－87 中的规定 3. 渗透力强，渗透速度快 4. 荧光液应有鲜明的荧光 5. 清洗性能好 6. 润湿显象剂的性能要好 7. 无腐蚀性 8. 稳度性要好 9. 毒性小
		后乳化型		油基渗透剂、互溶剂、荧光染料、润湿剂	缺陷中的荧光液不易被洗去（比水洗型荧光液强），抗水污染能力强，不易受酸或铬盐的影响 荧光液灵敏度按其在紫外光下发光的强弱可分为三种，即标准灵敏度、高灵敏度和超高灵敏度	
		溶剂去除型			不需要水，具有很高的灵敏度，但对于批量工件的检验工效较低，适合于受限制的区域性检验	
乳化剂	亲水性乳化剂 *H.L.B* 值在 11～15 之间			烷基苯酚聚氧乙烯醚、脂肪醇聚氧乙烯醚	乳化剂浓度决定了它的乳化能力、乳化速度和乳化时间，推荐使用浓度为5%～20%	1. 乳化剂应容易清除渗透剂，同时应具有良好的洗涤作用 2. 具有高闪点和低蒸发率 3. 耐水和渗透剂污染的能力强 4. 对工件和容器无腐蚀 5. 无毒、无刺激性臭味 6. 性能稳定，不受温度影响
	亲油性乳化剂 *H.L.B* 值在 3.5～6 之间			脂肪醇聚氧乙烯醚	不加水使用，其粘度大时扩散速度慢，则乳化过程容易控制，但乳化剂拖带损耗大；反之亦然	

（续）

探伤剂	分　类	基本组成	特点及应用	质量要求
清洗剂	水		清除水洗型渗透液	有机溶剂去除剂应与渗透剂有良好的互溶性，不与荧光渗透剂起化学反应，不猝灭荧光 乳化剂的质量要求同上
	有机溶剂去除剂	煤油或者酒精、丙酮、三氯乙烯	清除溶剂去除型渗透液	
	乳化剂和水		清除后乳化型渗透液	
显象剂	干粉显象剂	氧化镁或者碳酸镁、氧化钛、氧化锌等粉末	适用于粗糙表面工件的荧光渗透探伤 显象粉末使用后很容易清除	1. 粒度不超过 1～3μm 2. 松散状态下的密度应小于 0.075g/cm^3，包装状态下应小于 0.13g/cm^3 3. 吸水、吸油性能好 4. 在黑光下不发荧光 5. 无毒、无腐蚀
	湿式显象剂：水悬浮型湿式显象剂	干粉显象剂加水按比例配制而成	要求零件表面有较高的光洁度，不适用于水洗型渗透液 呈弱碱性	1. 每升水中应加进 30～100g 的显象粉末，不宜太多也不宜太少 2. 显象剂中应加有润湿剂、分散剂和防锈剂 3. 颗粒应细微
	湿式显象剂：水溶性湿式显象剂	将显象剂结晶粉溶解于水中制成，结晶粉多为无机盐类	不可燃，使用安全，清洗方便，不易沉淀和结块 白色背景不如水悬浮式 要求工件有较好的表面粗糙度 不适于水洗型渗透液	1. 应加适当的防锈剂、润湿剂、分散剂和防腐剂 2. 应对工件和容器无腐蚀，对操作无害
	快干式显象剂	将显象剂粉末加入挥发性的有机溶剂中配制而成。有机溶剂多为丙酮、苯、二甲苯等	显象灵敏度高、挥发快，形成的显示扩散小，显示轮廓清晰 常与着色渗透液配合使用	为调整显象剂粘度，使显象剂不致于太浓，应加一定量的稀释剂（如丙酮、酒精等）
	不使用显象剂		省掉了显象剂，简化了工艺 只适用于灵敏度要求不高的荧光渗透液	

二、渗透探伤设备

渗透探伤装置一般可分为四类，即固定式、便携式、自动化及专业化渗透探伤装置。

1. 固定式渗透探伤装置

固定式渗透探伤装置包括渗透槽、乳化槽、清洗槽、干燥箱、显象槽及检查台等组成。根据被探工件的大小、数量和现场情况，可把上述各个单元都固定在一个统一体内（称为整体型）或者根据需要变更其配置进行重新组合（称为分离型）。整体型探伤装置（图 6-5）适用于小型工件的探伤；分离型探伤装置（图 6-6）适用于大型工件的检测。

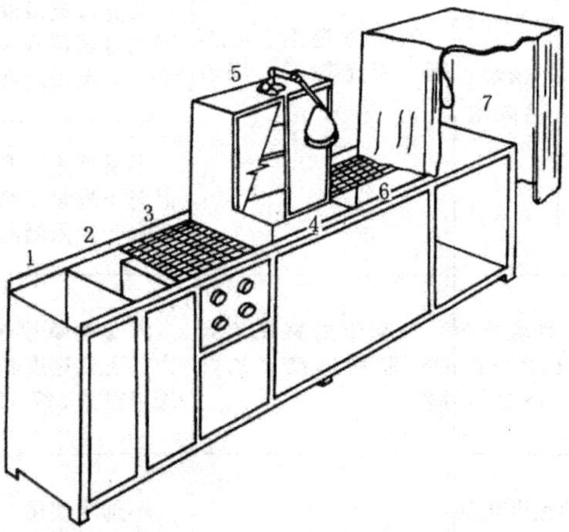

图 6-5　整体型渗透探伤装置

1—渗透　2—乳化　3—滴落　4—水洗　5—干燥　6—显象　7—检验

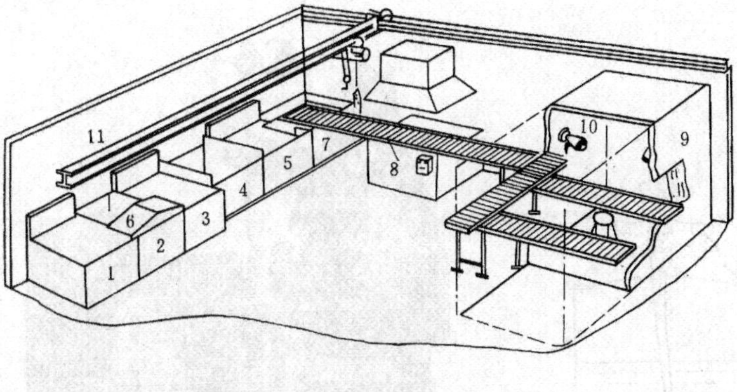

图 6-6　分离型渗透探伤装置

1—渗透槽　2—滴落槽　3—乳化槽　4—水洗槽　5—显象槽　6—滴落板
7—滴落板　8—传输带　9—观察室　10—黑光灯　11—吊轨

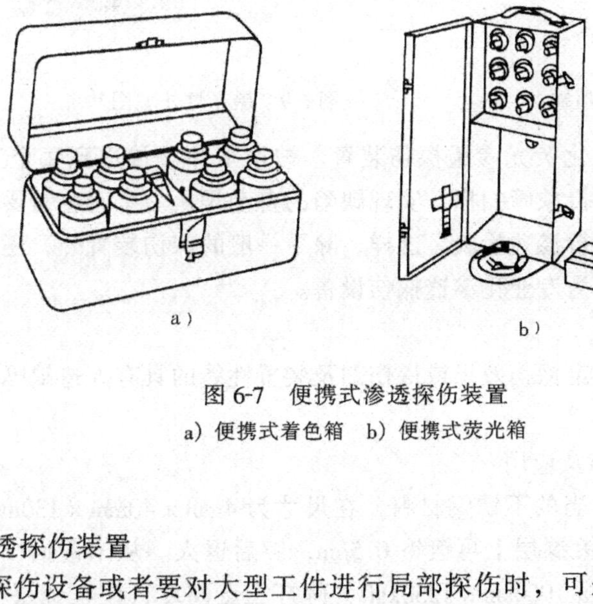

图 6-7　便携式渗透探伤装置

a）便携式着色箱　b）便携式荧光箱

2. 便携式渗透探伤装置

在无固定式探伤设备或者要对大型工件进行局部探伤时，可采用便携式渗透探伤装置。该装置实际上是一个装有渗透探伤剂及各类工具的箱子（图 6-7）。由于其体积小、重量轻、便于携带，故适用于现场探伤。

在便携式设备内装有压力喷罐（图 6-8），探伤时在其中装入被喷涂的材料（渗透剂或者是清洗剂、显象剂）和能在常温下产生压力的气溶胶或雾化剂。当按下喷罐上的喷嘴时，可使喷涂液呈雾状喷射出来。使用压力喷罐操作简单易行，尤其适于高空野外等场所。

用于观察缺陷的照明装置由白光灯（用于着色法探伤）或黑光灯（用于荧光法探伤）组成。黑光灯一般采用水银石英灯，其外型如图 6-9。探伤时，为延长其使用寿命，要尽量减少不必要的开关次数。黑光灯的发光强度可以通过直接测量或间接测量的方法，用紫外线强度计或黑光照度计进行测量。

3. 自动化渗透探伤

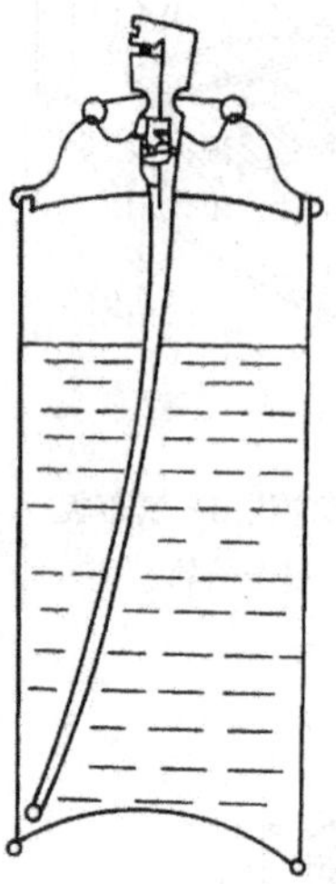

图 6-8 压力喷罐

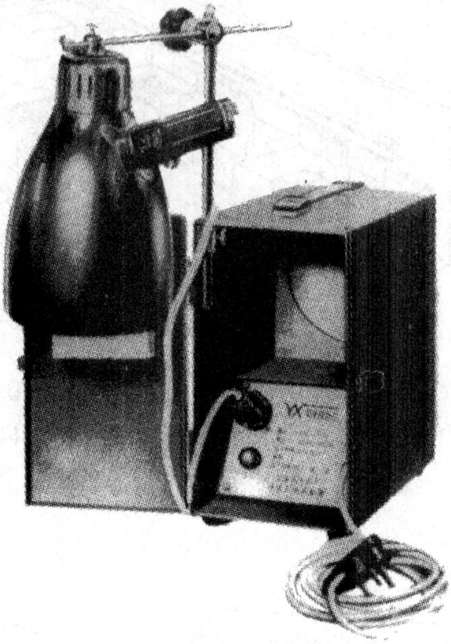

图 6-9 黑光灯外型图

国外已研制出许多自动化荧光渗透探伤装置。被检工件被传送到每个工序进行自动操作，最后在黑光灯下用光导摄象管扫描，实现缺陷的自动辨认。有时也需要将工件处于应力状态下（或其它负载下）进行渗透检验，这样，除了一般的探伤装置外，还需附加一套给工件加载的装置，这类设备称为专业化渗透探伤设备。

三、对比试块

在渗透探伤中，用以评定探伤效果或探伤剂及装置性能的具有人造缺陷的试块，称为对比试块。

1. 镀铬对比试块的制作及应用

将 1Cr18Ni9Ti 或其它适当的不锈钢材料，在尺寸为 4mm × 40mm × 130mm 的长方形试块上单面镀镍 30 ± 1.5μm，在镀镍层上再镀铬 0.5μm，镀后退火。从未镀面以直径 10mm 的钢球，用布氏硬度法按 750kgf、1000kgf、1250kgf 负荷打三点硬度，使在镀层上形成三处辐射状裂纹，即制成镀铬对比试块，如图 6-10 所示。

这种试块主要用于校验操作方法和工艺系统灵敏度。使用前，应将其拍摄成照片或用塑料制成复制品，以供探伤时对照使用。试验时先将该试块按正常工序进行处理，最后观察辐射状裂纹显示的情况。如果与照片或复制品一致，则可认为设备和材料以及探伤工艺正常。

2. 铝合金对比试块的制作和应用

从 8 ~ 10mm 厚铝合金（LY－12、淬火）板材上切取一块大小为 50mm × 75mm 的试块，用喷灯在中心部位加热至适当温度（510 ~ 530℃），然后在冷水中淬火，从而在铝块中产生天然的裂纹。再沿着 75mm 方向的中心位置开一个 1.5mm × 1.5mm 的槽沟，从而完成了一块铝合金对比试块的制作（图 6-11）。

因试块中间有一道沟槽，试块被分为两半，因此适用于两种不同的探伤剂在互不影响的

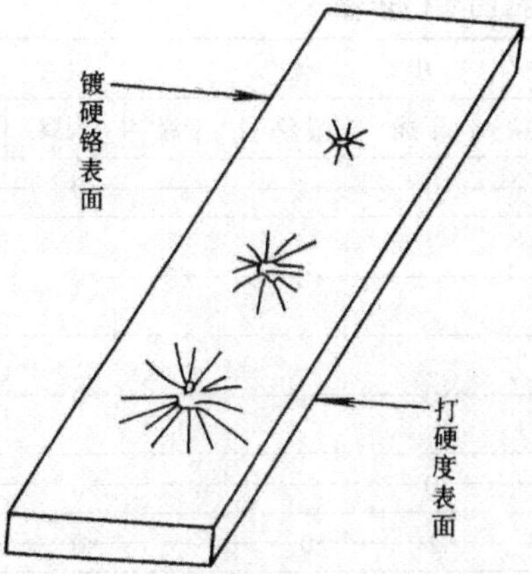

图 6-10　镀铬辐射状裂纹试片

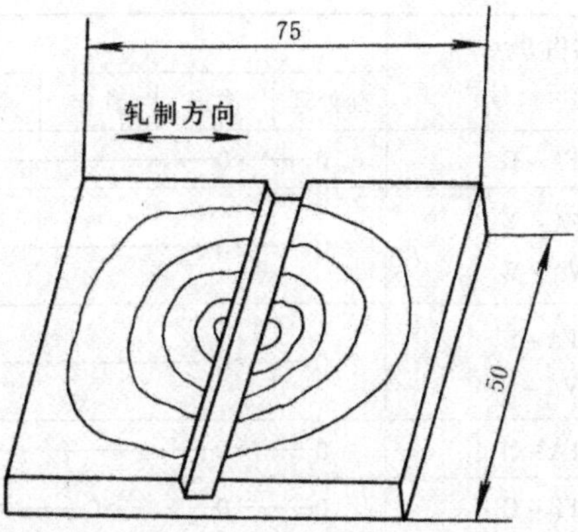

图 6-11　铝合金对比试块

情况下进行灵敏度对比试验，也适用于同一种渗透剂在不同的工艺操作下进行灵敏度的对比试验。由于试块上提供各种近似于自然缺陷的裂纹，故适合于对探伤剂进行综合性能比较。但由于其裂纹尺寸往往较大，故对高灵敏度探伤剂的性能鉴别有困难。

§6-3　渗透探伤方法

根据渗透剂种类和显象剂种类的不同，渗透探伤方法的分类见表 6-3 和表 6-4。

表 6-3　按渗透剂种类分类的渗透探伤方法

方法名称	渗透剂种类	方法代号
荧光渗透探伤	水洗型荧光渗透剂	*FA*
	后乳化型荧光渗透剂①	*FB*
	溶剂去除型荧光渗透剂	*FC*
着色渗透探伤	水洗型着色渗透剂	*VA*
	后乳化型着色渗透剂	*VB*
	溶剂去除型着色渗透剂	*VC*

①所用的乳化剂有油基和水基两种。

表 6-4　按显象剂分类的渗透探伤方法

方法名称	显象剂种类	方法代号
干式显象法	干式显象剂	*C*
湿式显象法	湿式显象剂	*W*
	快干式显象剂	*S*
无显象剂显象法	不用显象剂	*N*

一、渗透探伤的基本方法和步骤

根据不同的探伤方法，渗透探伤的工艺过程也不同。表 6-5 列出了使用不同的渗透剂和显象剂时的渗透探伤步骤。

表 6-5 根据探伤方法所选择的探伤步骤

探伤方法代号	探伤步骤									
	前处理	渗透	乳化	清洗	去除	干燥	显象	干燥	观察	后处理
FA－C	0	0		0		0	0		0	0
FA－W VA－W	0	0		0			0	0	0	0
FA－S VA－S	0	0		0		0	0		0	0
FA－N	0	0		0		0			0	0
FB－C	0	0	0	0		0	0		0	0
FB－W	0	0	0	0			0	0	0	0
FB－S	0	0	0	0		0	0		0	0
FC－C	0	0			0		0		0	0
FC－W VC－W	0	0			0		0	0	0	0
FC－S VC－S	0	0			0		0		0	0
FC－N	0	0			0				0	0
VB－C	0	0	0	0		0	0		0	0
VB－W	0	0	0	0			0	0	0	0
VB－S	0	0	0	0		0	0		0	0

注：○符号为选中项。

对于不同的检验对象，其质量要求也不相同，因而在进行渗透探伤时，探伤方法、规范选择以及探伤步骤也都不一样。下面以钢制压力容器（指设计温度高于－20℃的钢制焊接单层压力容器、多层包扎压力容器及热套压力容器）为例，来简述渗透探伤的方法、步骤和要求。

1．预处理

在渗透探伤前，应对受检表面及附近30mm范围内进行清理，不得有污垢、锈蚀、焊渣、氧化皮等。当受检表面妨碍显示时，应打磨或抛光处理。在喷、涂渗透剂之前，需清洗受检表面，如用丙酮干擦，再用清洗剂将受检表面洗净，然后烘干或晾干。

2．渗透

用浸浴、刷涂或喷涂等方法将渗透剂施加于受检表面。采用喷涂法时，喷嘴距受检表面宜为20～30mm，渗透剂必须湿润全部受检表面，并保证足够的渗透时间（一般为15～30min）。若对细小的缺陷进行探测，可将工件预热到40～50℃，然后进行渗透。

3．乳化

当使用后乳化型渗透剂时，应在渗透后清洗前用浸浴、刷涂或喷涂方法将乳化剂施加于受检表面。乳化剂的停留时间可根据受检表面的粗糙度及缺陷程度确定，一般为1～5min，然后用清水洗净。

4. 清洗

施加的渗透剂达到规定的渗透时间后，可用布将表面上多余的渗透剂除去，然后用清洗剂清洗，但需注意不要把缺陷里面的渗透剂洗掉。若采用水清洗渗透剂时，可用水喷法。水喷法的水管压力为0.2MPa，水温不超过43℃。当采用荧光渗透剂时，对不宜在设备中洗涤的大型零件，可用带软管的管子喷洗，且应由上往下进行，以避免留下一层难以去除的荧光薄膜。当采用溶剂去除型渗透剂时，需在受检表面喷涂溶剂，以除去多余的渗透剂，并用干净布擦干。

5. 干燥

用清洗剂清洗时，应自然干燥或用布、纸擦干，不得加热干燥。在用干式或快干式显象剂显象前，或者在使用湿式显象剂以后的干燥处理中，被检工件表面的干燥温度应不大于52℃。

6. 显象

清洗后，在受检表面上刷涂或喷涂一层薄而均匀的显象剂，厚度为0.05～0.07mm，保持15～30min后进行观察。

7. 观察

着色渗透法：应在350Lx以上的可见光下用肉眼观察，当受检表面有缺陷时，即可在白色的显象剂上显示出红色图象。

荧光渗透法：用黑光灯或紫外线灯在黑暗处进行照射，被检物表面上的标准荧光强度应大于50Lx，当有缺陷时，即显示出明亮的荧光图象。必要时可用5～10倍放大镜观察，以免遗漏微细裂纹。

8. 质量评定

钢制压力容器不允许有任何裂纹和分层存在。发现裂纹或分层时应作好记录，并按GB150－89《钢制压力容器技术条件》中的规定进行修磨和补焊。对于钢制压力容器的具体产品，其渗透探伤的质量评定应按相应的产品标准进行。

钢制压力容器渗透探伤所使用的着色渗透剂、乳化剂和显象剂的配方见表6-6、表6-7和表6-8。

表6-6　着色渗透剂配方

配方编号	成　分	比　例	清洗剂或乳化剂编号	显象剂编号
1#	苏丹Ⅳ 苯 煤油	1g/100ml 20% 80%	丙　酮	1#
2#	水杨酸甲酯 煤　油 松节油 苏丹Ⅳ	30% 60% 10% 18g/100ml	丙　酮 煤油30% 变压器油70% 1#	1# 3# 4#
3#	128烛红 水杨酸甲酯 苯甲酸甲酯 松节油 煤　油	0.7g/100ml 25% 10% 15% 50%	变压器油 (HH－B) 30% 煤油70% 1# 2#	1# 2#

表 6-7 乳化剂配方

配方编号	成　分	比　例	备　注
1#	乳化剂（OP-10） 工业乙醇 工业丙酮	50% 40% 10%	
2#	乳化剂 油酸 2 丙　酮	60% 5% 35%	必须配用 50～60℃热水冲洗
3#	乳化剂 工业乙醇	120g/100ml 100%	加热互溶成膏状物即可使用

表 6-8 显象剂配方

配方编号	成　分	比　例	备　注
1#	氧化锌 苯 火棉胶（5%） 丙　酮	5g/100ml 20% 70% 10%	适用浸、刷或喷涂。为喷涂方便，可再加入 40%～50%丙酮稀释
2#	氧化锌 工业丙酮 P.Д.B 稀释剂 火棉胶（5%）	10g/100ml 65% 20% 15%	用于喷涂；成批生产检验用 P.Д.B 稀释剂时可用二甲苯代替
3#	油溶锌白 苯 火棉胶（5%） 工业丙酮	50g/100ml 20% 20% 60%	
4#	过滤乙烯树脂 工业丙酮 二甲苯 油溶锌白	30g/100ml 60% 40% 5g/100ml	将树脂倒入丙酮中充分搅拌，使其溶解后再倒入二甲苯，继续搅拌 10～15min 后再加入油溶锌白

二、焊缝渗透探伤实例——大型球罐的着色探伤

对大型钢制球形储罐的焊接，现场常采用分带焊接组对或分片整体组对焊接的方式（球罐外形参见图 5-16）。由于焊接工艺复杂，现场焊接条件差，易产生表面裂纹，因此必须进行表面探伤。

1. 探伤方法的选择

球罐为 400m^3 的贮氨容器，材质为 16MnR，板厚 44mm。按开罐检查的要求，对内外表面焊缝和支柱接管的角焊缝需进行 100%的表面探伤。由于支柱和接管处的角焊缝不易用旋转磁场磁粉探伤机来检查，而溶剂去除型着色渗透探伤法具有很快的渗透速度，与快干式显象剂配合使用，可得到与荧光渗透检验相类似的灵敏度。而且所需设备简单、操作方便。因而选择溶剂去除型着色渗透探伤法较为合适。

2. 球罐渗透探伤的特殊工艺问题

在渗透探伤中，渗透时间与渗透剂的温度有很大的关系。为满足检验的要求，一般都在15～40℃范围内进行。由于我国气温四季相差较大，北方地区最低可达零下几十度，因此必须解决低温下进行渗透探伤时给被检部位加热的问题。采用熔剂去除型着色探伤时，渗透液和清洗剂等都是易燃物，不能直接与明火接触。因此需采用罐内加热法，其方法有以下三种：

(1) 工频加热法　将工频加热器固定在探测面的内壁，调整其工作电流并用点温度计和控制箱控制探测面温度在30℃左右。此法温度容易控制，而且加热均匀可靠，但设备较复杂。

(2) 煤气喷嘴加热　把喷嘴置于球罐内，对受检部位加热，通过调节煤气量和喷嘴与受检表面的距离来调节和控制加热的温度，使其探测表面在30℃左右。但此种方法的设备也较为复杂。

(3) 气焊枪加热　用气焊枪在球罐内表面对被检区域加热，调节焊枪与球罐受检区内壁的距离和火焰的大小来调节和控制加热的温度。由于钢铁传热快，可以用手背触摸检测区表面，以不烫手为宜，此时的温度一般在40℃以下。该法温度控制不太准确，但简单易行，尤其适合于接管等局部焊缝的着色探伤。

3. 作对比试验

(1) 制作试板　采用与球罐相同的材料制作对接焊试板，规格为300mm×150mm×44mm，用异种钢焊条缠绕细铜丝焊接试板，使之产生裂纹。

(2) 试验过程　首先在室外低温情况下对试板（－7℃）进行探伤，在清洗过的焊缝表面喷涂渗透液，渗透15min，然后进行清洗，再显象10min，结果没有发现缺陷。之后，对试板进行彻底清洗，放在室内（室温为25℃）用同样的条件进行渗透探伤，结果发现焊缝表面裂纹密布，并用照相方法进行记录。最后再将试板彻底清洗干净并置于室外，用气焊枪在试板背面加热，调节火焰及焊枪与试件表面的距离，观察点温度计读数，使其指示在30℃左右（或用手背触摸试块表面，不烫手即可），再用同样的条件重复进行着色探伤，结果发现缺陷显示的情况与在室温下相同。

经过上述对比试验，说明了采用焊枪局部加热的方法能满足低温下进行着色渗透探伤的要求，同时也反映了探伤方法和工艺的选择具有一定的合理性。

4. 球罐焊缝的着色探伤工艺

(1) 预清洗　用砂轮清除焊缝及其两侧30mm范围内的飞溅、锈蚀、油污及较大的焊接波纹等，再用清洗剂清洗并擦干。

(2) 加热受检区　对寒冷地区的球罐进行着色渗透探伤时，可用气焊枪在受检表面的内壁加热，使受检部位的温度不超过40℃（以不烫手为宜）。

(3) 渗透　将着色渗透液均匀地喷涂在受检表面，渗透15min。

(4) 清洗　先用纸擦去工件表面上绝大多数的渗透液，然后用蘸有清洗剂的干净布擦洗。

(5) 显象　喷涂显象剂，显象15min之后进行观察。

(6) 观察和记录　在足够明亮的自然光线下进行仔细的观察，分析和判断各种显示，并记录缺陷的位置、形状、数量和大小。

5. 探伤结果分析

（1）发现一条清晰的线形显示痕迹，长为73mm，起始于焊趾外约2mm处，越过焊趾顺焊缝边缘延长约71mm。经过分析，这是由于焊接应力造成的延迟裂纹。该裂纹用角砂轮打磨5mm深才被清除掉。

（2）在焊缝两侧焊趾部位发现有两条长为20mm、粗细不均的直线显示痕迹。除掉显象剂后发现是焊缝边缘的咬边。用清洗剂清洗后重新显象，仅发现两个小点状显示，证实了是由咬边引起的无关痕迹。

§6-4　渗透探伤新技术

随着科学技术的进步，渗透探伤技术得到了很快的发展，具有各种特点的新型渗透探伤剂及各种自动化渗透探伤装置的相继产生，不仅大大地提高了渗透探伤的灵敏度和探伤效率，而且使其应用范围越来越广。

一、高灵敏度渗透探伤剂

高灵敏度渗透探伤剂有很多种类，用于焊缝探伤的有高灵敏度水洗型渗透探伤剂。这种探伤剂的渗透液克服了普通水洗型因大量冲水而造成过洗的缺点，大大提高了检测灵敏度，达到了溶剂清洗型、后乳化型渗透剂的检测能力，而且具有以下特点：

（1）直接用水作渗透后的清洗剂，节约了有机溶剂。

（2）对油污等有一定的溶解能力，因而可以作为预清洗剂用。只要在有水场合，探伤剂只用渗透液、显象剂两种即可，操作方便且成本低廉。

（3）对于表面粗糙的工件，其清洗工作较其它型渗透剂容易，尤其适用于大型球罐、锅炉、管道焊缝的表面探伤。

这种高灵敏度水洗型渗透液，是采用山梨醇聚氧乙烯醚、棕榈酸清凉茶醇等活性剂作凝胶剂，毒性低、效果好，腐蚀微弱，成本低廉，是一种很有发展前途的探伤剂。

二、特种渗透探伤剂

1. 反应型着色渗透探伤剂

反应型着色探伤剂首先由日本油脂株式会社研制成功，后获美、日、英三国专利。它是一种无色透明或者颜色极浅的透明液体，与显象剂相遇后起化学反应显现出鲜艳的红色，其中有些成分在紫外光下能发出金黄色的荧光。其主要特点如下：

（1）显示缺陷清晰，并可用紫外线光检查。

（2）由于无色或颜色极淡，不会像普通着色渗透剂那样，将红色渗透剂保留在工件表面凹坑、缝隙或台阶的沟槽等处而产生残留的污染，也不会使操作者的衣物和皮肤以及工作场地和冲洗残余着色液的废水染上红色。

（3）由于其本身无色（或极淡），但遇显象剂后发生反应而变色，故被探工件表面的显象剂吸附层清洁、美观，缺陷衬度很高。有利于提高缺陷的鉴别率，便于作业正确的判断。

此外，反应型着色探伤剂还具有稳定、安全、价廉、低毒、无腐蚀、高灵敏等特点。正被广泛地推广使用。

2. 高温型渗透探伤剂

许多产品或结构需要在高温条件下进行渗透探伤。如电力、船舶、石油、化工设备、锅炉、管道等，常常需要作维修检查，有时在焊接中间阶段也需要探伤。因此，国内外研制出各种型式的高温型渗透探伤剂。

我国最新研制的高温型着色渗透探伤剂工作温度为5～180℃，且渗透剂、清洗剂、显象剂三者使用的温度范围一致。即可用于高温探伤，也可用于常温探伤。而且在高温下性能稳定、不挥发、抗氧化、抗污染，检测灵敏度又高。

3. 不燃型渗透探伤剂

一般的渗透探伤剂多数是一级易燃品。在运输、贮存、使用过程中都必须采取一定的消防措施。不燃型渗透探伤剂解决了安全问题，其特点是不会燃烧，在常温下无闪点，极难挥发，抗氧化强，性能稳定。

不燃型渗透剂也是由有机溶剂配成的，但为了使其不能燃烧，在渗透中有意使各成分的配置达不到燃烧的条件（即温度、氧气、氢氧基必须同时具备时才可将被燃物质引火），还使某些成分在受热作用下进行分解，释放出低毒的隔氧气体。因此，这种渗透剂可在明火或高温下使用。

国产的不燃型渗透剂可以代替高温渗透剂使用，其耐温上限值为230℃左右。但高温型渗透剂却不能代替不燃型渗透剂，因为高温型遇明火后仍会燃烧。

在特种渗透探伤剂中还有许多种类，如溶剂清洗、水洗两用型渗透探伤剂、无色显象液、气泡渗透探伤剂、气体渗透探伤剂等等。它们分别具有某一方面的特点，应用于各种不同的场合下。

三、自动化渗透探伤装置

渗透探伤正在向自动化方向发展，适用于各种零件流水线检测的渗透探伤装置相继出现。其特点是配有PC机编程，实现工序程控，保证了渗透、清洗、显象等工序的时间及压力、流动性等工艺参数。而且装置设计合理，工作场地清洁无污染，体现了文明生产。例如，美国贝洛利克研究室研制出一种检查叶片裂纹的自动荧光渗透检验装置。该装置能实现各个渗透工序的自动操作，并能在紫外线光下用摄象管对被检件扫描，扫描信号转换成数据后由计算机进行处理，作出合格或不合格的评定。而且还能自动地分离工件并将缺陷部位作下标记，实现了渗透探伤过程的自动化。可以相信，随着科学技术的发展，渗透探伤技术将会取得更大的进步。

第七章　其它探伤方法

随着近代物理学的发展，声发射探伤、红外线探伤、激光全息探伤、热中子照相法探伤和液晶探伤等一些新方法取得令人瞩目的成就。由于具有其它常规探伤方法所不能取代的某些优势，日益为人们所重视。

§7-1　声发射探伤技术

一、声发射探伤基础

1. 声发射现象

材料或结构在外力或内力作用下产生变形或断裂时，以弹性波形式释放出应变能的现象叫作声发射。换句话说，声发射是材料或结构中局部区域快速卸载使弹性波得以释放的结果，即是一种常见的物理现象。绝大多数金属材料塑性变形和断裂时都有声发射发生，但声发射信号的强度很弱，人耳不能直接听到，需要借助灵敏的电子仪器才能检测出来。用仪器检测、分析声发射信号，并利用声发射信号来推断声发射源的技术，称为声发射技术。

焊接结构（件）在受载时，在构件内微观组织不均匀处或缺陷处将产生应力集中，特别是在缺陷的尖锐处更为严重。应力集中是一种不稳定的高能状态，这种状态最终将以应力集中区域的塑性变形导致微区硬化，最终形成裂纹并扩展，因而使应力得到松弛而恢复到稳定的低能状态。与此同时，多余的能量将从塑性变形区或裂纹形成扩展区以弹性波形式释放出来，即产生声发射。所有的焊接缺陷都可以成为声发射源。但通过实验发现，平面型缺陷比非平面型缺陷更容易成为声发射源。这是因为平面型缺陷的应力集中系数高，更容易引起局部屈服产生新的开裂。

2. 声发射信号的表征参数

声发射换能器所检测到的信号是经过多次反射和波型变换的复杂信号。所以目前说明声发射信号的表征参数是针对仪器输出波形而言的。这些参数主要有声发射事件计数、平均事件计数、振铃计数、平均振铃计数、振铃事件比、幅度分布、能量和能量率等。

（1）声发射事件计数和平均事件计数　一个声发射脉冲激发传感器，使之振荡并产生如图 7-1a 所示的一个突发型信号波形，包络检波后波形超过预置的阈值电压所形成的一个矩形脉冲，称作一个事件。在测试中所得到的事件总数称作事件计数。单位时间（通常为每秒）内的事件数，称作平均事件计数。

（2）声发射振铃计数和平均振铃计数　在所检测到的声发射事件中，超过阈值电压的脉冲状信号称作振铃。例如，图 7-2 中有 4 个振铃。在试验过程中所测取的总振铃数称作振铃计数（声发射计数）。单位时间内的振铃数称作平均振铃计数。

（3）振铃事件比　单个事件中的振铃数称作振铃事件比。

（4）幅度分布　质点振动位移的平方正比于该质点所具有的能量。因此，度量声发射信号的幅度就能反映声发射事件所释放的能量。目前，常用下述两种处理方法进行幅度分布分析。

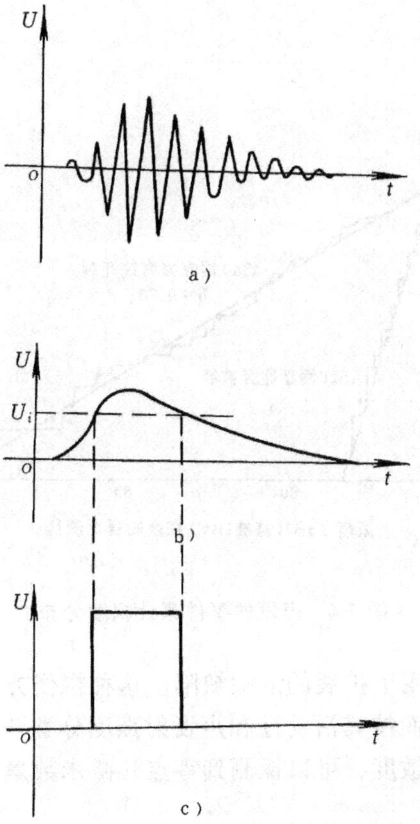

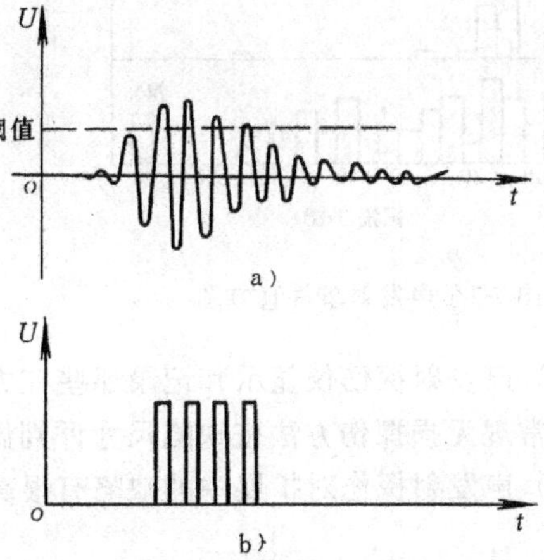

图 7-1　事件计数法

a）声发射信号　b）检波包络　c）事件脉冲

图 7-2　振铃计数法

a）声发射信号　b）振铃脉冲

1）事件分级幅度分布　将接收到的若干事件的声发射信号按其振幅大小分成若干等级，然后将事件数绘成直方图，如图 7-3 所示。

2）事件累计幅度分布　声发射检测系统将声发射的幅度分为若干等级，每一等级有一低端电压。将声发射事件按越过各低端电压的数目进行累计，这样所得到的事件数随各等级低电压 U_i 变化。其变化规律可表示为：

$$累计事件数 \propto U_i^{-b}$$

以 X 轴表示 U_i，也就是幅度等级；Y 轴表示累计事件数的对数值，可得一直线如图 7-4。直线的斜率就是上式中的 b 值。

(5) 能量和能量率　虽然信号幅度可以代表能量，但在常用的声发射能量测量方法中是把声发射事件所包含的面积作为能量的测量参数。能量参数分为总能量和能量率两种，前者指在试验过程中所测得的累计能量值；后者则是单位时间内的声发射能量。

3. 声发射探伤特点

声发射探伤是在不使焊接结构（件）发生破坏的力的作用下进行。在这种力的作用下构件内缺陷发生某些变化（如塑性变形、裂纹的形成和扩展），多余的能量以弹性波的形式释放出来。缺陷在探伤中主动参与了探伤过程，所以它属于一种无损动态探伤方法。它与常规无损探伤方法相比具有以下特点：

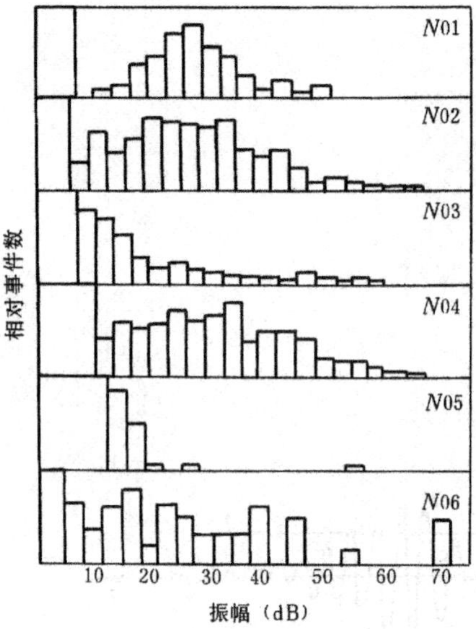

图 7-3 声发射事件直方图

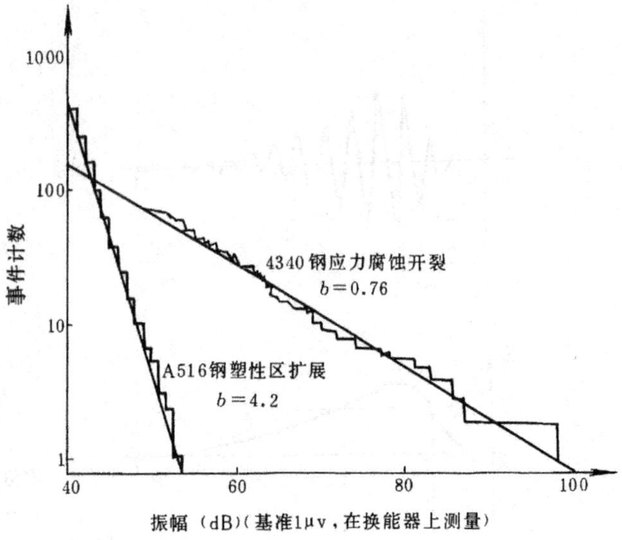

图 7-4 声发射事件累计幅度分布

（1）声发射探伤仪显示和记录那些在力的作用下扩展的危险缺陷。这种探伤方法采用了不同于常规无损探伤方法按缺陷尺寸评判做法，而按其活动性和声发射强度分类评价。

（2）声发射探伤对扩展中的缺陷有很高的灵敏度，可以探测到零点几微米数量级的裂纹增量。

（3）可用若干个声发射传感器固定在工件表面构成几个阵列来检测整个工件，不需要将传感器在工件表面移动。因此，声发射探伤过程对工件表面状态和加工质量要求不高。

（4）缺陷尺寸及在焊缝中的位置和走向不影响声发射探伤结果。

（5）声发射探伤与射线照相法和超声波探伤相比，受材料的限制比较小。例如奥氏体钢焊缝的凝固组织裂纹，特别是热裂纹，采用 *X* 射线和超声波探伤都有较大困难，但用声发射探伤就显示出极大优越性。

二、声发射探伤设备简介

1. 声发射探伤设备的基本要求

（1）应具有较高的检测灵敏度　声发射信号单个事件的持续时间很短，通常在 0.01～100μs 范围内，声发射脉冲的上升时间一般在几十至几百毫微秒范围内。而且声发射在工件表面上产生的垂直位移约为 $10^{-4}\sim10^{-10}$mm。

（2）应具有较宽的频率选择范围　因为声发射信号本身具有很宽的频率范围，因此也要求声发射探伤仪能在较宽的频率范围内选择检测的频率窗口。

（3）对各种噪声具有较强的抑制和鉴别能力　因为声发射探伤常在各种机械噪声、流体动力噪声及电气噪声下进行，而有些噪声（例如夹具之间、夹具与工件之间因摩擦而产生的噪声）其特性与声发射信号十分相似，所以要求声发射探伤仪要有较强的抑制和鉴别噪声的能力。

2. 声发射探伤仪分类

目前声发射探伤仪大体上可以分为二类：一类是单通道声发射探伤仪；另一类是多通道

声发射探伤仪。

(1) 单通道声发射探伤仪　一般采用一体式结构，其基本组成见图 7-5。国产 SF1-1 单通道声发射探伤仪属于此类。

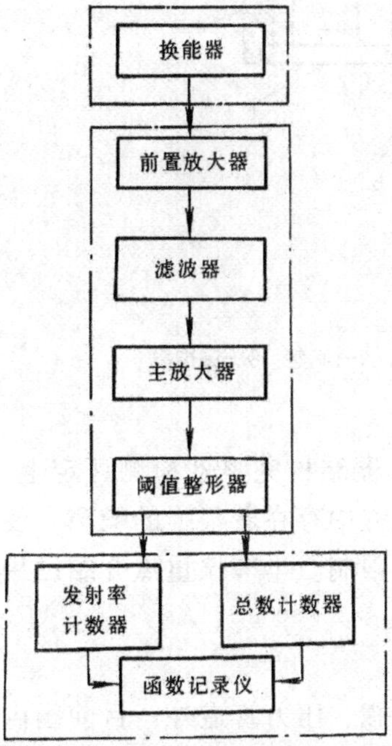

图 7-5　单通道声发射探伤仪方框图

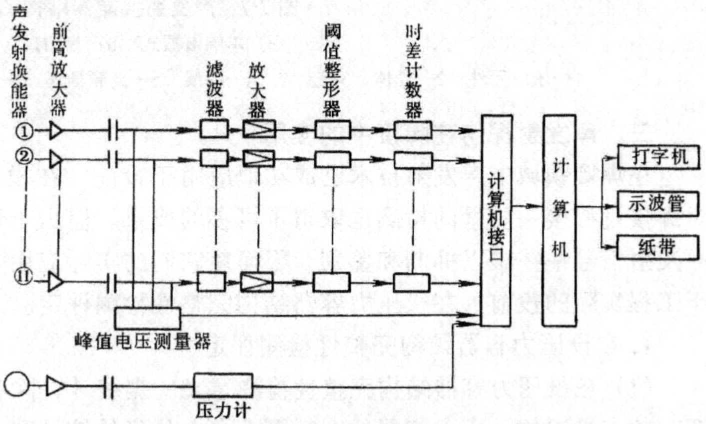

图 7-6　多通道声发射探伤仪组成示意图

(2) 多通道声发射探伤仪　最少通道数不少于 2，目前有双通道、三通道、……乃至 72 通道声发射探伤仪。这种探伤仪均采用功能组件组合方式，可根据不同需要组成不同功能系统。图 7-6 是多通道声发射探伤仪示意图。它除了包括单通道模拟量检测和处理系统外，还包括数字量测定系统、计算机数据处理系统及外围显示系统。这样的系统不仅可以在线实时确定声发射源的位置，而且还可以实时评价它的有害度。为了综合评价声发射源的有害度，往往还设有压力或温度参数测量系统。我国已生产了双通道、四通道、八通道中小型声发射探伤仪，以及 36 通道大型声发射探伤仪。

3. 声发射换能器

声发射换能器是声发射探伤仪中一个非常重要的器件，它的任务是接收声发射信号并将其转换为电信号。声发射换能器以压电式换能器应用最为广泛，它一般由壳体、压电元件、阻尼块、连接导线和高频插座等组成。图 7-7 为单端谐振式声发射换能器结构简图和差动式换能器的结构图。

压电元件是声发射换能器中的关键元件。压电元件的材料常用锆钛酸铅、钛酸钡和铌酸锂等。其中，锆钛酸铅最为常用，因这种材料具有较大的压电模数、高的强度、稳定的性能和较高的居里点（270～400℃）。在更高的温度（＞1000℃）下探伤时，可用具有更高居里点（1210℃）的铌酸锂材料。

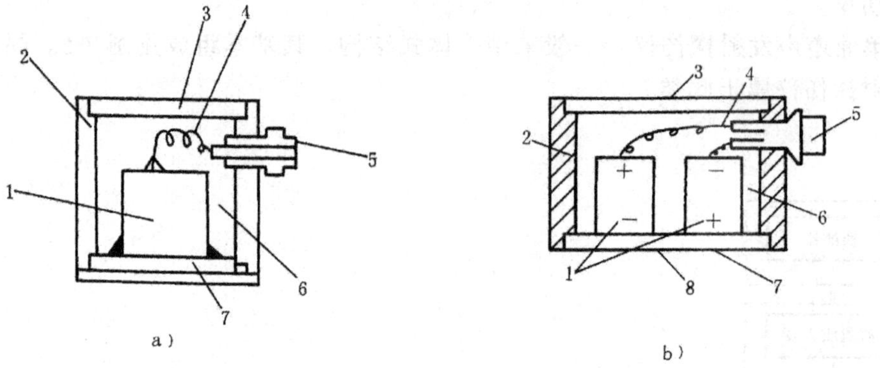

图 7-7　声发射换能器结构图

a）单端谐振式　b）差动式

1—压电元件　2—壳体　3—上盖　4—导线　5—高频插座　6—阻尼块　7—底座　8—保护膜

三、声发射探伤在焊接中的应用

在焊接领域中声发射技术已成功地应用于役前、在役压力容器结构完整性检测评定上。对焊接过程接头质量的检测也取得了可喜的成果。但由于焊接过程中存在着很强的噪声，使声发射信号往往难以抑制和鉴别，因而使它们的实际应用受到了限制。本节仅重点介绍已用于工程实际的役前、在役压力容器结构完整性检测评定。

1. 在役压力容器结构完整性检测评定

（1）在役压力容器结构完整性检测意义　据统计，除各类气瓶、压力管道外，目前国内拥有的在役锅炉、压力容器约有近百万台。从事故统计和部分容器开罐检查结果来看，有相当数量的在役压力容器，普遍存在着各种先天性（制造中遗留）和后天性（使用中产生）缺陷，未能得到及时检验和处理。若均按制造验收标准对检修容器进行 100% 的磁粉、射线、超声波检查，对超标缺陷一律进行返修等处理的，不仅检修速度慢，不能满足生产上对众多待检压力容器的需要，而且检修费用高，需要报废的容器数量也惊人（据统计约有 1/3）必然给国家带来重大的经济负担。至于哪些容器应作重点检测？哪些才是危险程度大而急需检测往往是凭主观臆断，这种不科学的做法有可能使真正的危险容器得不到及时检修，影响安全生产，所以急待寻求一条多、快、好、省的途径。

声发射技术可解决上述问题，它应用于在役压力容器检修水压试验，发现活动性缺陷源，定出位置后再用常规无损探伤方法对局部活动源进行重点复查，这样不仅大大减少了常规无损探伤工作量，加快检修速度，而且免去了相当数量超标缺陷的返修，提高了经济效益。同时也真正确保压力容器的安全使用。

（2）在役压力容器声发射检测评定　我国在役压力容器检修加载试验声发射检测可按 JB/TQ753—89《在役压力容器声发射检测评定方法》进行。该标准适用于材料屈服点小于或等于 800MPa 钢制压力容器。压力管道也可参考此标准进行检测。

1）加载压力及保压台阶的确定　在役压力容器的声发射检测应在容器加载过程中进行，加载程序一般包括升压、保压过程。最高加载压力最好稍高于原出厂时的水压试验压力，至少不得低于最高使用压力的 1.25 倍。保压至少应在 80% 最高使用压力、最高使用压力、最高加载压力三个台阶进行。保压时间一般不少于 5min，最高加载压力保压时间不少于

15min。

2）声发射传感器的布置及声发射源的定位　声发射传感器一般是根据复评射线底片和过去检查的缺陷记录来确定重点检测部位，决定传感器阵列的布置方案。

早期的声发射探伤仪是按到达时间差来进行声发射源定位。这种方法在实验室的平板上效果很好，但在现场得出的结果却很差。因为它不能处理那些因阵列中某个传感器没有收到信号从而不能定位的事件，这样会漏掉很多真实的声发射数据，使检测结果无效。现场测试数据表明，这种定位方法可定位的事件数是总事件数的0%～20%。

目前在现场实时检测中，常采用区域定位来确定声发射源的近似位置。更精确的声发射源定位方法是按次序冲击方法，即根据一个声发射事件冲击一组传感器的顺序来确定声发射源的位置。

3）声发射源分类　声发射源通常根据声发射源的活动度或强度分类。声发射源的活动度是指声发射源区事件计数或振铃计数在加载过程中的变化率。按活动度的发射源分类方法如下：

①出现下列情况之一者为强声发射源，为1型：

a. 振铃计数随载荷增加快速增加；

b. 出现超过某定值的高计数、高幅度信号；

c. 在使用压力和验收压力下保压1min后出现2个以上事件者。

②出现下列情况之一者为弱声发射源，为2型：

a. 振铃计数随载荷增加慢速增加；

b. 出现某定值计数和幅度信号；

c. 在使用压力和验收压力下保压1min后出现保压信号。

③出现下列情况之一者为不活动声发射源，为3型。

a. 振铃计数随载荷增加在高压阶段平静；

b. 不出现保压信号。

声源的强度是由经过距离修正的声发射源平均振铃计数和平均幅度分别与总事件的平均振铃计数和平均幅度的比值来决定。设 $\bar{N}_c$、$\bar{P}_c$ 是单声发射源的平均振铃计数与平均幅度，$\bar{N}_t$、$\bar{P}_t$ 是总事件的平均振铃计数和平均幅度。若按强度分类：则有：

$$\bar{N}_c/\bar{N}_t \text{ 和 } \bar{P}_c/\bar{P}_t \begin{cases} >1 & \text{Ⅰ类源（很强）} \\ \approx 1 & \text{Ⅱ类源（强）} \\ <1 & \text{Ⅲ类源（不强）} \end{cases}$$

若 $\bar{N}_c/\bar{N}_t$ 和 $\bar{P}_c/\bar{P}_t$ 是一个大于1，一个小于1时，则要视具体数值大小来决定它们的类型。

综合声发射源的活动度和强度，可把声发射源严重性分为 *A*、*B*、*C* 三级，其中 *A* 级源最严重、*B* 级源严重、*G* 级源不严重。具体分级情况如表7-1所示。

表7-1　声发射源严重性分级

强度 \ 级源 \ 活动度	1	2	3
Ⅰ	*A*	*A*	*B*
Ⅱ	*A*	*B*	*C*
Ⅲ	*B*	*C*	*C*

4）强声发射源的复验　对于 A 级源和 B 级源，应用常规无损探伤方法按定位点所对应的声源位置进行复验。对复验确认的缺陷，应进一步测定其长度、自身高度、埋藏深度及性质，并采用 CVDA—84“压力容器缺陷评定规范”进行缺陷评定，以决定该缺陷是否应该返修。

(3) 在役压力容器声发射检测实例

检测的液化气贮罐材料为 16MnR，内径 2.2m，壁厚 18mm，长度 5.84m，容积 20.6m^3，设计压力为 1.86MPa，使用压力为 1.67MPa，使用温度 –15～50℃，投入使用到检测年限为 3 年。

1）声发射检测工作步骤

①对容器进行空罐、清洗、蒸煮，使罐内含氧量和有毒易燃介质残留量达到人能进罐要求。

②查看贮罐原来探伤记录，复评 X 射线底片，确定重点检测部位。

③贮罐内表面焊缝两侧，用砂纸除锈，磨出金属光泽，100%磁粉探伤检查，外表面重点部位砂纸打磨，超声波探伤。

④拆除贮罐保温层，安装声发射传感器，进行仪器标定和衰减特性、灵敏度试验，并测量声速。

⑤封闭贮罐所有开孔，接上压力表进行水压试验，同时进行声发射检测。

⑥根据 1.25$P_{设}$ 加 0.196MPa 水压试验压力，确定升压保压台阶，以观察保压过程中的声发射特征。

⑦水压试验后立即进行声发射源定位点的标定，确定可能的噪声源位置。

⑧进行声发射源数据处理，并按规定进行分类、定位。

⑨根据声发射源检测数据决定的类别和位置在贮罐上找出对应位置，对 A、B 级源进行超声波探伤复查，确定缺陷类型和尺寸，对无缺陷声发射源找出其噪声源，以便从声发射源中剔除。

2）声发射传感器的布置　使用的声发射探伤仪共有八个通道，可以组成四个线阵列，每个线定位阵列沿纵缝布置，传感器布置在环缝外侧丁字口处，四个阵列其二传感器之间距离分别是 1710、1660、1520、1690mm，预置声速 5000m/s，门槛电平固定 40dB，上升时间滤波条件为 10～50μs，各阵列互相封锁，即某一阵列首先收到声发射信号后，其余三个阵列不再记录该信号，确保每个阵列就近接收声发射信号。

3）声发射检验结果评定　水压试验的加压过程分出几个保压台阶：在 0.49、1.18、1.67、1.96、2.25MPa 时分别保压 3min；升到 2.53MPa 时保压 10min；然后降到 1.27MPa 进行二次升压，升到 1.67、2.06、2.45、2.53MPa 各保压 3min 后卸载。测得 5 个 A 级源，6 个 B 级源，7 个 C 级源。A 级源和 B 级源结果见表 7-2。

用超声波探伤复查，最后确定声发射源的性质和所测定的缺陷尺寸，结果列于表 7-3。

由超声波探伤复查结果可知，在 5 个 A 级源中有 2 个环缝缺陷，其中一个长度为 11mm，自身高度 3mm，埋藏深度 16mm；另一个长度为 38mm，自身高度 2.4mm，埋藏深度 6mm。采用 CVDA-84 规范对两个缺陷进行安全评定计算，确认它们是允许的，不必返修。这两个缺陷是水压试验声发射检测时找到的，表明声发射检测是有效的，而且定位方法也是正确的。

2. 役前压力容器结构完整性检测评定

表 7-2 声发射源分类表

阵 列	声发射源	定 位 x（mm）	事件数	平均计数	$\overline{N}_c/\overline{N}_t$	平均幅度	$\overline{P}_c/\overline{P}_t$	强 度	活动度	级 源
A	g	803.7	8	465	0.82	61.0	1.10	Ⅰ	3	B
B	l	796.8	9	50	0.088	52.6	0.95	Ⅲ	1	B
B	b	966	14	677	1.19	57.7	1.04	Ⅰ	3	B
C	c	106.4	64	410	0.72	56.1	1.01	Ⅲ	1	B
C	e	228	10	741	1.31	51.2	0.92	Ⅱ	1	A
C	k	775	6	469	0.83	50.5	0.91	Ⅲ	1	B
C	y	380	2	6035	10.6	59.5	1.07	Ⅰ	2	A
C	z	1300	2	11000	19.4	74.5	1.35	Ⅰ	2	A
D	i	912.6	5	3044	5.37	52.2	0.94	Ⅰ	1	A
D	a	1047.8	7	1503	2.65	54.9	0.99	Ⅰ	1	A
D	j	1233.7	6	1052	1.86	53.5	0.97	Ⅰ	3	B
全 部			223	567		55.37				

表 7-3 声发射源性质复查

阵 列	声发射源	声发射级源	超声波探伤复查		结 论
			纵 缝	环 缝	
A	g	B	无	无	托架噪声
B	l	B	无	无	人孔北部噪声
B	b	B	无	无	人孔北部噪声
C	c	B	无	无	人孔南部噪声
C	e	A	无	无	人孔南东部噪声
C	k	B	无	无	平台柱脚噪声
C	y	A	无	5 号下方 1210mm 未熔合	环缝缺陷
C	z	A	无	6 号下方 535mm 未焊透	环缝缺陷
D	i	A	无	无	压力表接口噪声
D	a	A	无	无	压力表接口噪声
D	j	B	无	无	柱脚噪声

压力容器的使用条件比较恶劣，它不仅要承受各种不同的压力载荷（有时还是脉动的），而且还要承受如重力、风载、地震等附加载荷，有的容器还工作在高温或低温下，工作介质又往往具有毒性或腐蚀性。加上因选材、结构设计不当、焊接、热处理等工艺过程控制不好和常规无损探伤的漏检等原因，使压力容器存在不少“后生”和“先天”性缺陷，给它的安全运行带来隐患。所以世界各国都非常重视役前压力容器结构完整性的检测评定。用声发射技术对役前水压试验的压力容器进行检测，以做到早期发现压力容器内部存在的各种足以造成性能退化，影响其正常使用的活动性危险缺陷，是评价压力容器结构完整性、避免事故，尤其是灾难性事故发生的有效办法。

役前水压试验声发射检测评定方法与在役压力容器检修声发射检测评定方法相同。

表 7-4 是近年来美国和日本公布的部分民用压力容器出厂水压试验声发射检测实例。

3. 在役运行压力容器结构完整性检测评定

对那些工作在高温、高压、有强烈腐蚀性或毒性介质条件下，或带有尚存疑问缺陷的压力容器，采用声发射技术对容器的运行进行监控称作在线检测。这种检测的意义在于监测缺陷的变化，提供停机或检修的最佳时机，避免重大事故的发生。若对在役运行压力容器结构

表 7-4 压力容器出厂水压试验实例

国家	容器类别	材料及规格	试验性质	使用通道数	声发射测定	其它无损探伤方法复查	声发射有效性
美国	加氢脱硫容器	A387－C 钢，ф2m×10m×84mm，内衬 5mm 堆焊层	11.96MPa 水压试验	24	测出 12 个不需返修的声发射源	7 个无害缺陷，1 个缺陷较大，但不需返修，另外 4 个声源无法复查	复查点与声发射测定一致
	换热器外壳	ф8.9m×6.6m×40mm	10.29MPa 水压试验	24	测出 9 个声发射源，均属不需返修	4 个为衬里未贴紧引起，4 个为外壳夹渣，1 个为接管内套移动	一致
日本	压力容器	ф2.9m×18.8m×54mm	5.88MPa 水压试验	28	测出 27 个声发射源，均属非危险性缺陷	25 个证实为焊缝缺陷，1 个为母材缺陷，但都在验收范围内。1 个无缺陷	准确率 92%
	氨合成塔	ф4.3m×7.7m×79mm	4.80MPa 水压试验	28	测出 5 个声发射源，均属非危险性缺陷	吊环二处，管子支撑板一处，管子支架一处，缺陷均在角焊缝	一致

完整性采用连续检测，则人力物力耗费较大，可采用定期检测。

图 7-8 为碳钢氨球罐外形图。容器经停机检查发现球罐焊缝上有应力腐蚀裂纹，打磨返修后又重新运行。球罐上布置 34 个永久性声发射传感器对其进行定期检测。

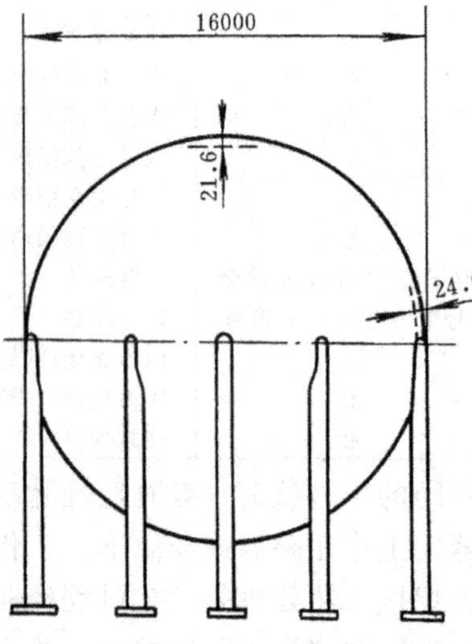

图 7-8 碳钢氨球罐外形图

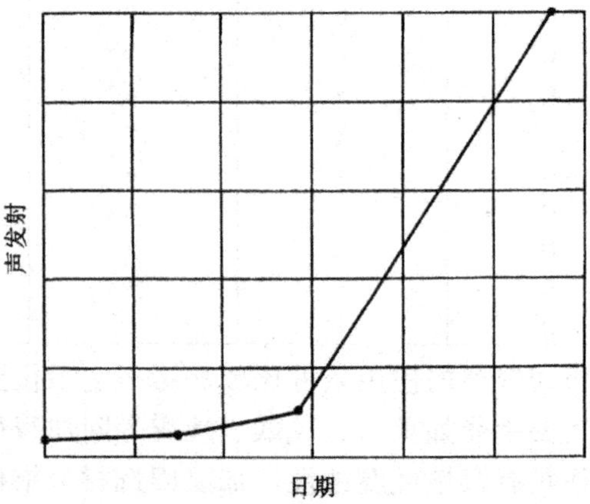

图 7-9 声发射信号发展趋势

图 7-9 是定期检测得到的声发射信号发展趋势。1982 年 10 月发现声发射信号有显著地增加，即停机检修，用磁粉探伤方法证实存在大面积严重应力腐蚀裂纹。

§7-2 红外线探伤

一、红外线探伤原理

红外线是一种肉眼看不见的，波长介于可见光和微波（毫米波）之间的光波。由于太阳光的热量主要由红外线传播，所以红外线又称作热辐射。自然界中任何高于绝对零度的物体都具有一定功率的热辐射，即发出红外光波。

红外线探伤是建立在传热学理论上的一种无损探伤方法。在探伤时，可将一恒定热流注入工件，如果工件内存在有缺陷，由于缺陷区与无缺陷区的热扩散系数不同，那么在工件表面的温度分布就会有差异，内部有缺陷与无缺陷区所对应的表面温度就不同，由此所发出的红外光波（热辐射）也就不同。利用红外探测器可以响应红外光波（热辐射），并转换成相应大小电信号的功能。逐点扫描工件表面就可以得知工件表面温度分布状态，从而找出工件表面温度异常区域，确定工件内部缺陷的部位。

二、红外线探伤仪

1. 红外线探伤仪工作原理

典型的红外线探伤仪工作原理如图 7-10 所示。来自工件的红外光波经光学系统 1 的反射、聚焦后，由分光镜将其反射至调制盘 2，调制盘将来自工件和标准红外光源 5 的红外光波轮流交替地送入红外探测器 6 中，由它转换成相应大小的电信号输出，输出的这些信号经窄带放大器 7、参考信号发生器 8、同步整流器 9 和信号处理及显示装置 10 后，得到工件表面被检测点的温度。

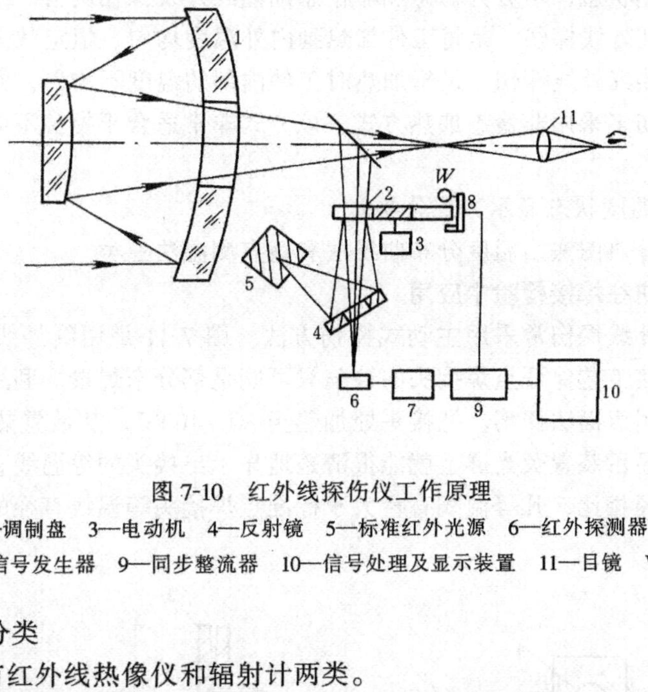

图 7-10 红外线探伤仪工作原理

1—光学系统 2—调制盘 3—电动机 4—反射镜 5—标准红外光源 6—红外探测器 7—窄带放大器 8—参考信号发生器 9—同步整流器 10—信号处理及显示装置 11—目镜 W—灯泡

2. 红外探伤仪分类

红外线探伤仪有红外线热像仪和辐射计两类。

(1) 红外线热像仪 可把来自工件表面的温度分布变成直观而形象的热图。红外线热像仪又分为光机扫描型和非机械扫描型两种，其中较成熟的是光机扫描型，瑞典 AGA 公司生产的 AGA-750 型热像仪就属这一种。

(2) 辐射计 就是视场固定的点探测仪。热像仪能提供被检测工件部分或整个表面的温度分布状态，而辐射计仅提供一点或一条线的温度分布状态。我国生产的 HT-2 型红外线探伤仪属于此类。

3. 红外线探测器

红外线探测器是红外线探伤仪中的关键部件，它的质量直接关系到探伤仪性能的优劣。红外线探测器分为热探测器和光探测器两类。

(1) 热探测器　它利用入射的红外线引起探测器材料温度变化，使与温度有关的一些物理参数发生变化，通过这些物理参数的变化来确定所吸收的红外线辐射量。属于这类探测器的有热敏电阻型、热电偶型、高莱气动型和热释电型四种。

(2) 光电探测器　它利用某些半导体材料在入射红外线照射下产生光电效应，致使导电性发生变化，进而反应出所吸收红外辐射的强弱。属于这类探测器的有外光电探测器和内光电探测器两种。

三、红外线探伤方法分类

1. 按检测方法分类

按检测方法可分为主动式和被动式两类。其中，主动式是在加热被检工件同时或加热后，用红外线探伤仪扫描工件表面进行探伤的方法。主动式又分为单面法和双面法两种。单面法是加热工件和探伤都在工件同一侧进行，特点是能确定缺陷埋藏深度；双面法则是分别在工件的两侧进行加热和探伤，特点是探伤灵敏度高。

2. 按被检工件加热状态分类

按被检工件加热状态，可分为稳态和非稳态加热红外线探伤两类。

(1) 稳态加热红外线探伤　是将工件加热到内外温度均匀、恒定状态时再探伤。

(2) 非稳态加热红外线探伤　是指加热时工件内部的温度不均匀，即还有热传导存在时就探伤。主动式探伤多采用非稳态加热方式，该方式非常适合于检验不大的气孔、夹渣和裂纹类缺陷。

3. 按工件表面温度状态显示方式分类

按显示方式可分热图法、温度分布曲线法和逐点测温法三类。

四、红外线探伤在焊接检验中应用

焊接接头的红外线探伤常采用主动式探伤方法。图 7-11 是用红外线检查点焊焊接接头质量的原理图。焊接工艺保证点焊接头的缺陷只可能是部分未焊透。利用红外灯泡 1 非接触加热点焊接头，采用双面法探伤。把接头处加热至 80～100℃，从放置热像仪的一侧冷却接头十几秒钟后，在显示装置荧光屏上就能很清楚地显示出接头的等温线直径。将它与标准点焊接头的等温线直径相比，凡等温线直径大于标准点焊接头等温线直径的接头质量合格，否则，则存在未焊透。

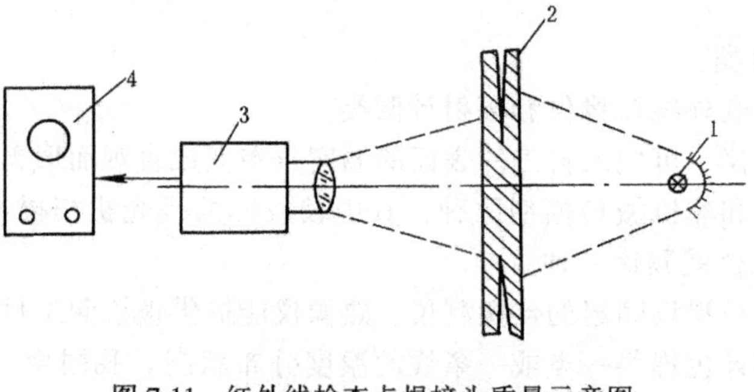

图 7-11　红外线检查点焊接头质量示意图

1—红外灯泡　2—点焊接头　3—红外探测器　4—显示装置

图 7-12 也是采用非接触式加热工件来检查焊接接头质量的例子。用透镜将加热器 1 红外辐射热聚焦在焊接接头一侧的某处 6。在滑动支架上同时固定两个红外线探测器 2，这两

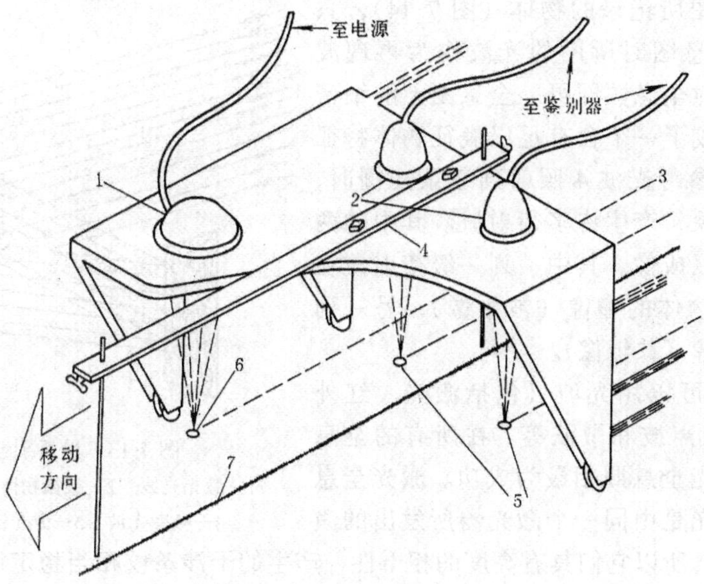

图 7-12　利用红外线检测焊接接头质量

1—加热器　2—红外探测器　3—热注入线　4—观察焊接的导轨

5—红外探测器观察区域　6—热注入点　7—焊缝

个探测器将分别经透镜后探测焊接接头两侧的温度变化。接头内无缺陷处，探测仪示波屏显示的是两个正脉冲；反之，接头有缺陷处，由于缺陷热阻大，阻碍了热量从热注入点向另一侧的传导，在焊缝两侧测试点之间形成较大的温差。此时，在探伤仪示波屏上可以看到热注入侧仍为一正脉冲，而另一侧仅能看到一个很小或根本看不到正脉冲。

§7-3　激光全息探伤

一、全息照相原理

普通的照相只能显示物体的一个平面像，不能反映物体的全部情况，其原因是普通的照相使胶片感光的是光的强度。光的强度与光的振幅的平方成正比，这意味着在普通照相底片上所记录的信息中失掉了光的相位变化，仅记录了振幅的变化，所以普通照相不可能反映出物体的全部情况。

全息照相过程如图 7-13 所示。将一束单一波长的光 1 照射在物体上，光被物体 2 向各个方向反射。物体各点被反射的光波在振幅和相位上各不相同，但它们的振幅和相位关系并不随时间而变化。另将一束与物体反射波波长相同、振动方向一致，且有恒定相位差的光波经分光镜 5 与物体反射波在某处（放置胶片处）相遇，则发生光的干涉现象，产生一些极不规则的明暗条纹。这些条纹不但记录了物体波振幅的变化，也记录了它们相位的变化，即记录了物体波所携带的关于物体情况的全部信息。这种摄取全息图的方法，所依据的原理是物体对光的漫反射，所以这种照相方式也叫作漫反射全息照相。把记录干涉条纹的胶片经显影、定影处理，得到的底片叫全息图。全息图把被照相物体的反射波或透射波中的振幅和相位同时记录了下来，所以全息图可以反映物体的全部情况。

若再现全息图所记录的物体（图 7-14），只要用一束在造全息图时所用的光波作为再现波（相干波），去照射全息图即可。全息图上的细密明暗干涉条纹构成了一个含有足以表征物体特征的复杂光栅。当参考光波 4 照射到复杂光栅时，发生光的衍射现象，产生许多衍射波。其中的两列一级衍射波可以成像，其中一列一级衍射波在原物体位置构成物体的虚像（被始像），另一列则构成物体的实像（共轭像）。

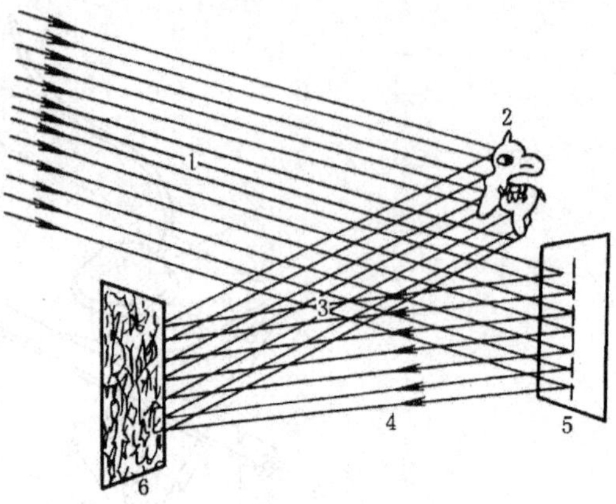

图 7-13　漫反射全息照相

1—激光光线　2—被摄物体　3—物体反射波　4—参考光波　5—分光镜　6—感光板

产生全息图可以用光波（包括激光、红外线）、X 射线、超声波和微波等。在所有的全息照相方法中以激光全息照相最为成功。激光全息照相中，两束激光是由同一个激光器所发出的激光分离而得到的，所以它们具有高度的相干性，产生的干涉条纹相当稳定清晰。

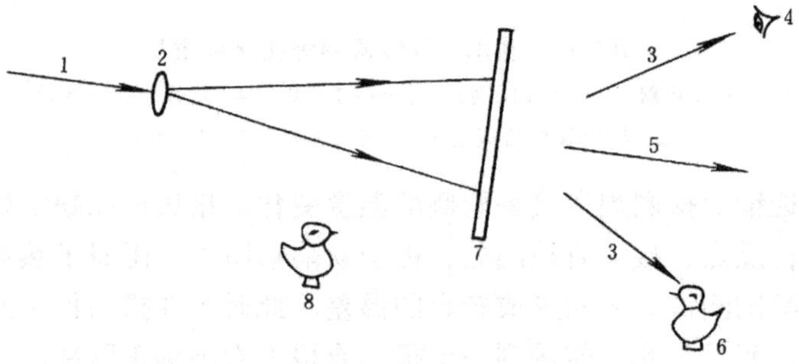

图 7-14　全息图再现

1—参考光　2—扩束镜　3—一级衍射波　4—眼睛　5—零级衍射波　6—实像　7—全息图　8—虚像

二、激光全息探伤方法

1. 激光全息探伤原理

激光全息探伤是 60 年代发展起来的一种无损探伤方法，是全息干涉术的重要应用。

对于不透明的工件来说，激光只能在它的表面发生反射，反映工件的表面状况。但工件表面与内部的情况有关联，在被检工件上加一个并不使工件受损的机械力、热应力或振动力，在内部缺陷所对应的表面区域将产生一个比周围（无缺陷区所对应的表面）大一些的微量位移。激光全息无损探伤就是把工件在受力和不受力两种状态下所获得的全息图加以比较找出异常，确定缺陷。

2. 激光全息探伤方法分类

激光全息探伤按观察工件表面微量位移的方法，分有实时法、两次曝光法和时间平均法三种。

（1）实时法　探伤时，先用激光全息术造一张工件不加载的标准全息图，再精确地把全息图放到原来成像的地方。然后对工件加载，加载后工件的反射光波与标准全息图的虚像发生干涉现象。如有缺陷，则在有缺陷的地方出现突然不连续条纹。由于再现虚像和加载工件反射波之间的干涉度量是在观察时完成的，所以被称为实时法。这种方法的优点是探伤过程只需造一张标准全息图，比较经济。而缺点是要将全息图在精度不超过几个激光光波长度的情况下放回原成像处，其难度是较大的。

（2）二次曝光法　这种方法是在一张全息照片上进行两次曝光，同时记录下工件加载前后的工件反射波，然后建像观察。如没有缺陷，干涉图像是连续的并与工件外形轮廓的变化同步；如有缺陷，则干涉条纹在有缺陷区域出现异常情况，如裂纹区域的陡峭变化条纹和脱胶区域的“牛眼”条纹。

（3）时间平均法　是在工件振动时摄取全息图，在底片曝光时间内工件要进行许多周的振动。由于正弦式的振动把大部分时间都消耗在振动工件的两个端点，所以底片上所摄取的是振动工件两端点振动状态的叠加。当再现全息图时，这两个端点振动状态的像将产生一系列的干涉条纹，把振幅相同的轮廓勾画了出来。如果工件中有缺陷存在，则干涉条纹图样的状态和分布就会出现异常。

这种方法显示的缺陷图案比较清晰，但为了使工件产生振动就需要一套激励装置。而且，由于工件内部的缺陷大小和深度不一，其激励频率各不相同，所以要求激励振源的频带要宽，频率要连续可调，其输出功率大小也有一定要求。同时，还要根据不同的工件对象选择合适的换能器来激励它。

3. 激光全息探伤加载方式

激光全息探伤的加载方式有内部充气法、表面真空法、加热法和声振法四种。

内部充气法比较适合于管道、小型压力容器、蜂窝式结构。表面真空法比较适合于迭层、板状结构。加热法是一种最简单而有效的方法，对工件表面施加一个急骤的热脉冲，如用一盏灯扫描被检工件表面几秒钟，就可使其弯曲，而达到探伤的目的。声振法是把一个宽频带的换能器（常用压电晶体）胶接在工件表面上，调节驱动电压来改变激振频率，在工件振动期间摄取全息图。

三、激光全息探伤在焊接中的应用

激光全息探伤在焊接检验中主要应用于小型压力容器、蜂窝状夹层和迭层胶接结构件的探伤。

图 7-15 是利用激光全息探伤小型压力容器的光路布置图。容器 7 长度为 360mm，外径为 44mm，壁厚为 3mm，材质为 1Cr18Ni9Ti，筒体纵缝和与封头环缝均采用钨极氩弧焊。探伤时，容器的一端用虎钳 6 夹持，呈水平悬臂状态。另一端封头接一挠性进水管。加载时以每 0.98MPa 为一台阶。每次升压，均稍待一分钟左右以待状态稳定，加载压力最高为 14.7MPa。容器外表面涂一层白粉以增加漫反射效果。采用降压方式进行两次曝光拍摄全息图。通过对全息图上畸变干涉条纹的分析，可以得知容器筒体有两条环向裂纹。

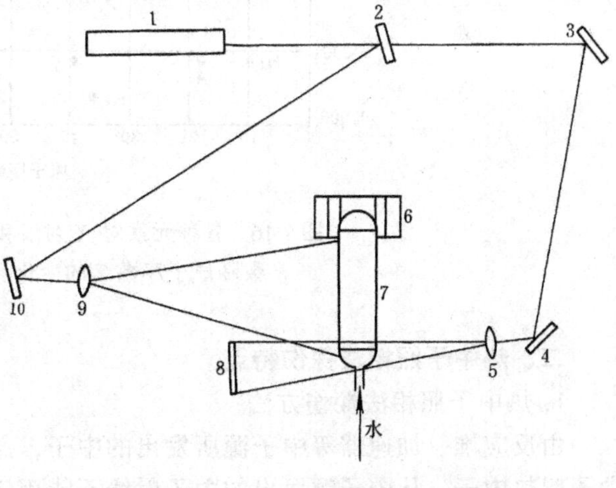

图 7-15　激光全息探伤小型压力容器光路
1—氦-氖激光器　2—分光镜　3、4、10—反射镜
5、9—扩束镜　6—虎钳　7—被检容器　8—全息胶片

§7-4　热中子照相法探伤

一、中子射线与物质作用特点

中子射线与物质作用的特点与 X 射线、γ 射线相比不同。X 射线、γ 射线主要是与物质的核外电子相互作用，形成吸收和散射。而中子射线是不带电的中性微粒，与核外电子几乎没有什么作用，它主要是与物质的原子核相互作用，形成吸收和散射。

图 7-16 为不同原子序数物质对 X 射线（$\lambda=0.0098$nm）与热中子（$\lambda=0.108$nm）的质量吸收系数的比较。对 X 射线，各种元素的物质吸收系数随原子序数的增加而平滑上升。氢、锂、硼等轻元素的吸收系数小，而铅、铀等重元素的吸收系数大。而中子射线的质量吸收系数与原子序数无规律而循（图中画不出曲线），轻元素的吸收系数大，而重元素的吸收系数反而小。由于存在这一差别，使中子照相具有不同于 X 射线照相的特点。对 X 射线较难穿透的铅、铋钚、铀一类重元素，采用中子照相法探伤则比较容易，所以中子照相法探伤可以作为 X 射线照相法探伤的重要补充。

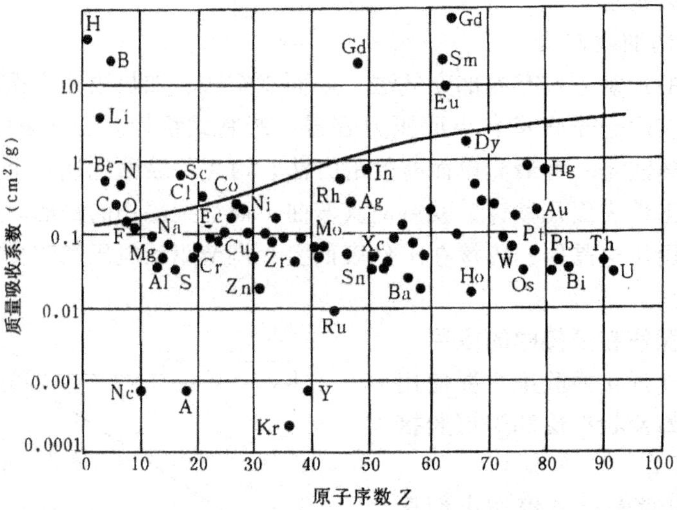

图 7-16　各种元素对 X 射线和中子射线质量吸收系数随原子序数 Z 的变化（黑圆点为中子）

二、热中子照相法探伤特点

1. 热中子照相法探伤方法

由反应堆、加速器等中子源所发出的中子，经周围的含氢物质（慢化剂）减慢速度后的中子叫热中子。从中子源发出的中子射线不能用于探伤，只有热中子射线才可以用于探伤。

热中子照相法探伤与 X 射线，γ 射线一样，是利用射线在物质中的衰减作用为基础而进行的。但与 X 射线、γ 射线照相法探伤不同的是透过物质的中子射线并不能使 X 光胶片感光，而是要通过转换屏激发出 α、β 或 γ 射线再作用到 X 光胶片上使其感光。热中子照相常用的转换屏有两类：一类是锂、硼、镉和钆，它们在吸收热中子后放出瞬时低能粒子，另一类是铟、镝和银等，在俘获热中子后形成具有一定寿命的放射性同位素。

2. 热中子照相法探伤分类

根据转换屏的不同，热中子照相法探伤可分为直接曝光法和间接曝光法两种。

(1) 直接曝光法　如图 7-17 所示。所用转换屏材料有锂、硼、钆，这类转换屏的特点是感光速度快。其中应用最广泛的钆，它的像分辨率和照相速度都比锂、硼高。在热中子射线的轰击下，钆能发射出能量很低（70keV）的电子。

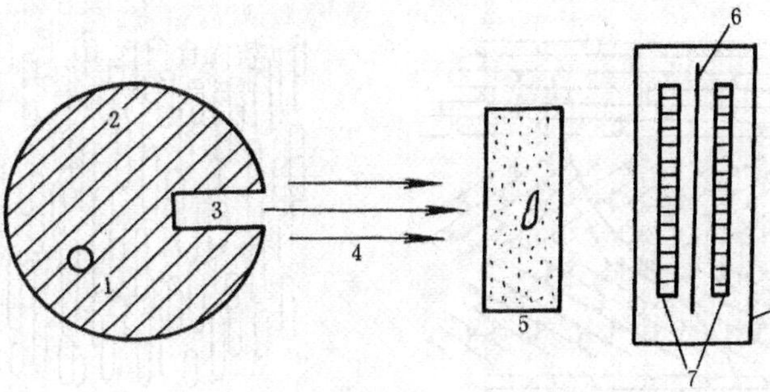

图 7-17　热中子直接曝光法探伤示意图

1—中子源　2—慢化剂　3—准直器　4—热中子流束　5—被检工件　6—X 光胶片　7—转换屏　8—暗盒

(2) 间接曝光法　如图 7-18 所示。所用转换屏材料有铟、镝、银，最常用的是铟。照相时，先将转换屏放在透过工件的中子束上照射，转换屏俘获中子后形成有一定寿命的放射性同位素，此时在转换屏上形成一个反映被检工件情况的潜在放射像，然后将具有潜影的转换屏与 X 光胶片紧贴后放入暗盒，潜影所放射出来的粒子使 X 光胶片感光成像，这种使 X 光胶片自行感光的方法称作自射线照相技术。这种探伤方法避免了工件本身具有放射性或热中子束中含有 γ 射线对照相质量所产生的不良影响。

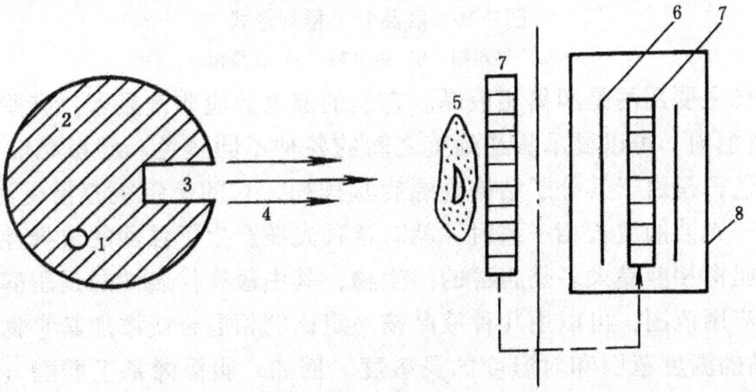

图 7-18　热中子间接曝光法探伤示意图

1—中子源　2—慢化剂　3—准直器　4—热中子流束　5—被检工件　6—X 光胶片　7—转换屏　8—暗盒

§7-5　液晶探伤

一、液晶

液晶是一种既有光学各向异性，又有流动性的液体。

液晶分为三类，即向列相、胆甾相和近晶相。向列相液晶的分子质心位置是随机分布的，但排列方向一致；胆甾相液晶的分子排列呈螺旋状、分层，每层分子长轴都与层平面平行；近晶相液晶的分子排列方向一致且成层状。各类液晶的分子排列形式如图 7-19 所示。向列相和胆甾相液晶是具有光学特性的液体；近晶相液晶，则是处于结晶体和液体之间的真正中间状态。

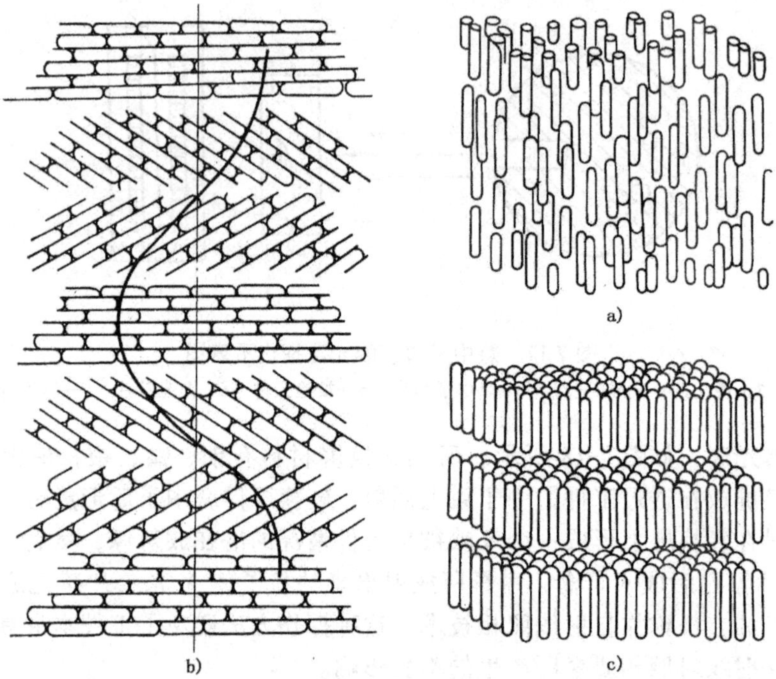

图 7-19 液晶分子排列形式

a）向列相 b）胆甾相 c）近晶相

目前液晶探伤主要用的是胆甾相液晶。它们的温度效应非常显著，有些胆甾相化合物在1℃左右的变化范围内，可以显示从红到蓝之间的各种不同颜色。胆甾相液晶只所以能很灵敏地显示不同颜色，是由于其分子结构为螺旋状排列，它的螺距很容易受温度变化而变化。当它的螺距和某一光波的波长相一致时，就对这种光波产生了强烈的选择性反射。

用于探伤的胆甾相液晶大多是胆醇的衍生物，其中最有代表性的是胆醇和羧酸脂。有时为了扩大液晶的应用范围，可以用几种液晶按一定比例相混合或添加其它物质（主要为油脂类），以调整液晶的温度范围和对温度的灵敏度。例如，胆甾烯基壬酸酯（78～95℃）和胆甾烯基油烯基碳酸脂（20℃）以不同的混合比，可获得上述温度范围内具有任意温度范围的混合液晶。

二、液晶探伤原理

工件中的缺陷经常是一些非金属或气体之类的热不良导体，它的比热容、导热系数与金属相比低的多。由于这些缺陷的存在，阻碍了工件内热流的正常流动，在工件的表面造成热量的堆积，即内部缺陷所对应的表面区域形成温度异常点。液晶探伤就是利用胆甾相液晶灵敏的温度效应来检测工件表面的温度分布状况，找出温度异常点，发现缺陷的一种无损探伤方法。

三、液晶探伤方法

1. 液晶探伤特点

(1) 工件表面温度分布状况以彩色显示，对比度好，便于判断识别。

(2) 可进行动态检验

(3) 胆甾相液晶对温度变化很敏感，使液晶探伤具有较高的灵敏度。

(4) 液晶探伤对那些埋藏很深、在工件表面不形成温差的缺陷无能为力。

(5) 低导热材料液晶探伤效果高于高导热材料。

2. 液晶探伤在焊接检验中应用

液晶探伤一般用于检测工件近表面的缺陷。图 7-20 为用液晶检验铝钎焊蜂窝状工件内部质量的例子。探伤时，用红外线灯加热工件，然后在工件表面涂以液晶，并用照相机拍摄下探伤结果。

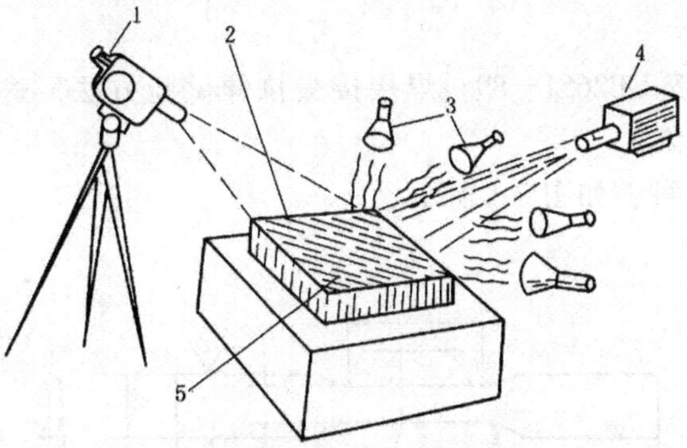

图 7-20 液晶探伤蜂窝状工件质量

1—照相机 2—液晶膜（底层涂黑色薄膜） 3—加热用灯 4—单色光源 5—铝制蜂窝状工件

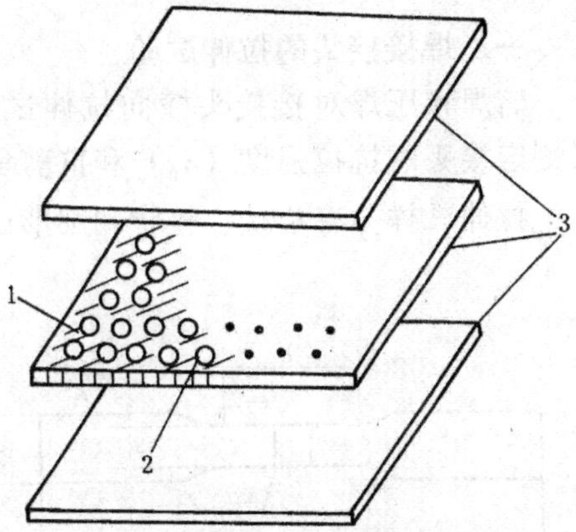

图 7-21 热胶片结构

1—压敏胶合剂 2—充填液晶的小孔 3—塑料胶片

探伤时，液晶所显示的颜色与温度的关系并不是绝对的，所以在探伤前应加以校对。但是，实践中经常仅利用颜色对比度进行缺陷探伤，所以又常不用校对。

液晶探伤时，常遇到工件无法直接涂敷液晶的情况，针对这一情况常可采用下述两种方法：一种办法是在工件上采用聚酯薄膜（约 10μm）进行隔离，再在薄膜上涂以液晶进行探伤；另一种办法是把液晶按夹层结构夹在二张塑料胶片中，做成如图 7-21 所示热胶片，贴在工件表面进行探伤。所做成的热胶片既不要使液晶流动，又要厚度均匀。如图所示，在中间一层胶片上开很多几十微米大小的孔 2，孔内装液晶，然后用压敏胶合剂从两边覆盖住中间的胶片。

3. 液晶涂敷方法

液晶探伤时，将液晶涂敷在工件表面的方法有喷雾法、滚筒法和滴涂法三种。

(1) 喷雾法　是把液晶溶解在三氯甲烷中，然后用小型喷雾器将其喷涂在工件表面。

(2) 滚筒法　是用滚筒将液晶直接涂敷在工件表面。

(3) 滴涂法　针对小面积的涂敷，可以用吸管进行滴涂。为了使涂敷的液晶膜厚度均匀达到 10～20μm，可配制浓度为 10% 的溶液进行滴涂。

第八章　破坏性检验

破坏性检验的目的是测定焊接接头、焊缝及熔敷金属的强度、塑性和冲击吸收功等力学性能，以确定它们是否可满足产品设计或使用要求，并验证所选用的焊接工艺、焊接材料正确与否。

§8-1　焊接接头、焊缝及熔敷金属的力学性能试验

一、焊接接头的拉伸试验

熔焊和压焊对接接头横向拉伸试验可按 GB2651—89《焊接接头拉伸试验方法》进行，以测定接头的抗拉强度（σ_b）和抗剪负荷（P_r）。

拉伸试样分有板状、整管和圆形试样三种，如图 8-1 所示。

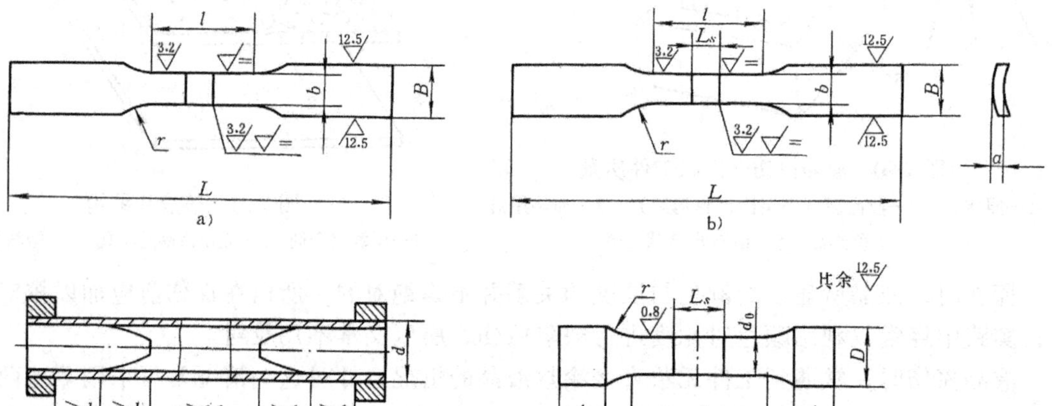

图 8-1　拉伸试样

a）板接头板状试样　b）管接头板状试样　c）整管形试样　d）圆形试样

外径小于等于 38mm 的管接头，应截取整个管接头作为拉伸试样，如图 8-1c 所示。为了使试验顺利进行，可制做塞头，以利夹持。

点焊接头抗剪试样形状，如图 8-2 所示。

二、焊缝及熔敷金属的拉伸试验

焊缝及熔敷金属的拉伸试验可按 GB2652—89《焊缝及熔敷金属拉伸试验方法》进行，以测定其拉伸强度（σ_b 和 σ_s）以及塑性（δ 和 ψ）。

焊缝及熔敷金属的塑性指标包括伸长率 δ 和断面收缩率 ψ，它们的数值大小分别可以按式(8-1)和式(8-2)进行计算。

$$\delta = \frac{L_k - L_0}{L_0} = \frac{\Delta L}{L_0} \times 100\% \quad (8\text{-}1)$$

式中 L_k——试样拉断后对接起来所测得的标距长度(mm)；

L_0——试样原始标距长度(mm)；

ΔL——试样的绝对伸长(mm)。

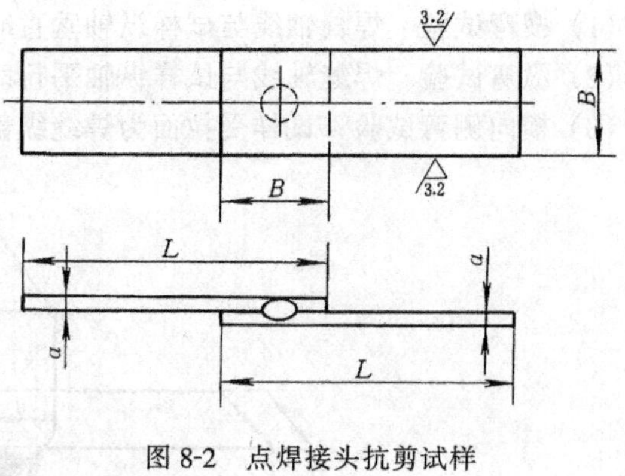

图 8-2　点焊接头抗剪试样

$$\psi = \frac{A_0 - A_k}{A_0} = \frac{\Delta A}{A_0} \times 100\% \quad (8\text{-}2)$$

式中 A_k——试样拉断后对接起来所测得缩颈处最小面积(mm^2)；

A_0——试样原始横截面积(mm^2)；

ΔA——试样的绝对缩小面积(mm^2)。

焊缝及熔敷金属拉伸试样的受试部分必须是焊缝或熔敷金属，试样的夹持部分允许有未经加工的焊缝表面或母材。试样分有单肩、双肩和带螺纹试样三种，如图 8-3 所示。

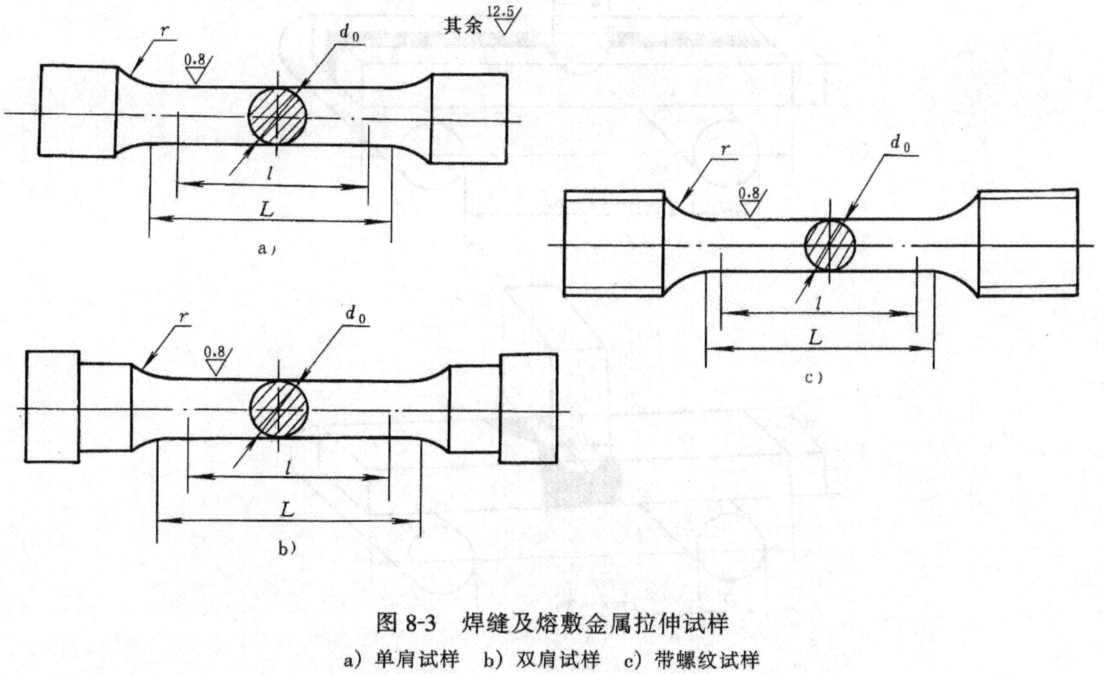

图 8-3　焊缝及熔敷金属拉伸试样

a）单肩试样　b）双肩试样　c）带螺纹试样

三、焊接接头的弯曲及压扁试验

熔焊和压焊对接接头的弯曲和压扁试验可按 GB2653—89《焊接接头弯曲及压扁试验方法》进行，以检验接头拉伸面上的塑性（冷弯角 α）及显示缺陷。

1. 焊接接头弯曲试验分类

熔焊和压焊对接接头的弯曲试验分有横弯、纵弯和横向侧弯三种。

(1) 横弯试验　焊缝轴线与试样纵轴垂直时的弯曲试验，如图 8-4a) 所示。

(2) 纵弯试验　焊缝轴线与试样纵轴平行时的弯曲试验，如图 8-4b) 所示。

(3) 横向侧弯试验　试样受拉面为焊缝纵剖面时的弯曲试验，如图 8-4c) 所示。

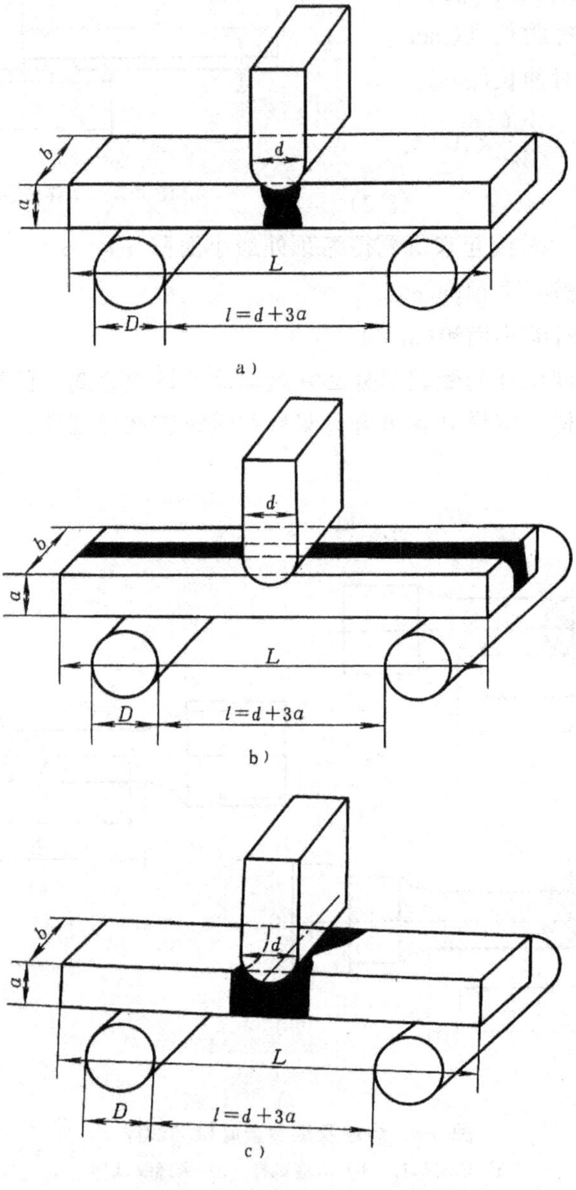

图 8-4　弯曲试验分类

a) 横弯试验　b) 纵弯试验　c) 横向侧弯试验

接头的横弯和纵弯还分有正弯和背弯。所谓正弯是试样受拉面为焊缝正面的弯曲。对于双面不对称焊缝，正弯试样的受拉面为焊缝最大宽度面；双面对称焊焊缝，则先焊面为正面。所谓背弯则是试样受拉面为焊缝背面的弯曲。

2. 弯曲试验的试样

弯曲试样形状如图 8-5 所示。

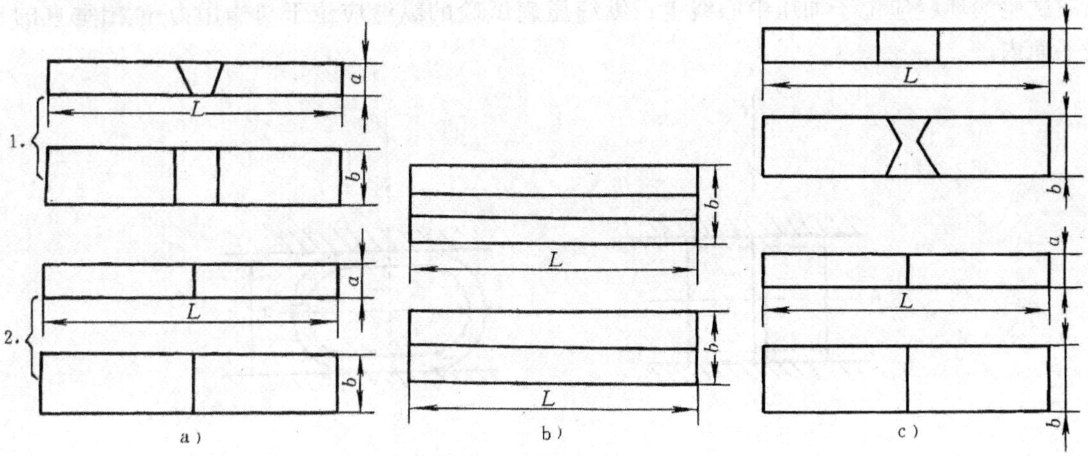

图 8-5 弯曲试样

a）横弯试样 b）纵弯试样 c）横向侧弯试样

1—熔焊试样 2—压焊试样

3. 弯曲试验方法

弯曲试验方法分有圆形压头弯曲（三点弯曲）试验法和辊筒弯曲（缠绕式导向弯曲）试验法两种。试验时，试样弯到规定角度后，沿试样拉伸部位出现的裂纹及焊接缺陷尺寸，应按相应标准或产品技术条件进行评定。

(1) 圆形压头弯曲试验法　如图 8-6a 所示。试验时，将试样放在两个平行的辊子支承上，在跨距中间，垂直于试样表面施加载荷（三点弯曲），使试样缓慢连续地弯曲。

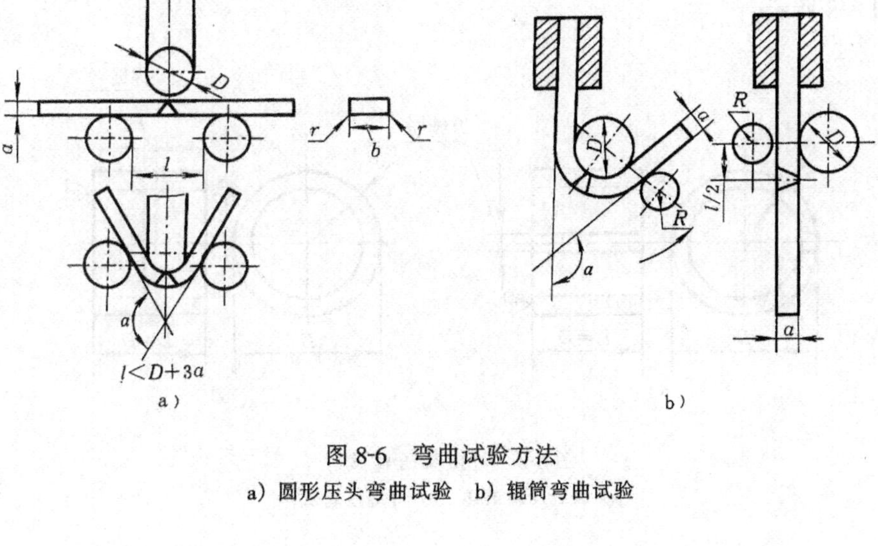

图 8-6 弯曲试验方法

a）圆形压头弯曲试验 b）辊筒弯曲试验

(2) 辊筒弯曲试验法　如图 8-6b 所示。试验时，将试样一端牢固地夹紧在具有两个平行辊筒的试验装置中，通过半径为 R 的外辊沿内辊轴线为中心作圆弧转动，向试样施加集中载荷，使试样缓慢连续地弯曲。

4. 小直径管接头压扁试验

小直径管接头的压扁试验分有环缝压扁试验和纵缝压扁试验两种，如图 8-7 所示。环缝压扁试验的环缝应位于加压中心线上；纵缝压扁试验的纵缝应位于与作用力 F 相垂直的半径平面内。

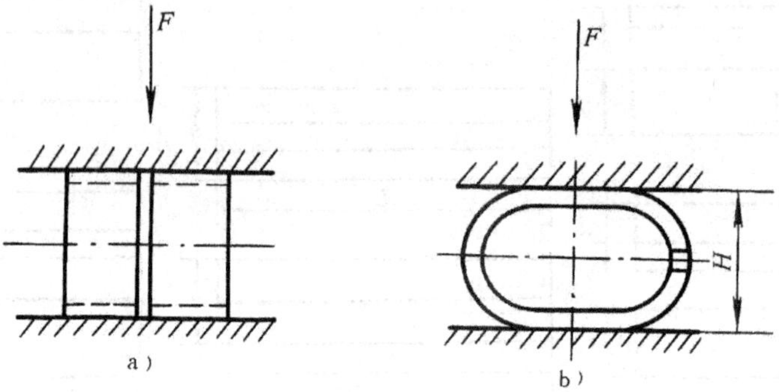

图 8-7　小直径管接头压扁试验
a) 环缝压扁试验　b) 纵缝压扁试验

两压板间距离 H 值可按下式计算：

$$H=\frac{(1+e)\ S}{e+S/D} \tag{8-3}$$

式中　S——管壁厚（mm）；

D——管外径（mm）；

e——单位伸长的变形系数，由产品规范规定。

压扁试验是按管接头从外壁距离压至 H 值时在焊缝拉伸部位有无裂纹和焊接缺陷来评定的。H 值的大小是依相应标准或产品技术条件而定。

试验时，管接头试样的焊缝余高应用机械办法去除，使与母材原始表面齐平。试样形状及尺寸如图 8-8 所示。

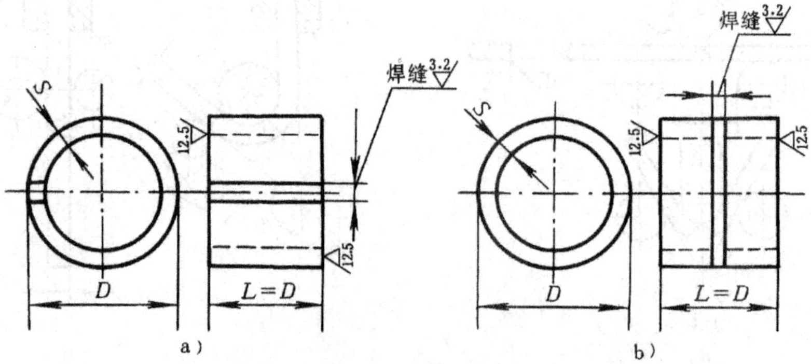

图 8-8　管接头压扁试样
a) 纵缝压扁试样　b) 环缝压扁试样

四、焊接接头及堆焊金属的硬度试验

熔焊和压焊接头及堆焊金属的硬度试验；可按 GB2654—89《焊接接头及堆焊金属硬度试验方法》进行，用于测定布氏（HB）、洛氏（HR）和维氏（HV）硬度。

焊接接头硬度测定位置应选择在焊接接头横截面上；堆焊金属的测定位置应在相应标准或技术条件规定的平面上。为了准确地选择测定位置，可用腐蚀剂轻蚀其接头，使接头各区域显示清晰，再按图 8-9 中的标线位置测定硬度。

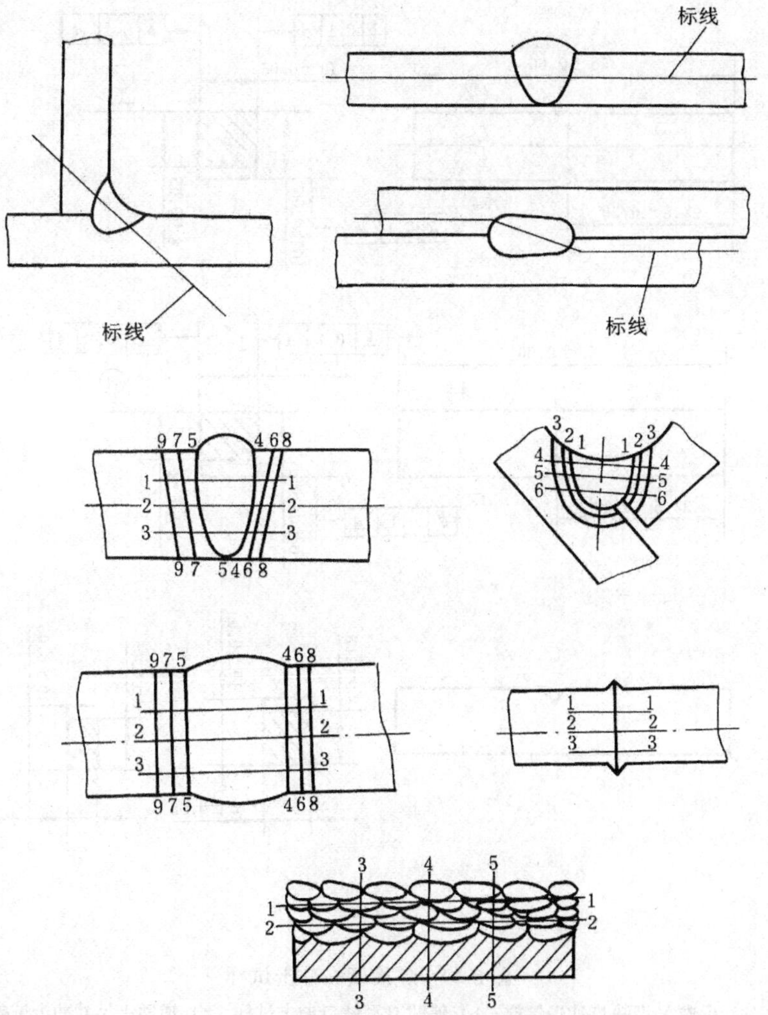

图 8-9　各种接头硬度测定位置

所有类型接头的硬度测定，可在金相试样上进行，也可单独制备硬度试样，试样受试表面应与支承面相互平行。试样的受试面应用金相预磨机和抛光机加工成光滑平面。厚度小于 3mm 的焊接接头，允许在表面测定硬度。

五、焊接接头的冲击试验

熔焊和压焊对接接头的夏比冲击试验分为常温和低温冲击试验两种。

1. 焊接接头的常温冲击试验

焊接接头的常温冲击试验可按 GB2650—89《焊接接头冲击试验方法》进行，以测定接头焊缝、熔合线和热影响区的冲击吸收功（A_k）。试验结果用冲击吸收功 A_{KV} 或 A_{KU} 表示，单位为 J，也可以用冲击韧度 a_{KV} 和 a_{KU} 表示，单位为 J/cm^2。

（1）焊接接头冲击试样　有标准 V 型缺口、辅助 U 型缺口和辅助小尺寸试样三种，如图 8-10 所示。一般情况下，应采用标准 V 型缺口试样，但在某些产品技术条件规定下或无法切取标准试样情况下，允许采用带 U 型缺口的辅助试样或辅助小尺寸试样。

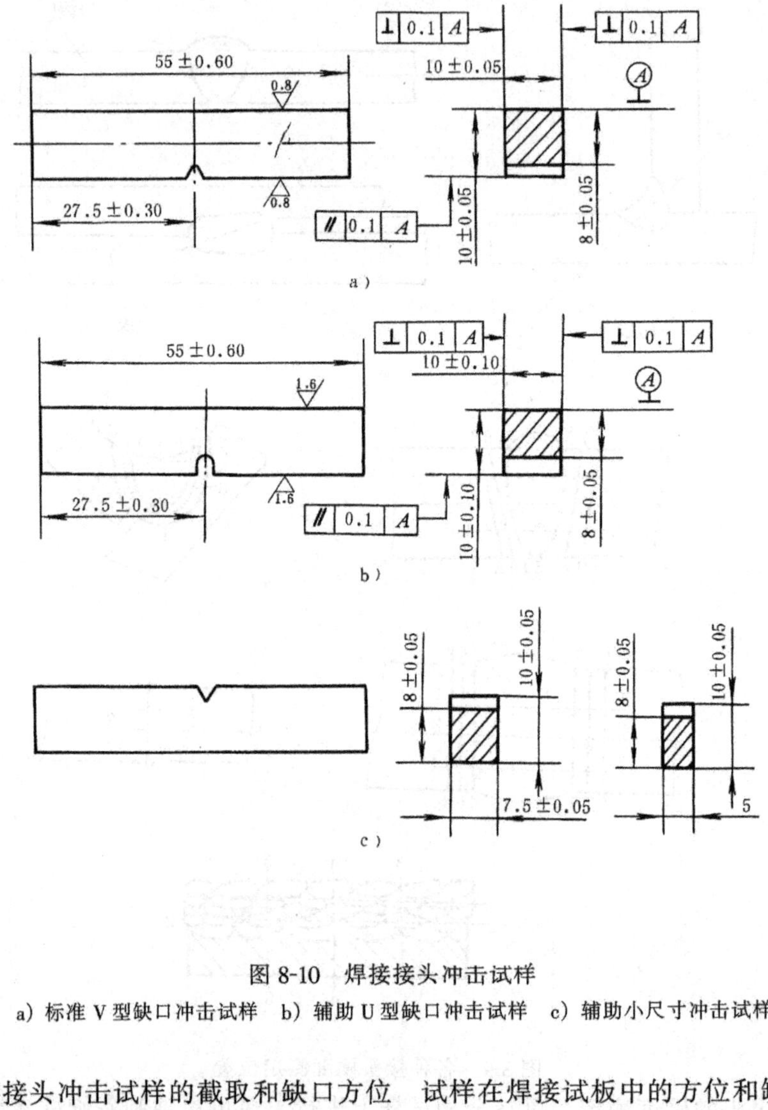

图 8-10　焊接接头冲击试样

a）标准 V 型缺口冲击试样　b）辅助 U 型缺口冲击试样　c）辅助小尺寸冲击试样

（2）焊接接头冲击试样的截取和缺口方位　试样在焊接试板中的方位和缺口位置，如图 8-11 所示，所开缺口的轴线应垂直于焊缝表面。

试样的焊缝、熔合线和热影响区的缺口位置如图 8-12 所示。为了能准确地将缺口开在应开位置，在开缺口前，应用腐蚀剂腐蚀试样，在清楚显示接头各区域后按要求划线。

2. 焊接接头的低温冲击试验

熔焊和压焊对接接头的低温冲击试验可按 GB4159—84《金属低温夏比冲击试验方法》进行，以测定接头焊缝、熔合线和热影响区冲击吸收功（A_K）。试样形状、尺寸与常温冲击试样相同。

试验时，将试样置于低温槽的均温区冷却至试验温度（15～－192℃）后，保温足够长的一段时间，然后用手钳将试样取出进行冲击试验。使用液体冷却介质，保温时间不得少于5min；使用气体冷却介质，保温时间不得少于15min。试样移出冷却介质至打断的时间不应超过5s，如超过5s，则应将试样放回冷却介质从新冷却、保温、再进行试验。

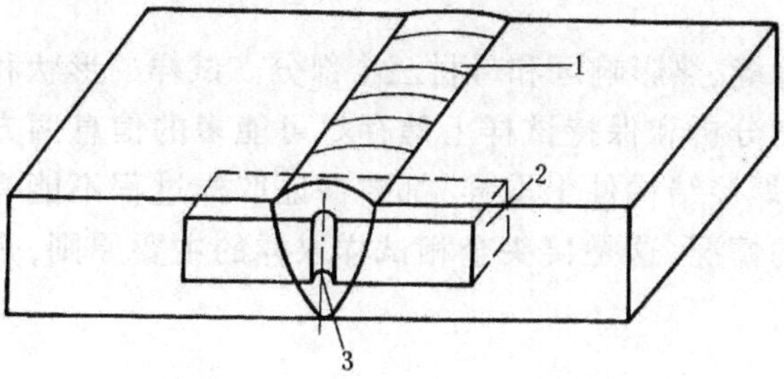

图 8-11　冲击试样在试板中的方位
1—焊缝表面　2—冲击试样　3—试样缺口

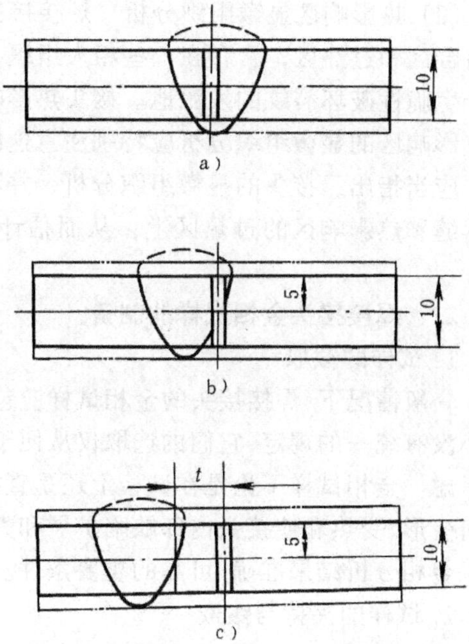

图 8-12　试样缺口与接头各区域相对位置
a）开在焊缝的缺口位置　b）开在熔合线的缺口位置　c）开在热影响区的缺口位置
t—试样缺口轴线至试样纵轴与熔合线交点的距离

§8-2　焊接接头金相组织分析

一、焊接接头金相组织分析内容

焊接接头金相组织分析，一般先进行宏观分析，再进行有针对性的显微金相分析。

1. 焊接接头的宏观分析

宏观分析包括低倍分析（粗晶分析）和断口分析。

（1）低倍分析　可以了解焊缝柱状晶生长变化形态、宏观偏析、焊接缺陷、焊道横截面形状、热影响区宽度和多层焊道层次情况。

（2）断口分析　可以了解焊接缺陷的形态、产生的部位和扩展的情况。

2. 焊接接头的显微金相分析

焊接接头的显微组织分析包括焊缝和热影响区组织分析。

（1）焊缝的显微组织分析　包括焊缝铸态一次结晶组织和二次固态相变组织分析。

1）一次结晶组织分析　是针对熔池液态金属经成核、长大，即结晶后的高温组织进行分析。一次晶常表现为各种形态的柱状晶组织。一次晶的形态、粗细程度以及宏观偏析情况，对焊缝的力学性能、裂纹倾向影响很大。一般情况下，柱状晶越粗大、杂质偏析越严重，焊缝的力学性能越差，裂纹倾向越大。

2）二次固态相变组织分析　是针对高温奥氏体经连续冷却相变后，在室温下的固态相变组织进行分析。二次组织与一次组织有承袭关系，对焊缝力学性能、裂纹倾向有直接的影响。分析焊缝的一次晶和二次固态相变组织是认识焊缝的两个重要方面。

(2) 热影响区显微组织分析　焊接接头的热影响区组织情况十分复杂，尤其是靠近焊缝的熔合区和过热区，常存在一些粗大组织，使接头的冲击吸收功和塑性大大降低，同时也常是产生脆性破坏裂纹的发源地。接头热影响区的性能有时决定了整个接头的质量和寿命，所以热影响区的显微组织分析应特别注意这两个区域。

应当指出，接头的显微组织分析，并不需要在整个金相磨片上平均使用精力，重点应放在焊缝和热影响区的过热区上，从而估计出整个焊接接头的性能，并确定如何调整焊接工艺。

二、焊接接头金相试样的制备

1. 试样的截取

一般情况下,焊接接头的金相试样应包括焊缝、热影响区和母材三个部分。试样的形状和大小没有统一的规定,它们的选取仅从便于金相分析和保持试样上储存尽可能多的信息两方面考虑。金相试样不论是在试板上还是直接在焊接结构件上取样,都要保证取样过程不能有任何变形、受热和使接头内部缺陷扩展和失真的情况,这是接头金相试样取样的主要原则,是确保金相分析结果准确、可靠的重要条件。

2. 试样的夹持与镶嵌

(1) 试样的夹持　对于很小，很薄或形状特殊的焊接件，取金相试样并不困难，但制做金相试样却不容易。对于太薄、太小难以磨制的试样，可采用机械夹持的办法，如图 8-13 所示。

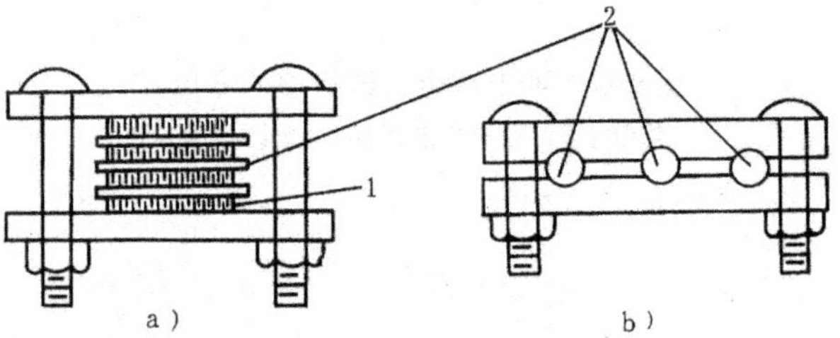

图 8-13　夹持试样
1—填片　2—试样

(2) 试样的镶嵌　对于易变形、不利于加工处理或本身不易夹持的试样，可采用镶嵌的办法。镶嵌分为冷镶嵌和热镶嵌两种。

1) 冷镶嵌　指在室温下使镶嵌料固化的镶嵌，它一般适合于不宜受压的软材料或组织对温度变化非常敏感以及熔点较低的材料。

2) 热镶嵌　是把试样和镶嵌料一块放在钢模内加热加压，冷却后脱模而成。

3. 试样的磨制和抛光

(1) 试样的磨制　磨制的目的是得到一个平整的磨面。磨制分粗磨和细磨二步。粗磨可在砂轮机上进行，也可在预磨机上进行；细磨可在预磨机上进行，也可直接在金相砂纸上磨制。

(2) 试样的抛光　其目的是把磨面上经磨制后仍留有的极细磨痕去除。抛光分有机械抛光、电解抛光和化学抛光三种。

1) 机械抛光　在抛光机上进行。原理是靠抛光粉的磨削、滚压作用把磨面抛光。

2) 电解抛光　是靠电化学作用使磨面平整光洁。在一定的电解条件下，磨面微凸部分的溶解要比凹陷处来得快，这样就逐渐使磨面由粗糙变为平坦光亮。这种抛光形式无因机械力的作用，而引起的磨面金属变形或流动，所以比较适合于较软金属的抛光。

3) 化学抛光　其实质与电解抛光类似，利用化学药品对磨面金属不均匀的溶解使磨面平整光亮。化学抛光有时又称为化学光亮处理。

4. 试样的显示

显示焊接接头金相组织的方法有化学试剂显示法和电解浸蚀剂显示法两种。

(1) 化学试剂显示法　现有的化学试剂已有数百种之多，可分为酸类、碱类和盐类，其中酸类用的较多，如硝酸和苦味酸常用来浸蚀普通低碳钢和低合金钢。原理是通过化学浸蚀剂的氧化作用，使磨面的不同相受到不同程度的氧化溶解，因而造成磨面凸凹不平，这就导致对入射光形成不同的反差，达到显示显微组织的目的。

(2) 电解浸蚀剂显示法　其原理与电解抛光相似，由于金属各相之间，晶粒与晶界之间的析出电位不同，在微弱电流作用下浸蚀的深浅不一样，从而显示出组织形貌。这种方法主要用于不锈钢、耐热钢、镍基合金等化学稳定性较好的一些合金。

§8-3　焊缝金属化学试验分析

一、奥氏体不锈钢焊接接头晶间腐蚀试验

奥氏体不锈钢焊接接头晶间腐蚀试验可按 GB4334.1—84《不锈钢 10%草酸浸蚀试验方法》、GB4334.2—84《不锈钢硫酸—硫酸铁腐蚀试验方法》、GB4334.3—84《不锈钢 65%硝酸腐蚀试验方法》、GB4334.4—84《不锈钢硝酸—氢氟酸腐蚀试验方法》以及 GB4334.5—84《不锈钢硫酸—硫酸铜腐蚀方法》进行，以评定焊接接头的晶间腐蚀倾向。

焊接接头晶间腐蚀试样应从与产品钢材相同而且焊接工艺也相同的试板上选取。所检验的面应为使用表面(与腐蚀介质相接触的面)。试样应包括母材、热影响区和焊缝金属表面。

1. 10%草酸浸蚀试验

该方法适用于检验奥氏体不锈钢焊接接头晶间腐蚀的筛选试验方法，必要时也可以做为独立的无损检验方法。

试验时，试样为阳极，不锈钢杯或不锈钢片为阴极，在 10%草酸溶液中通电浸蚀 90s，电流密度为 $1A/cm^2$，溶液温度为 20～50℃。浸蚀后的试样在金相显微镜下放大 200～500 倍，观察全部浸蚀表面，并根据表 8-1 内容来判定它们的组织类别和是否还需要采取其它晶间腐蚀试验方法。

2. 硫酸-硫酸铁腐蚀试验

该方法适用于检验奥氏体不锈钢焊接接头的晶间腐蚀倾向。

试验溶液按重量百分比为 50%±0.3%的硫酸溶液 600ml，加 25g 硫酸铁（含量为 21.0%～23.0%）进行配制。每一试验容器只放一个试样，溶液用量按试样表面积计算，一般不少于 $20ml/cm^2$。试样经 120h 连续煮沸后，以腐蚀率来评定焊接接头的晶间腐蚀倾向。

腐蚀率($g/(m^2\cdot h)$)按式 8-4 计算。

$$\text{腐蚀率} = \frac{m_{\text{前}} - m_{\text{后}}}{At} \tag{8-4}$$

式中　$m_{\text{前}}$——试验前试样重量(g)；

$m_{\text{后}}$——试验后试样重量(g)；

A——试样的表面积(m^2)；

t——试验的时间(h)。

表 8-1 晶界形态、凹坑形态与其它试验方法关系

组织类别	类 别	名 称	组 织 特 征	其它试验方法的筛选			
				硫酸-硫酸铜法	65%硝酸法	硫酸-硫酸铁法	硝酸-氢氟酸法
晶界形态	一	阶梯组织	晶界无腐蚀沟，晶粒间呈台阶状	–	–	–	–
	二	混合组织	晶界有腐蚀沟，但没有一个晶粒被腐蚀沟包围	–	–	–	–
	三	沟状组织	晶粒有腐蚀沟，个别或全部晶粒被腐蚀沟包围	–	–	–	–
	四	游离铁素体组织	铸钢件及焊接接头晶界无腐蚀沟，铁素体被显现	×	×	×	×
	五	连续沟状组织	铸钢件及焊接接头，沟状组织很深，并形成连续沟状组织	○	○	○	○
凹坑形态	六	凹坑组织Ⅰ	浅凹坑多，深凹坑少的组织	×	×	×	×
	七	凹坑组织Ⅱ	浅凹坑少，深凹坑多的组织	×	○	×	×

注：×——表示不必做其他方法试验。
○——表示要做其他方法试验。

3．65%硝酸腐蚀试验

该方法的适用范围和评定方法与硫酸—硫酸铁腐蚀试验相同。

试验所用溶液是重量百分比为65%±0.2%的硝酸溶液，每一试验容器只放一个试样，溶液用量按试样表面积计算，其量不少于20ml/cm^2。试验共需五个周期，每周期连续煮沸48h。

4．硝酸—氢氟酸腐蚀试验

该方法适合于检验含钼奥氏体不锈钢焊接接头晶间腐蚀倾向。

试验所用是10%硝酸—3%氢氟酸混合溶液，每一试验容器内只放一个试样，溶液用量按试样表面积计算，其量不少于10ml/cm^2。试验时，将装有试验溶液的容器放入恒温水槽内，加热至70±0.5℃，再把试样放入试验溶液中连续保持2h后，以计算出接头腐蚀率与基准试样腐蚀率的比值来判定焊接接头的晶间腐蚀倾向。

腐蚀率按式8-4计算。接头腐蚀率与基准试样腐蚀率比值可按式8-5和式8-6计算。

对于一般含碳量的钢种：

$$\text{腐蚀率比值}=\frac{\text{交货状态试样腐蚀率}}{\text{再固溶处理后试样的腐蚀率}} \tag{8-5}$$

对于超低碳钢种（也用于焊接的非超低碳钢）

$$\text{腐蚀率比值}=\frac{\text{敏化处理后试样的腐蚀率}}{\text{交货状态试样的腐蚀率}} \tag{8-6}$$

5．硫酸—硫酸铜腐蚀试验

该方法适合于检验奥氏体、奥氏体—铁素体不锈钢焊接接头晶间腐蚀倾向。

试验所用溶液按100g硫酸铜溶解在700ml蒸馏水或去离子水中，再加上100ml硫酸，用蒸馏水或去离子水稀释成1000ml进行配制。试验时，烧瓶底部铺一层铜屑，再放置试样，溶液面高出试样 20mm 以上。试样经 16h 连续煮沸后取出，沿焊接接头熔合线弯曲 180°，然后在 10 倍放大镜下观察弯曲表面，看是否有晶间腐蚀裂纹，以此来评定接头的晶间腐蚀倾向。

二、铬镍奥氏体不锈钢焊缝中铁素体含量的测定

焊后状态铬镍奥氏体不锈钢焊缝、堆焊金属中铁素体含量（体积百分比）的测定可按 GB1954—80《铬镍奥氏体不锈钢焊缝铁素体含量测量方法》进行。测量方法分有金相法和磁性法两种。

1. 金相法

金相法又分有金相割线法和标准等级图片法。

(1) 金相割线法　在显微镜放大倍数不少于 500 倍的情况下，用带有 100 个刻度（格）的测微目镜或 100 个分度的目镜片上的分度直尺（线）来切割得到的相对量（占 100 格中的多少格），即为该视场内铁素体的相对含量。

(2) 标准等级图片法　把在一定放大倍数显微镜下所观察到的焊缝金相组织与铁素体含量标准等级图片相对照，定出铁素体相对含量。这种方法属于近似或半定量金相方法。

2. 磁性法

不锈钢焊缝中的奥氏体组织是非磁性材料，不能被磁化；铁素体是磁性材料，可以被磁化。焊缝中的铁素体含量越多，焊缝的导磁能力也就越强。TSJ-1A 铁素体测定仪就是根据上述原理制做的，其工作原理的示意图如图 8-14 所示。

探头是用磁性材料做成的，探头与焊缝中铁素体形成闭合磁路。当激磁线圈中有电流时，探头便有磁通流动，焊缝中铁素体含量越多，磁阻越小，磁通越大，感应线圈中产生的感应电动势越强，仪器指针摆动幅度越大，测定仪表盘的刻度用铁素体的百分比含量表示，即可直接读出焊缝中铁素体含量。

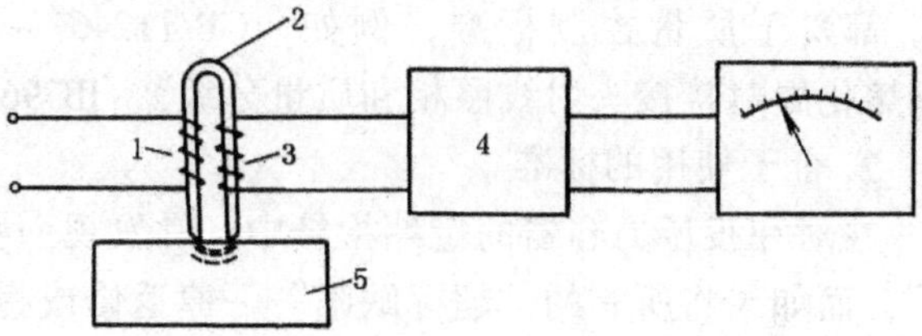

图 8-14　TSJ-1A 型铁素体测定仪工作原理示意图

1—励磁线圈　2—探头　3—感应线圈　4—放大器　5—试样

三、焊缝金属化学分析

焊缝金属化学分析可按 GB223.1 ~ GB223.7—81《钢铁及合金化学分析方法》进行。

化学分析所用细屑，其厚度应小于 1.5mm，可用钻、刨、铣等机械方法获得。取样区应离起弧、收弧处 15mm 以上，距母材 5mm 以上。

分析碳、锰、硅、硫、磷，取屑量不少于 30g；若还要同时分析其它元素时，取屑量应不少于 50g。

第九章　焊接质量评定及控制

掌握焊接质量评定标准和焊接质量控制因素，对提高焊接质量，确保焊接构件，尤其是锅炉和压力容器的安全可靠十分重要。

§9-1　焊接质量评定

一、焊接质量评定标准

从不同的角度出发，焊接质量评定标准分为两类：一类是焊接质量控制标准；另一类是适合于焊接产品使用要求的标准。两类标准的出发点、原理、评定方法以及对探伤的要求都有很大的差别。

1. 质量控制标准

质量控制标准是从保证制造或修复的质量角度出发，把所有的焊接缺陷看成是对焊缝强度的削弱和对结构安全的隐患，它不考虑具体使用情况的差别，而要求把缺陷尽可能地降到最低限度。标准中所规定的具体条文，是以人们长期在生产中所积累的经验为基础。以焊接产品制造或修复质量控制为目的而制定的国家级、部级以及企业级（厂级）焊接质量验收标准，都属于质量控制标准，例如，GB/T12467～12469—90《焊接质量保证》、GB3323—87《钢熔化焊对接接头射线照相和质量分级》、JB3965—85《钢制压力容器磁粉探伤》等。

2. 合于使用的标准

在对在役压力容器的定期检修中，常发现一些在质量控制标准中不允许存在的“超标缺陷”，而如果将所有的“超标缺陷”一律返修或将容器判为废品，其结果是除了要进行过多地、没有必要地返修工作外，还会把本来可用的容器判为废品，这是很不经济的。实际上，对无影响使用的缺陷修复，往往会产生更有害的或不易检查的缺陷。工程实践证明，按质量控制标准检验合格的压力容器，无疑可以投入使用。但是，按质量控制标准检验不合格的压力容器，仍有不少照样还在使用。也就是说，质量不合格并不等于使用不合格。因此，从合于使用的角度出发，应对“超标缺陷”加以区别对待，只返修那些对压力容器安全运行造成威胁的危险性缺陷，而对压力容器安全运行不构成威胁的缺陷，则予以保留。以合于使用为目的而制定的另一类标准，即所谓的“合于使用”标准。这类标准产生已有十几年的历史，其中在我国工程界应用较多的有：

国际焊接学会在1974年提出的IIW—X—749—74《按脆断破坏观点建议的缺陷评定方法》；英国标准协会在1980年提出的BSI—PD6493《焊接缺陷验收标准若干方法指南》；日本焊接工程学会在1978年提出的WES—2805K《按脆断评定的焊接缺陷验收标准》；美国的《锅炉及压力容器规范》（ASME）第Ⅲ篇第Ⅰ分篇附录G，第Ⅺ篇第Ⅰ分篇附录A；我国的CVDA—84《压力容器评定规范》等。

这类规范是指导性文件，并不是强制性标准，一般须经容器使用方和评定方双方同意后方可使用。

这类规范的主要作用有以下四个方面：

（1）对制造和使用中发现的缺陷进行评定，确定它们对容器使用性能的影响。

（2）当已知应力水平和缺陷尺寸时，根据规范选材、选工艺。

（3）确定许用应力。

（4）进行事故分析。

二、CVDA—84 规范简介

CVDA—84 规范，是根据国家劳动总局 1981 年 5 月份颁布的《压力容器安全监察规程》第 78 条规定的精神制定的，主要用于对在役压力容器的缺陷评定。

1. 规范适用范围

规范以合于使用为原则，主要用于对带缺陷的钢制压力容器（壁厚 $\delta \geqslant 10$mm，屈服点 $\sigma_s \leqslant 500$MPa）的安全评定。受压管道等其它焊接结构，若具备了规范所规定的有关参数时，亦可用规范规定的办法对缺陷进行评定。

规范主要针对压力容器常见的几种失效方式，即脆断、疲劳、泄漏、塑性失稳给出了较具体的评定方法，对应力腐蚀、腐蚀疲劳、蠕变和蠕变疲劳的评定仅给出了一般性的指导原则。

2. 进行缺陷评定应具备的条件

按规范对带缺陷的压力容器进行评定时，必须具备下列基本资料和数据。

（1）基本资料

1）容器制造峻工图及强度计算书。

2）容器制造验收记录（包括材质、焊接和热处理规范）。

3）容器安装、维修及检查记录。

4）容器使用条件及运行历史。

（2）基础数据

1）缺陷类型、尺寸、形状和方位。

2）缺陷存在区容器的结构与焊缝几何布置。

3）缺陷部位无缺陷存在时的应力和应变。

4）材料的屈服点 σ_s、抗拉强度 σ_b。

5）断裂韧性及裂纹扩展速率数据。

6）根据需要提供应力腐蚀、腐蚀疲劳、高温蠕变和材料脆性转变温度等有关数据。

3. 对缺陷的简化和计算尺寸的确定

规范把缺陷分为平面缺陷（裂纹、未熔合、未焊透、咬边和叠层等）和非平面缺陷（气孔、夹渣等）两类。平面缺陷经简化后称为“规则化裂纹”（以下简称“裂纹”）。为确定缺陷长半轴 c 和短半轴 a 的尺寸，必须将构件中所深测的不规则平面缺陷简化为表面裂纹。埋藏裂纹和穿透裂纹三种规则化裂纹，如图 9-1 所示。规范对单个缺陷和缺陷群（两个或两个以上比较邻近的缺陷）的简化，分别作了具体规定。

为了便于比较处理，还要把简化处理后的裂纹折算成贯穿裂纹，其折算原则是折算前后的裂纹应力强度因子保持不变。经这样的折算处理后，各种裂纹都统一可以用一个半长为 $\bar{a}$ 的贯穿裂纹来代替。$\bar{a}$ 就称为等效裂纹尺寸。规范分别给出了计算三种裂纹等效裂纹尺寸的公式。

4. 对无损探伤的要求

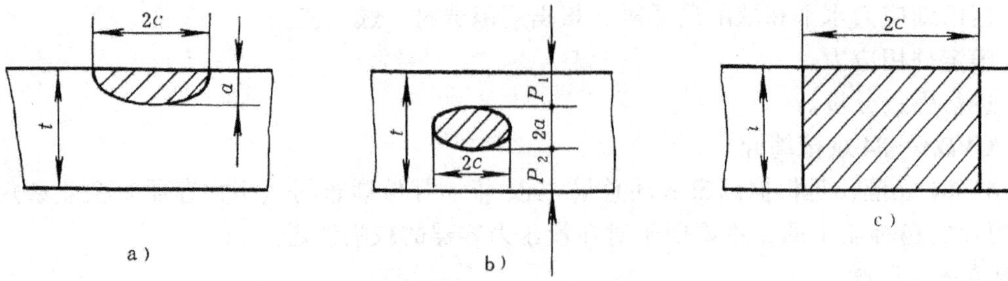

图 9-1 规则化裂纹

a）表面裂纹 b）埋藏裂纹 c）穿透裂纹

规范对缺陷无损探伤的定性、定量和定位要求要比质量控制标准的要求要高得多，因为无论对何种失效形式，其缺陷的性质、尺寸（尤其是缺陷在容器壁厚方向上的自身高度和深度）、形状和方位均是容器安全评定的基础数据。由于对不同性质的缺陷要采用不同的处理方法，对不同位置的表面缺陷、埋藏缺陷和穿透缺陷的计算公式和参数选取也不一样，对共面缺陷群和非共面缺陷群的数据处理也截然不同，因此，由无损探伤得到的缺陷数据（包括缺陷离探伤表面深度、自身高度以及缺陷相互间距）如稍有出入，将会对评定结果产生很大影响。

5. 对材料性能参数的选择

评定时，所需的材料性能数据有：常规拉伸抗拉强度 σ_b、屈服点 σ_s（或 $\sigma_{0.2}$）；断裂韧性 K_{Ic}、δ_C（或 $\delta_{0.05}$）；疲劳裂纹扩展速率 da/dN。

正确地选用材料性能参数对评定工作的结果影响很大。选用材料性能参数时，要充分考虑压力容器的使用条件。如对一台 16MnR 储存含有硫化氢的液化石油气球罐进行评定时，在空气中测得的 δ_C 为 0.13mm，而在含 500ppm 硫化氢水溶液中测得的 δ_c 为 0.075mm。另外，在选用材料性能时，还要考虑材料的化学成分、冶金和工艺状态对断裂韧性的影响。焊接接头各部位的断裂韧性及其它性能也会有差别，尤其是在腐蚀介质中，其差别会更大，所以在评定时，应找出接头中性能最差部位的性能参数，以供评定计算用。

6. 规范评定程序复杂

规范对缺陷进行评定应按以下程序进行。

（1）确定缺陷部位的应力和应变。

（2）确定缺陷部位有关资料的性能数据。

（3）通过无损探伤取得缺陷几何尺寸和计算数据。

（4）缺陷的理想化处理。

（5）测量或估算断裂韧性。

（6）计算最大允许缺陷。

（7）判断所评定的缺陷是否允许。

对于承受疲劳载荷的压力容器，通过上述评定，即使是缺陷可以被允许后，在必要的情况下还应进行疲劳评定。

三、两类质量评定标准对比

质量控制标准建立了一个为改进焊接质量而努力的目标，所以说，质量控制目标也是一个质量努力目标。这类标准的目的是确保焊接结构的质量大体保持在某一水平上，其内容简单，容易掌握，所定的条文是以人们在生产实践中积累的经验为基础，所以这类标准的安全系数大，评定结果偏于保守，经济性差。

合于使用的标准，则充分地考虑到存在缺陷的结构件使用条件，以合于使用为目的，以断裂力学为基础，求出压力容器允许存在的临界裂纹尺寸 $\bar{a}_m$，以此为根据判定所评定的缺陷是否可以接受，从而确认焊接压力容器的安全可靠性。合于使用的标准，一方面极力减少过大的安全裕度；一方面又充分考虑影响安全的各种因素。因此，这类标准是一种经济性好而又可靠的评定标准。这类标准是在大量的试验和理论分析基础上提出的，所以又具有较高的可靠度和可信性。

两类质量评定标准在类别、目的、基础、易于掌握程度、探伤要求、经济性和保守性方面的对比列于表 9-1。

表 9-1　两类质量评定标准对比

对比内容 / 标准	标准类别	目的	基础	易于掌握程度	探伤要求	经济性	保守性
质量控制标准	质量控制	质量合格	纯经验	很容易	常规	差	大
合于使用标准	合于使用	使用合格	断裂力学	难	对缺陷定量要求高	好	小

四、在役压力容器缺陷安全评定

目前，对在役压力容器缺陷进行安全评定的标准有两类：一类是以质量控制为目的标准，它要求压力容器的质量保持在某一水平上；另一类是以符合使用要求为目的的标准，即合于使用标准。至于应采用哪一类标准来进行评定，应根据压力容器的寿命、检验周期、探伤和安全分析能力，经制造单位、使用单位和监察部门三方商议来确定。应指出的是，无论采用哪类标准进行评定，都必须以保证压力容器使用安全可靠为前提。

1. 评定标准选择

(1) 质量控制标准的选择　如有以下几方面的情况，则可采用质量控制标准进行评定。

1) 压力容器仅存在少量“超标缺陷”。

2) 期望检修的周期长一些。

3) 不具备进行可靠断裂力学计算的数据和能力。

4) 缺乏压力容器使用经验。

(2) 合于使用标准的选择　如有以下几方面情况，则可采用合于使用标准进行评定。

1) 按质量控制标准修复压力容器难度大，并有修废的危险，而采用合于使用标准评定，则可减少修复工作量，缩短工期。

2) 具备在现场对焊接缺陷进行综合判断的经验和能力。

3) 有经资格认可的断裂安全分析人员。

4) 具有丰富的压力容器使用经验。

2. 评定实例

(1) 评定球罐简况　某厂 1 号球罐 1978 年 2 月投入使用，焊后未经消除应力退火，1979 年 5 月 1 日在北温带 4 号球片出现一条穿透裂纹，造成泄漏，当即进行抢救，未造成更大损失。当时罐内压力为58.8MPa。

穿透裂纹位于球片母材上，裂纹内壁长70mm，外壁长30mm，裂纹和环焊缝熔合线垂直相接，与纵缝熔合线相距300mm。

球罐容积：$V=1000m^3$；

壁厚：$t=40mm$；

设计压力：$p_a=1.96MPa$；

工作压力：$p_w=1.176MPa$；

球罐内径：$D_1=12.3m$；

材质：FG43（德国钢种）；

贮存介质：液化石油气。

（2）材料性能参数

母材断裂韧性：$\delta_c=0.084mm$；

焊缝热影响区断裂韧性：$\delta_c=0.056mm$；

材料屈服点：$\sigma_s=450.8MPa$；

面外弯曲应力：$\sigma_p=627.2MPa$。

（3）等效裂纹尺寸 $\bar{a}$ 的确定

穿透裂纹 $2c=70mm$，所以等效裂纹尺寸 $\bar{a}=c=35mm$。

（4）应力计算　沿截面均匀分布的拉伸应力 σ_I 按下式计算：

$$\sigma_I=\frac{p_w D_1}{4t}=45.08\ (\text{MPa}) \tag{9-1}$$

残余应力 σ_r 按下式计算：

$$\sigma_r=a_r\sigma_s=270.48\ (\text{MPa}) \tag{9-2}$$

式中的 a_r 随裂纹种类、裂纹与熔合线相对位置等的不同而取不同值。此式中依照规范表6查得 $a_r=0.6$。

总应力大小按下式计算：

$$\sigma=\sigma_I+\sigma_r=315.56\ (\text{MPa}) \tag{9-3}$$

（5）缺陷评定

1）按应力强度因子法评定

张开型应力强度因子 K_1 按下式计算；

$$K_1=M\sigma\sqrt{\pi c}=\left(1+1.93\frac{C^2}{Rt}\right)^{\frac{1}{2}}\sigma\sqrt{\pi c}=104.95\left(\text{MPa}\cdot\text{m}^{\frac{1}{2}}\right) \tag{9-4}$$

式中　M——鼓胀效应修正系数。

$$M=\left(1+1.93\frac{C^2}{Rt}\right)^{\frac{1}{2}}$$

平面应变断裂韧性按下式计算：

$$K_{Ic}=\sqrt{1.5E\sigma_s\delta_c}=88.24\ (\text{MPa}\cdot\text{m}^{\frac{1}{2}}) \tag{9-5}$$

式中　E——弹性模量；

δ_c——断裂韧性，δ_c 取0.056mm。

评定结果如下：根据计算结果 $K_1>0.6K_{Ic}$，所以此穿透裂纹是不可以接受的。

2）按 COD（裂纹张开位移）法评定

总应变：$\varepsilon = 1.53 \times 10^3$；

屈服应变：$\varepsilon_s = 2.19 \times 10^3$；

等效裂纹尺寸：$\bar{a} = 35\text{mm}$；

焊缝热影响区断裂韧性：$\delta_c = 0.056\text{mm}$。

允许裂纹尺寸 $\bar{a}_m$ 可按下式计算：

$$\bar{a}_m = \frac{\delta_c}{M^2 2\pi\varepsilon_s \ (\varepsilon/\varepsilon_s)^2} = 8.2\ (\text{mm}) \tag{9-6}$$

评定结果如下：根据计算结果 $\bar{a} > \bar{a}_m$，所以此穿透裂纹是不可以接受的。

§9-2　焊接质量控制内容及措施

焊接质量的优劣，主要由接头设计、材质、焊接工艺和焊接检验四个方面决定，即所谓焊接质量控制的四要素。

这四个因素相互关联，相互制约，无论哪一个因素有问题都会使焊接质量得不到保证。

一、设计因素的控制

设计焊接接头时，应按 GB985—80《手工电弧焊焊接接头的型式与尺寸》和 GB986—80《埋弧焊接头基本型式与尺寸》等来设计。

接头设计对焊接质量的影响，主要表现在接头型式和焊缝布置的合理性上。

1. 接头型式的合理性

焊接结构的破坏大多起源于接头区的裂纹。接头区裂纹的产生除了与材质、装焊工艺有关之外，还与接头型式的合理性有关。图 9-2a 接头型式会造成应力集中严重，容易引起开裂，图 9-2b 为改进后的接头型式，避免了焊缝的过分集中，降低了应力集中程度，不易产

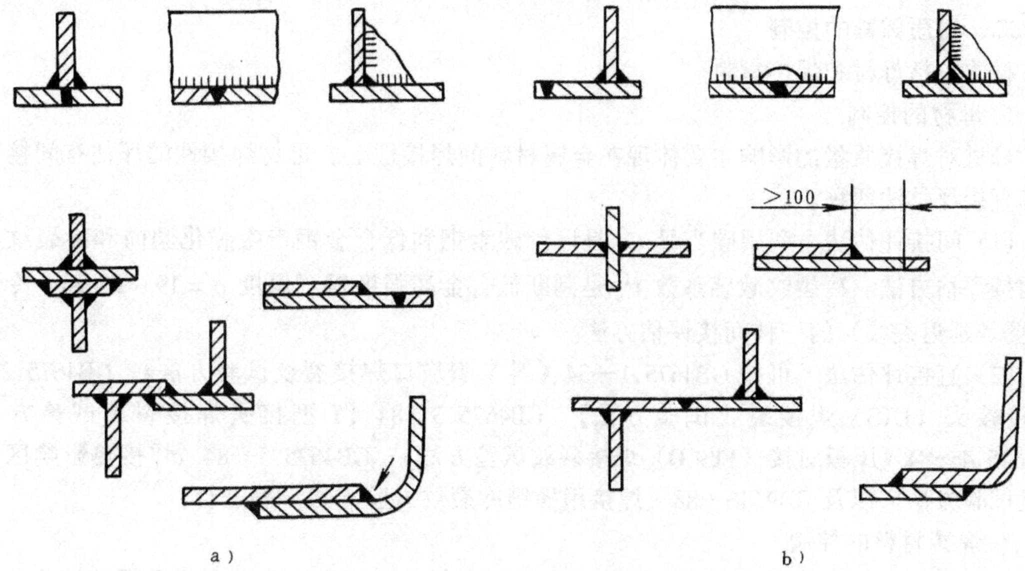

图 9-2　两种类型接头型式

a）焊缝过分集中　b）焊缝适当分散

生开裂。

2. 焊缝布置的合理性

合理布置焊缝位置可以减少变形和内应力，增加焊接结构的安全可靠性。图 9-3a 为焊缝布置不合理；图 9-3b 为改进后焊缝布置。

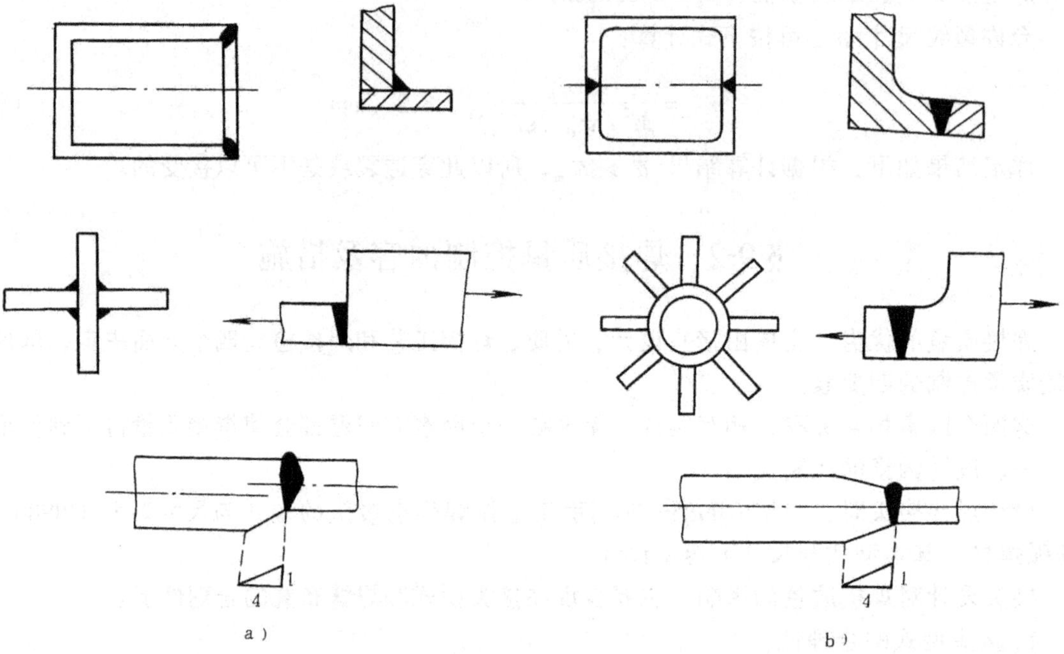

图 9-3　两种焊缝布置方案

a) 焊缝布置不合理　b) 改进后

二、材质因素的控制

材质包括母材和焊接材料。

1. 母材的控制

母材对焊接质量的影响主要体现在金属材料的焊接性上。母材焊接性的评估有间接评估法和直接评估法两种。

(1) 间接评估法　利用碳当量 C_{eq} 是评价碳素钢和低合金钢产生脆化倾向和冷裂纹的一种间接评估方法。冷裂纹敏感系数 P_c 是判断低合金高强度钢（厚度 $\delta = 19 \sim 50$mm）冷裂纹（主要是延迟裂纹）的一种间接评估方法。

(2) 直接评估法　可按 GB4675.1—84《斜 Y 型坡口焊接裂纹试验方法》、GB4675.2—84《搭接接头（CTS）焊接裂纹试验方法》、GB4675.3—84《T 型接头焊接裂纹试验方法》、GB4675.4—84《压板对接（FISCO）焊接裂纹试验方法》、GB4675.5—84《焊接热影响区最高硬度试验方法》以及 GB9446—88《焊接用插销冷裂纹试验方法》等进行。

2. 焊接材料的控制

焊接材料对焊接质量的影响主要体现在焊接材料的选择上。为获得优质焊接接头，在选择焊接材料时应遵循以下原则：

(1) 在焊接同种材质时，一般应按焊接接头与母材等强的原则来选择焊接材料。

(2) 在焊接碳钢与低合金钢或不同强度等级的低合金钢之间的异种钢接头时，可按两者中强度级别较低的一种选用焊接材料。

(3) 在焊接碳钢与不锈钢或低合金钢与不锈钢之间的异种接头时，则一律采用高镍铬焊条或焊丝进行焊接。

(4) 对厚板多层焊焊缝，可采用低强度焊接材料进行焊接，有利于减少冷裂纹的产生。

(5) 焊接淬硬倾向大的中碳调质钢时，可采用奥氏体焊条进行焊接，有利于减少冷裂纹的产生。

三、工艺因素的控制

焊接工艺中，对焊接质量影响较大的有焊前准备、焊接顺序和焊接工艺规范参数。

1. 焊前准备的控制

焊前准备主要指坡口制备、接头装配和焊接区域的清理。

(1) 坡口的制备　对焊接质量有一定的影响、应予以注意。

(2) 接头的装配　装配质量影响焊缝外形和尺寸。在压力容器接头装配中，错边太大会使接头产生较大的附加弯曲力矩。

(3) 焊接区域的清理　是防止焊缝产生气孔和裂纹的有效措施。

2. 焊接顺序的控制

在选择焊接顺序时，应尽量使焊缝处于比较自由地收缩状态。原则是，先焊收缩量大的焊缝，后焊收缩量小的焊缝，以保证焊缝在焊接时能有较大的收缩自由，产生较小的残余应力（主要为拉应力），可以防止裂纹的产生。

图 9-4 中，如焊接顺序是沿全圆周连续焊接，在 B 点就会产生较大的拉应力，发生层状撕裂。但是，若改为先焊 B 侧的 1/4 圆周，然后再焊 A、C 两部分，则在 B 点形成压应力，就不再会产生层状撕裂。

3. 焊接工艺规范参数的控制

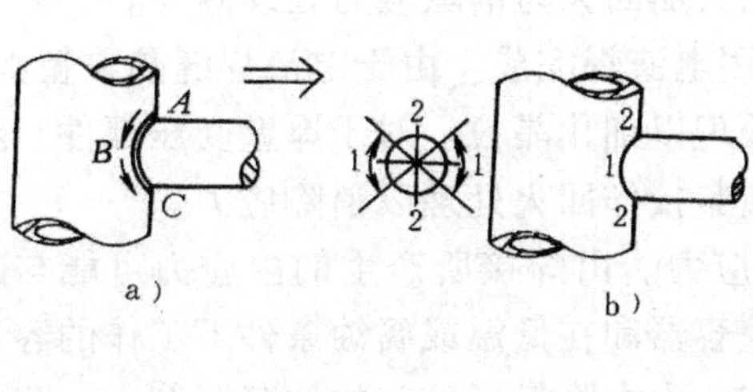

图 9-4　焊接顺序对焊接缺陷的影响

a) 不正确　b 正确

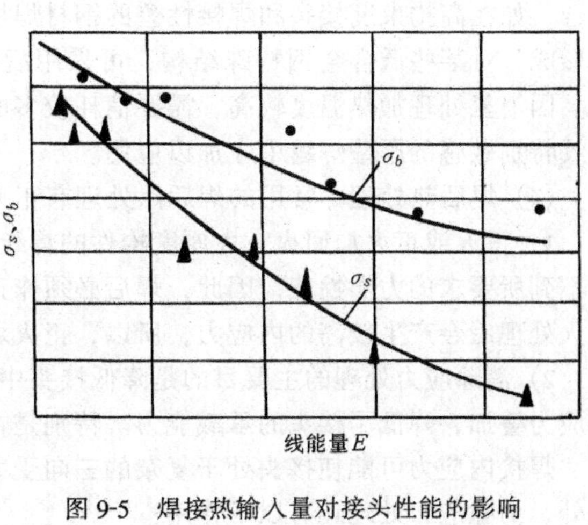

图 9-5　焊接热输入量对接头性能的影响

焊接工艺参数主要包括焊接规范参数、预热温度、后热和消氢处理、焊后热处理制度等。

(1) 焊接规范参数选择　规范参数与焊接线能量的大小，对某些低合金钢和不锈钢的焊接质量影响很大。图 9-5 为焊接线能量对某种常用低合金钢接头性能的影响。曲线表明，过高的热输入量，显著地降低了接头的韧性和强度。

在铬镍奥氏体不锈钢的焊接中，过高的热输入量会扩大焊缝近缝区敏化温度区间，并延长高温停留时间，最终导致焊接接头热影响区耐蚀性的丧失。

过大的焊接电流使焊缝形状系数变小，焊缝树枝晶对向生长，容易产生结晶裂纹。在熔化极气体保护焊和埋弧焊中，焊接电流过大，焊缝形状呈“指状”，易在焊缝凹进去的部位产生微小结晶裂纹。对施焊奥氏体钢和耐热钢合金焊条时，焊接电流过大，焊芯的电阻热增大，会使药皮中的组成物提前分解，使气孔倾向增大。

电弧电压过高，易产生气孔和未焊透等缺陷。

焊速太快，易形成焊缝成形不良，并产生未焊透、夹渣和咬边等缺陷；焊速过慢，又易产生烧穿的缺陷。

(2) 预热温度的选择　焊前预热具有如下几方面的有利作用：

1）降低焊接热影响区的冷却速度，避免淬硬组织的形成，防止冷裂纹的产生，并改善热影响区塑性。

2）减少焊接区的温度梯度，从而降低焊接接头的内应力。

3）改变了焊接区的应变集中部位，降低了促使冷裂纹形成的应力峰值。

4）延长了焊接区在100℃以上温度的停留时间，有利于焊缝金属中氢的逸出，降低了氢致裂纹的形成。

焊前预热温度主要是依据钢材的焊接性试验结果来确定。对于高拘束度和冷却条件特别好的工件，可以适当提高预热温度。当使用扩散氢含量极低的焊接材料时，可适当地降低预热温度。在工作条件差或较难施焊的工件上焊接时，可选择比较低的预热温度，并在焊后立即作低温后热处理（150~250℃），以补偿焊前预热温度的不足。

(3) 后热和消氢处理　低温后热（150~250℃）和消氢处理（300~400℃）的主要作用，是防止焊缝金属或热影响区内冷裂纹的形成。后热主要用于预热还不足以防止冷裂纹形成的场合，如在高拘束度接头和焊接性差的钢材焊接中，必须用后热工艺才能可靠地防止冷裂纹的形成。对某些低合金钢特殊结构，可采用后热来降低预热温度。消氢处理是以消氢为目的。因消氢处理加热温度较高，需要消耗较多的能量，所以在实际生产中，只在焊接对氢致裂纹特别敏感的厚壁焊缝中才加以应用。

(4) 焊后热处理　常用的焊后热处理有正火或正火加回火与消除应力处理两种。

1）正火或正火加回火　大厚度构件的焊缝常采用电渣焊完成。由于电渣焊缝晶粒粗大，达不到所要求的力学性能，因此，焊后必须作正火处理以细化晶粒。对于厚壁受压部件，经正火处理后会产生较高的内应力，所以，正火之后应紧接作回火处理以消除应力。

2）消除应力处理的主要目的是降低接头中的内应力。由焊接所产生的内应力可能与工作应力叠加，降低了接头的承载能力。特别是在厚壁容器和在低温或腐蚀条件下工作的容器中，焊接内应力可能使接头处于复杂的三向受力状态，大大降低了接头的抗脆断能力。除此之外，消除应力处理还有以下作用：

①在低合金钢接头中改善了焊缝及热影响区组织，使淬硬组织得到回火处理，从而提高了这些组织的韧性。在耐热钢焊件中，消除应力处理促使焊缝及热影响区的碳化物稳定，提高了接头的高温持久强度。

②促使焊缝金属中的氢完全向外扩散，从而提高了焊缝的抗裂性和韧性。

四、检验因素的控制

焊接检验是控制焊接质量的重要手段。如前所述，焊接检验方法种类繁多，每种方法都有其自身特点和应用范围。因此，在检验过程中应注意正确选择和灵活使用，才能全面准确地反映焊接质量。例如，不同的无损探伤方法所依据的物理原理各不相同，对缺陷的检出率既不会是100%，也不会完全相同。常规五大无损探伤方法的能力和适应范围可参见表1-5。

§9-3 典型结构件（球罐）焊接质量分析及控制

一、球罐质量分析

在压力容器中，以球罐的应用最为广泛，特别是近年来随着石油、化工、冶金、轻纺以及国防工业的发展，球罐的数量日益增多。其容积和压力也逐渐增大，所用钢材也由过去的碳锰钢发展到各种高强钢、低温钢、不锈钢、铝合金等。贮存的介质也日益复杂，有氢、氧、氮、甲烷、丙烷、丁烷、乙烯、液化石油气、液化天然气以及酸、碱等。目前，球罐的安全使用仍存在着严重的问题，失效事故也时有发生，而且常常是灾难性的。表9-2为近年来我国球罐失效事故的统计。从表中可以看出、因组装、焊接因素和组装焊接及环境综合作用所引起的失效事故，占总失效事故的75.0%。由此看来，组装、焊接因素对球罐的质量影响是很大的。若进一步分析可以发现，在大量的失效事故中，裂纹是引起失效的主要原因。1965年英国压力容器委员会统计，在使用期间发生破坏的132台容器中，由于裂纹引起的破坏就有118台，占89.3%。日本神奈川县1978年的调查，近20年来共建造200m^{3}以上的各种球罐210台，其中有裂纹的152台，占73%。我国石油部曾对七个炼油厂的球罐进行了调查，共发现裂纹1487条。由此看来，从某种意义上来说，球罐的质量控制主要就是裂纹的控制。

表9-2 近年来我国球罐失效事故统计

失效原因	失效台数	百分率（%）
设计因素	3	3.57
材料因素	5	3.95
制造因素	3	3.57
组装、焊接因素	41	48.81
组装、焊接及环境综合作用	22	26.20
使用	3	3.57
其它	7	8.33
总计	84	100

二、球罐的裂纹分析

对于球罐来说，裂纹可分为制造中所产生的“先天性”裂纹和使用过程中所产生的“后天性”裂纹。

1. 制造中产生的裂纹

球罐在制造中所产生的裂纹主要是氢致裂纹，产生这些“先天性”裂纹的原因有以下几方面。

(1) 材质的焊接性　目前国内建造球罐常用16MnR、15MnVR、15MnVNb低合金高强度钢。这些钢淬硬倾向较大，对裂纹比较敏感。

(2) 组装时的拘束应力　球罐在现场组装时条件恶劣，不可避免地要出现较大的尺寸偏差，组装时会产生较大的错边和角变形，造成局部应力集中，易产生裂纹。球罐的环缝与纵缝相比，环缝的拘束度要比纵缝的大。我国石油部在对七个炼油厂球罐调查所发现的1487条裂纹中，就有1242条裂纹是产生在环缝上的，占总数的83.5%。

(3) 焊接工艺　主要包括焊条烘干、焊接顺序、焊接线能量以及预热、后热、层间温度控制。

1)焊条烘干　若不严格，则会给焊缝带入较多的水分、氢气，使焊缝产生氢致裂纹。

2)焊接顺序　选择的不合理，将会在焊接接头中造成很大的内应力，形成裂纹。

3)焊接线能量　选择的过高或过低、都会使焊接接头的组织性能变差，引起裂纹的产生。

4)预热、后热、层间温度　若控制不当，达不到改善接头组织性能、消氢和消除内应力的作用，易产生氢致裂纹。

2. 使用过程中产生的裂纹

(1) 腐蚀开裂　球罐所接触的介质除大气外，还有各种酸、碱、液态烃、液化石油气、液化天然气、液化氨等。在材料化学成分、不良组织、介质以及应力等因素影响下，会引起晶间腐蚀开裂或应力腐蚀开裂。

(2) 疲劳裂纹　球罐在交变应力作用下，会在远低于材料抗拉强度或屈服点的条件下产生裂纹。疲劳裂纹常在焊接接头应力集中点产生，焊缝中未焊透、夹渣、咬边等缺陷则是它的"先天"疲劳裂纹源。在有腐蚀介质存在的情况下，还会产生腐蚀疲劳裂纹。

(3) 原有"未超标缺陷"的扩大　原材料或球罐制造过程中产生的"未超标缺陷"经使用后扩展成"超标缺陷"。

三、球罐制造中质量控制

从典型的球罐破坏事故来看，事故大部分是由裂纹导致的低应力脆性破坏。引起这种破坏的因素有裂纹（包括制造过程中产生的裂纹和使用中产生的裂纹）、内应力（工作应力、装配应力、焊接残余应力和附加应力的几何合成）以及材料的断裂韧性（特别是接头区的断裂韧性）。球罐制造中的质量控制，是指对影响球罐质量（主要是裂纹）与引起脆性破坏各因素的综合控制。球罐制造中的质量控制要素有：

1. 钢材检验

用于制造球罐的钢板应具有符合GB665—86《压力容器用碳素钢和低合金钢厚钢板》的出厂合格证书，并在下料前进行以下三方面的检验。

(1) 复验化学成分及力学性能　以防止出现混料及性能差异方面的错误。

(2) 外观质量检查　钢板表面不允许有麻坑、裂纹、折叠和重皮等外观缺陷。对于发现的"超标缺陷"应按有关规范进行修复，否则不准使用。

(3) 钢板内部质量控制　对用于压制球壳板的钢板，内部质量应由供货钢厂按ZBJ74003-88《压力容器用钢板超声波探伤》进行检查。制造厂应对沿球壳板下料线50mm范围内进行100%的超声波探伤，不得存在任何有害于施焊的缺陷。

2. 球壳板成形

(1) 为防止球壳板加工脆化，在冷压成形之前，钢板应进行550~580℃回火处理。

(2) 冲压好的球壳板要逐块按JB3965-85《钢制压力容器磁粉探伤》进行坡口磁粉检查，以便及时发现切割、冲压所产生的微裂纹。

(3) 为减少焊接内应力和变形，除球壳板加工形状需严格检查外，还需将球壳整圈在工厂预装配。

3. 坡口的加工

球壳板坡口形状和尺寸与球壳板角变形及裂纹有密切关系。图 9-6 表明了坡口形状与裂纹的关系。由图 9-6 可以看出，形式不同的坡口对冷裂纹的敏感性也不同。斜 y 型坡口容易产生裂纹，这是由于在坡口的局部氢聚集浓度不同，根部应力集中的程度不同所致。若坡口角度和间隙过大，则焊接工作量大，焊缝横向收缩量也大，焊缝内部容易产生各种缺陷；反之，则不易焊透。

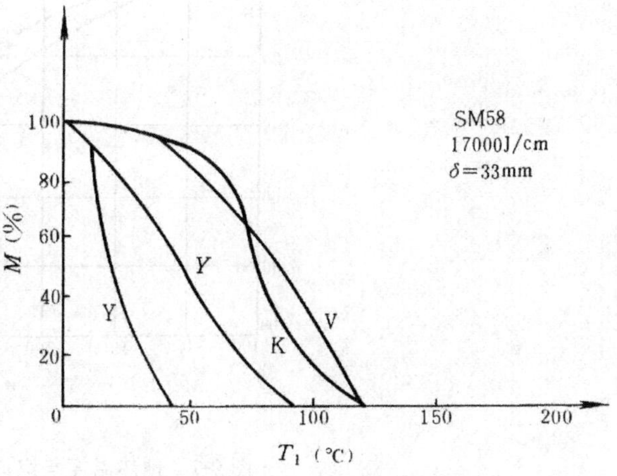

图 9-6 坡口形状与裂纹的关系

注：T_1—预热温度 $M\%$—断面裂纹率

4. 球壳的组装

球壳的组装质量是保证焊接质量的前提。组装质量的优劣主要表现在椭圆度、角变形及错口量的大小上。如果组装的形状不规则，椭圆度超过球罐内径的 5‰，就会使一些接头产生较为复杂的内应力，产生裂纹。

5. 球罐的焊接

球罐在制造中所产生的裂纹主要是氢致裂纹，产生的原因是钢材的淬硬倾向、接头中的含氢量及其分布、接头的拘束应力。在焊接中可以控制与管理的因素有：

(1) 焊接材料

1) 焊接材料的选择　应考虑两个方面，①施焊工艺性要好；②能满足接头强度性能要求。选择焊接材料时，一般按等强度原则进行。但象 15MnVNb 这类低合金高强度钢，若按等强度原则应选用“结 557”焊条，采用这种焊条，使焊缝强度偏高，易产生冷裂纹。但选用比母材强度稍低的“结 507”焊条，提高了焊缝的塑性和韧性，从而降低了对冷裂纹的敏感性。

2) 严格焊条烘干制度　球罐焊接均选用优质低氢碱性焊条，所以必须按焊条烘干制度进行烘干，以降低焊缝中的含氢量。

(2) 焊接施工

1) 控制焊接线能量　其目的是调整焊接接头冷却过程中 800～500℃的冷却时间。线能量的大小，直接影响接头的质量。线能量过小，接头冷却速度快，热影响区及熔合线处硬化，加上氢的作用易产生氢致裂纹；线能量过大，热影响区软化，熔宽增加，产生过热组织，使晶粒粗大，形成较多的上贝氏体组织，接头的缺口韧性降低。

焊接线能量的上下限，要根据球罐的材质、壁厚、焊条种类、焊接位置、预热温度及焊后热处理温度等条件，并通过抗裂性能试验来确定。

2) 控制预热温度　以减缓焊接接头的冷却速度，适当延长接头 800～500℃的冷却时间，有利于接头组织的改善和氢的逸出，防止裂纹的产生。图 9-7 为预热温度与焊接纵向残余应力的关系。图 9-8 为预热温度与焊接裂纹率的关系。

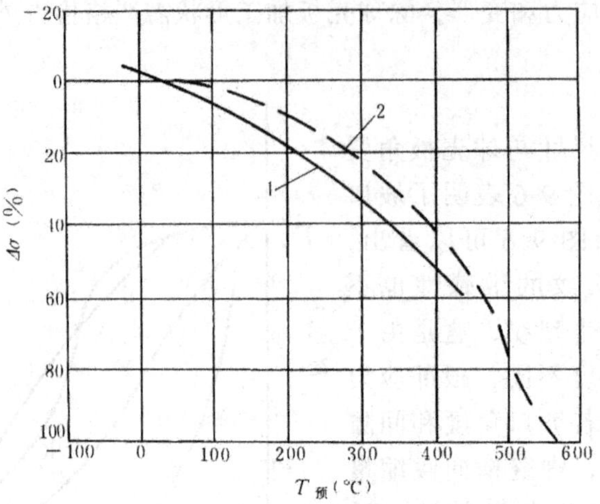

图 9-7 预热温度与纵向残余应力的关系

1—预热残余应力减少率 2—后热残余应力减少率（加热 6h）

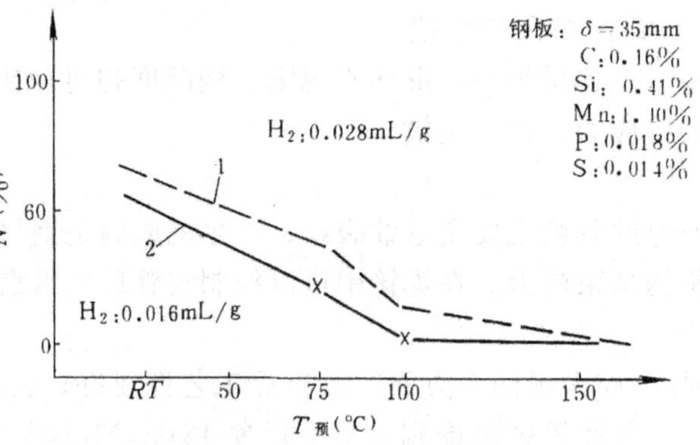

图 9-8 预热温度 $T_{预}$ 与根部裂纹率 N 的关系

1—一般低氢焊条 2—超低氢焊条

3）控制层间温度 球罐的壁较厚，一般须采用多层焊接，如不注意层间温度的控制，焊缝中的氢会逐层累积，致使延迟裂纹的倾向增大。一般层间温度应控制在不低于预热温度的下限值。

4）控制后热及消氢处理温度 后热及消氢处理的主要作用是去氢，同时也可以减缓冷却速度、提高接头韧性、减少残余应力。后热温度为 200～250℃，保温时间 0.5～1h；消氢处理的温度比较高，在 300～400℃，保温 2～4h 后空冷。

5）合理安排焊接顺序 能减少变形和焊接残余应力，避免裂纹的产生。在球罐焊接中，合理的施焊顺序是先焊内侧后焊外侧，先焊环缝后焊纵缝。焊接时，以对称均匀焊接为原则，采用逆向分段焊法。

6）控制焊接环境 主要是注意施焊环境温度和湿度的控制。

7）控制焊接检验 对球罐的焊接质量除认真进行外观检查外，还要非常仔细地对焊缝内部质量进行探伤。检验时，要注意发挥各检验方法的优点，而避开它的局限性，提高检验结果的可靠性。

(3) 焊工技能考核　根据《锅炉压力容器安全监察暂行条例》规定，参加施焊的焊工均应经过专门训练，并经按1988.1.3劳人锅〔1988〕1号《锅炉压力容器焊工考试规则》考试合格后，方可参加球罐的焊接工作。这一规定非常重要，是保证球罐焊接质量的有力措施。实践证明，只有经过严格训练考试的焊工，才能正确地控制焊接规范和具有排除焊接缺陷的操作技巧，才能使焊接缺陷数量最少，尺寸最小。

6. 消除残余应力

虽然在球罐的设计和制造过程中采取了各种技术措施，最大限度地减少了焊接残余应力，但在焊接过程中，由于焊缝金属的收缩以及整个焊接区域的不均匀加热和冷却，仍会在焊缝附近产生残余应力。残余应力的大小与结构刚度有关。在焊接热作用不变的情况下，结构刚度越大，焊接残余应力越大。球罐是个刚度很大的焊接结构，所以焊接残余应力一般也是很大的，当有裂纹源存在时，很容易引起脆性破坏。

消除球罐残余应力的方法可根据材质、壁厚和介质来选择。如果球罐安全系数比较小($n_s=1.7$)，壁厚相对薄些，介质是氧、氮等气体时，可采用温水超载水压试验消除法，既经济实用，又效果显著。对于安全系数比较大($n_s\geqslant 2$)，壁厚相对厚些，介质是具有腐蚀作用的液化石油气、液氮等时，可采用高温整体热处理方法，既可以较彻底地消除残余应力，又可以避免由应力腐蚀所导致的应力腐蚀裂纹。

参考文献

1 国家机械委质监司编．焊接质量的检验．北京：机械工业出版社，1990

2 美国金属学会主编．金属手册．第八版第十一卷（无损检测与质量控制）．北京：机械工业出版社，1988

3 全国锅炉压力容器无损检测人员资格鉴考会编．射线探伤．北京：劳动人事出版社．1989

4 中国机械工程学会无损检测学会编．射线检测．北京：机械工业出版社，1988

5 全国锅炉压力容器无损检测人员资格鉴考会编．超声波探伤．北京：劳动人事出版社．1989

6 中国机械工程学会无损检测学会编译．超声波探伤．北京：机械工业出版社，1987

7 全国锅炉压力容器无损检测人员资格鉴考会编．磁粉探伤．北京：劳动人事出版社．1989

8 中国机械工程学会无损检测学会编．磁粉探伤．北京：机械工业出版社，1987

9 无损检测学会编．涡流检测．北京：机械工业出版社，1986

10 无损检测学会编．电磁检测．北京：机械工业出版社，1985

11 全国锅炉压力容器无损检测人员资格鉴考会编．渗透探伤．北京：劳动人事出版社．1989

12 无损检测学会编．渗透检验．北京：机械工业出版社，1986

13 袁振明等著．声发射技术及其应用．北京：机械工业出版社，1985

14 王祖荫著．声发射技术基础．济南：山东科学技术出版社，1990

15 王康印著．红外检测．北京：国防工业出版社，1986

16 王永保著．激光全息检验．北京：国防工业出版社，1985

17 袁汉镕等著．中子源及其应用．北京：科学出版社，1978

18 〔日〕立花太郎等著．液晶知识．谈漫琪等译．北京：科学普及出版社，1987

19 李译震、周道祥主编．压力容器的可靠性．北京：劳动人事出版社，1987

20 李译震等编．压力容器安全评定．北京：劳动人事出版社，1987

21 张文钺等编．焊接工艺与失效分析．北京：机械工业出版社，1989

22 张康达、洪起超编．压力容器手册（下）．北京：劳动人事出版社．1989

23 梁启函主编．焊接检验．北京：机械工业出版社，1980

24 Белокур ИП. Дефектоскопия материалов и изделий.《Техника》, 1989

25 云庆华主编．锅炉压力容器无损探伤技术．天津：天津科学技术出版社，1985

26 〔日〕石井勇五郎著．无损检测学．吴义等译．北京：机械工业出版社，1986

27 上海锅炉厂技工学校主编．无损检测工艺学．上海：上海科学技术出版社，1989

28 阮爽．CT在焊接中的应用研究，哈尔滨工业大学硕士学位论文．1986

29 李宪政．集成元件内部缺陷的 *X* 光直接成象、数字图象处理研究．哈尔滨工业大学硕士学位论文，1988

30 李长木．超声波探伤高速数据采集及处理研究．哈尔滨工业大学硕士学位论文．1990

31 日本无损检测学会编．射线探伤 A. 李衍译．北京：机械工业出版社，1988

32 日本无损检测学会编．射线探伤 B. 李衍译．北京：机械工业出版社，1988

33 蒋危平等编著．超声检测学．武汉：武汉测绘科技大学出版社，1991

34 金长善编著．超声工程．哈尔滨工业大学出版社，1989

35 张志永编著．水浸聚焦超声波探伤原理．北京：国防工业出版社，1985

36 〔德〕J. 克劳特克洛默　H. 克劳特克洛默著．超声检测技术．李靖等译．广州：广东科学技术出版社，1984

37 全国锅炉压力容器无损检测人员资格鉴考会编．锅炉压力容器检测基础知识．北京：劳动人事出版社，1989

38 孙万钤等编．磁粉检验．北京：国防工业出版社，1986
39 任吉林等编．涡流检测．北京：国防工业出版社，1985
40 化工部基建局编．球罐施工．北京：化学工业出版社，1988
41 姚启均编．金属机械性能常用手册．第二版．北京：机械工业出版社，1985
42 上海交通大学《金相分析》编写组．金相分析．北京：国防工业出版社，1982
43 〔日〕增渊兴一著．焊接结构分析．张伟昌等译．北京：机械工业出版社，1985
44 〔英〕R.W. 尼柯尔斯主编．缺陷分析．李泽震等译．北京：机械工业出版社，1991
45 〔英〕R.W. 尼柯尔斯主编．材料和工艺．北京：机械工业出版社，1990
46 张金昌主编．锅炉、压力容器的焊接裂纹与质量控制．天津：天津科学技术出版社，1985
47 中国机械工程学会焊接学会编．钢制压力容器焊接工艺．北京：机械工业出版社，1991
48 周振丰等编．焊接冶金与金属焊接性．北京：机械工业出版社，1988
49 孟广喆等编．焊接结构强度和试验．北京：机械工业出版社，1986
50 田燕主编．焊接区断口金相分析．北京：机械工业出版社，1991
51 理学电机株式会社．RISシリーズ（产品样本）
52 东芝株式会社．电子部品用 X 線テレビ装置（产品样本）
53 东芝株式会社．产业用 CTスキセナ（产品样本）
54 AGFA－GEVAERT. Industrial Radiography
55 陈金根．CT 技术与无损检测．无损检测．1991（4）
56 侯贤忠等．X 射线实时图象法在焊接检验中的应用．焊接．1988（12）
57 〔日〕非破坏检查协会关西支部编．焊接结构件的超声波深伤检验．欧阳江蓉等译．无损探伤．1988
58 马铭刚编译．用于“质控”和“适用”的超声检测．无损检测．1991（10～12）
59 郭成彬．智能超声探伤仪的现状和前景．无损检测．1991（1）
60 车丕堂等．超声成象及其在无损检测中的应用．无损检测．1987（2）
61 中科院武汉物理所编．KS 系列数字式超声波探伤仪简介，1991
62 赵熹华等．超声波探伤用数据采集系统．无损检测．1992（7）
63 刘心田等．关于钢制压力容器磁粉探伤的问题．无损探伤．1990（2）
64 永田顺一等．干式磁粉自动探伤装置的研制．无损检测．1988（2）
65 陈建生．国际无损检验仪器博览会——MT、PT、ET 情况介绍．无损检测．1990（4）
66 芦新建．焊接接头形式对 CO_2 焊未焊透的影响．焊接技术．1989（1）
67 黎润民．涡流检测技术最近的一些进展．无损检测．1989（3）
68 卡尔——海因茨．弗舍．焊缝的无损检验——渗透检验．国际焊接工程与设备．1989（1）
69 戴明棣等．寒冷地区大型球罐着色探伤．无损探伤．1989（1）
70 张金昌．论球罐的质量控制．锅炉压力容器安全技术．1981（2）